LE LIVRE

DU

BOURGEOIS CAMPAGNARD

LE LIVRE
DU
BOURGEOIS CAMPAGNARD

HABITATION, JARDINAGE, CULTURE

BASSE-COUR, FERME, ANIMAUX, — CHASSE, PÊCHE, PLAISIRS DIVERS

Par RIS-PAQUOT

Ouvrage orné de 353 gravures

PARIS
HENRI LAURENS, ÉDITEUR
6, RUE DE TOURNON, 6

LE LIVRE

DU

BOURGEOIS CAMPAGNARD

HABITATION, JARDINAGE, CULTURE

BASSE-COUR, FERME, ANIMAUX, — CHASSE, PÊCHE, PLAISIRS DIVERS

Par RIS-PAQUOT

Ouvrage orné de 353 gravures

DEUXIÈME ÉDITION

PARIS

HENRI LAURENS, ÉDITEUR

6, RUE DE TOURNON, 6

INTRODUCTION

La liberté, le grand air, la lumière, c'est véritablement la vie ;
à la campagne seulement se trouvent réunies ces trois conditions indispensables à la santé. Vivre à la campagne, c'est le
rêve de presque tous les habitants des grandes villes, qui, après
y être venus, attirés par l'appât trompeur d'un salaire élevé, ne
songent qu'à retourner chercher la tranquillité dans le pays qui
les a vus naître.

On voit trop souvent les paysans, semblables au papillon qui
se livre lui-même à la flamme, accourir en masse dans les centres
populeux (1), où ils viennent user leurs forces dans un labeur
incessant et surhumain, pour devenir, privés du nécessaire, les
victimes de cette noire misère, qui abrège la vie et peuple de
plus en plus les hôpitaux.

Si le campagnard inconscient émigre vers les villes, par contre,
l'habitant des villes, ayant vécu dans le tourbillon et la fièvre
des affaires, usé et blasé de leurs plaisirs fatigants et ruineux,
privé pendant des années d'air et de lumière, n'a qu'un désir,
qu'un rêve, celui de pouvoir se retirer au plus vite des affaires,
pour aller vivre paisiblement à la campagne et y jouir d'une
tranquillité achetée souvent, hélas !... au prix de la santé.

La *vie à la campagne*, passée au milieu des fleurs, des champs,

(1) Paris, en cinq ans, depuis le dernier recensement, a vu sa population
s'augmenter de 102 000 habitants.

des prés, des bois, au bord d'une source, d'un ruisseau, d'une rivière, a, pour les véritables martyrs du travail, un charme indéfinissable, un idéal, renfermant toutes les jouissances qui font aimer la vie. C'est donc en vue de pouvoir se procurer ce bienêtre que l'homme laborieux des villes besogne dès sa jeunesse sur ce pavé tour à tour brûlant et glacial des grandes cités.

Quelle joie éprouve le citadin lorsqu'il peut, par hasard, secouer momentanément le joug de ses affaires pour aller se retremper, se refaire au grand air de la campagne.

C'est cette existence calme et paisible, remplie de poésie, de charmes, de jouissances et de plaisirs, que nous allons nous efforcer de décrire et de développer, sous toutes ses phases, dans

Le Livre du bourgeois campagnard,

Occupations, travaux et plaisirs de la campagne.

Au village, comme à la ville, on trouve en effet des occupations, des distractions et des plaisirs de tous genres : il suffit de savoir les choisir et les approprier à son genre de vie, à sa position, à ses goûts, à sa fortune.

La *vie à la campagne*, pour l'homme du monde, pour le bourgeois, pour celui qui est retiré des affaires, se divise en trois parties bien distinctes se complétant mutuellement.

La première partie comprend : *les différentes occupations à la campagne* ; la deuxième, *les travaux qui s'y font :* la troisième *les plaisirs que l'on peut s'y procurer et y prendre*, plaisirs venant à leur tour bannir la monotonie de l'existence.

Dans la *première partie*, nous étudions d'abord tout ce qui a rapport à l'habitation et au mobilier, depuis le château jusqu'à la ferme, sans oublier la maison de plaisance.

La formation et l'entretien du jardin d'agrément, la culture et la taille des arbres ; le jardin fruitier et potager ; les maladies des arbres et des plantes, ainsi que les insectes qui leur sont nuisibles, etc.

Dans la *deuxième partie*, nous passons en revue la nature des différents sols, leur préparation, leur entretien, leurs produits; ceux de la ferme et des animaux domestiques qui la peuplent. L'agriculture y trouve également sa place, de même que la fabrication des boissons : vin, cidre, bière, etc. Car rien de ce qui peut être utile, en un mot, n'échappe à nos investigations et à nos recherches.

Dans la *troisième partie*, exclusivement réservée aux plaisirs, nous décrivons tour à tour les agréments qu'hommes, femmes et enfants peuvent s'y donner, tant intérieurement qu'extérieurement, pour charmer leurs loisirs par beau ou mauvais temps.

Le dressage des chevaux, l'entretien des équipages, l'équitation, l'élevage et l'éducation des chiens, la chasse, la pêche, le canotage, la vélocipédie, le billard, les jeux d'adresse, les travaux artistiques, les feux d'artifices, l'empaillage des oiseaux, etc., tout, en un mot, jusqu'aux jeux de société, dits de famille, sert de thème à notre travail.

Si « l'ennui naquit un jour de l'uniformité », comme dit le proverbe, ce n'est certes pas à la campagne qu'il a pris naissance, car, ainsi qu'on peut le voir par ce court exposé, les travaux et les plaisirs y sont aussi multiples que variés.

Le programme que nous nous sommes tracé est des plus attrayants; rien, de notre part, n'a été négligé pour le conduire à bonne fin. Resté toujours dans le domaine de l'utile et de l'agréable, il nous a suffi d'effleurer, sans y entrer, le côté matériel et pratique, concernant le cultivateur de profession avec lequel notre ouvrage n'a qu'un rapport indirect et ne serait d'aucune utilité. Notre but, comme dans nos précédents volumes, n'est donc point d'enseigner un métier pour lequel il faut être né, s'apprenant de jeunesse, et dont la pratique et le goût se transmettent de génération à génération, car ne s'improvise pas cultivateur qui veut : là, du reste, n'est point votre pensée, à vous ami lecteur qui, retiré des affaires après avoir beaucoup travaillé, n'aspirez qu'à un repos légitimement acquis.

Ce que nous avons eu en vue en écrivant ce livre a été de vous

initier à la vie de la campagne et des champs pour vous faire
apprécier les avantages et le ressources que l'on peut en tirer,
les plaisirs que l'on s'y procure, afin que vous ne soyez pas
étranger à tout ce qui concerne les travaux de la ferme et des
champs se pratiquant tous les jours sous vos yeux, et pour que
vous puissiez enfin, appelé à vivre de la vie des campagnards,
parler leur langage, c'est-à-dire parler de ce qui les intéresse;
nommant chaque chose, chaque objet par son nom propre, et, en
gens intelligents et instruits, leur enseigner, en connaissance
de cause, les nouveaux progrès de la science moderne qui,
dans l'agriculture comme dans l'industrie, rencontrent toujours
des incrédules et des retardataires.

RIS-PAQUOT.

PREMIÈRE PARTIE

HABITATION ET MOBILIER

OCCUPATIONS A LA CAMPAGNE. — JARDINAGE.

1

CHAPITRE PREMIER

Pour l'âme sensible et délicate, pour les tempéraments rêveurs et poétiques, le séjour à la campagne est rempli de charmes et d'attraits :

> Chaque fleur sourit et palpite animée
> Sous le baiser trop court du léger papillon.
> (A. Chesneau.)

C'est là seulement que l'homme peut se laisser aller aux plus douces rêveries, envisageant tout à son aise la nature sous ses mille aspects différents. Tout charme, tout intéresse, tout séduit, tout est sujet de réflexion et d'étude pour celui qui interroge la nature, qui apprend à la connaître et sait s'identifier avec elle.

Cette manière toute particulière de jouir des agréments de la campagne, réservée seulement à certaines personnes sentimentales et poétiques, est une exception rare; car bien que la vie y soit une existence consacrée au repos, elle ne s'y passe pas uniquement en contemplations et en fêtes. Pour ceux mêmes qui sont retirés des affaires, elle y est partagée entre le travail et les récréations. Les plaisirs, du reste, ne sont agréables et n'ont d'attrait que lorsqu'ils viennent faire diversion au travail ; autrement leur monotonie engendrerait l'ennui et deviendrait une véritable fatigue.

Tout le monde travaille donc à la campagne : hommes, femmes, enfants ; c'est une récréation. Du plus riche au plus pauvre, dans toutes les classes de la société, chacun sait se créer des occupations, se rendre utile et prendre une part plus ou moins directe à l'œuvre commune, suivant ses goûts, ses forces et son tempérament.

Au riche propriétaire incombe la gestion et l'exploitation de son domaine : habitation, fermes, bois, terres, prairies, bestiaux, récoltes, etc., pour la direction desquels il faut, non seulement de l'ordre et de l'activité, mais encore du savoir et de l'intelligence, afin de mener à bien chacune de ces choses en son temps, suivant les exigences de la nature, celles des saisons et du sol. Vient ensuite la direction qu'il faut exercer sur tout le personnel de la ferme, sur celui qui est chargé de l'entretien des chevaux de luxe, des équipages, du dressage des chiens, les gardes, etc. ; ce qui n'est pas petite besogne, je puis vous l'affirmer.

La maîtresse de maison n'est pas moins bien partagée, car c'est à elle que sont dévolus les soins de l'intérieur, la surveillance des domestiques, hommes et femmes, employés tant au service personnel de l'intérieur qu'à celui de la ferme ; depuis le chef de cuisine, les valets et femmes de chambre, lingères, etc., jusqu'aux cochers, palefreniers, jardiniers, femmes de basse-cour, ouvriers supplémentaires, etc., à l'habillement, à l'entretien et à la nourriture desquels elle est obligée de pourvoir journellement avant de songer à elle et à ses hôtes ; tout cela, sans compter la conduite des travaux de la basse-cour, de la laiterie et bien d'autres choses encore qui sont à sa charge. Ajoutez à cela les visites aux vieillards infirmes, aux enfants malades, aux femmes en couches, aux nécessiteux du pays, que sa position lui fait un devoir de secourir, et dont elle est en quelque sorte la providence, et vous aurez l'emploi de son temps.

Pour des femmes haut placées, retirées des affaires, appelées par leur position de fortune à vivre à ne rien faire, les heures de travail, il faut l'avouer, sont de beaucoup supérieures à celles consacrées au plaisir, mais qu'importe ! c'est leur rôle, elles s'y soumettent avec résignation.

Pour le rentier moins fortuné, retiré jeune des affaires, la vie n'est pas moins active et laborieuse, aussi bien pour l'homme que pour la femme. Tous deux trouvent, dans le travail, l'occasion d'occuper leurs loisirs au profit de la culture des terres qu'ils possèdent ou de celles qu'ils ont louées, afin de subvenir aux exigences de la maison, à l'alimentation du cheval, de la vache, du cochon, de la chèvre, des lapins, des poules, des poulets, des canards et autres animaux leur procurant, sous une forme ou sous une autre, le lait, le beurre, le fromage, les œufs, le lard, indispensables à l'alimentation et au bien-être de la maison. Homme, femme, enfants, vieillards, trouvent aussi à utiliser leurs bras selon leur force et leurs moyens, au profit de l'œuvre commune, les faisant passer indistinctement, et tour à tour, du service de la basse-cour à celui du jardinage et de la culture, pour satisfaire aux multiples exigences du nouveau genre de vie qu'ils se sont volontairement créé et dans lequel ils puisent chaque jour la force, la santé et la vie.

Les personnes riches, ne possédant que des maisons de plaisance où elles viennent passer quelques mois seulement par année, n'ayant généralement pas de culture à diriger, recherchent dans le jardinage et dans l'élevage de quelques volailles cette occupation qui fait naturellement aimer le séjour de la campagne, car elles ne peuvent se soustraire à cette influence salutaire du travail dont elles ont de si nombreux exemples sous les yeux.

Le jardinage devient pour elles une ressource, et, à défaut

de terres à surveiller, il faut les voir s'adonner avec une
véritable ardeur aux travaux nécessaires : bêchant par-ci,
râtissant par-là, comme pourrait le faire le plus consciencieux
jardinier : n'oubliant ni les semis, ni le repiquage, plantant,
taillant, greffant, arrosant, avec un entrain digne d'éloges,
les fleurs destinées à former les ravissantes corbeilles devant
émailler de leurs éclatantes couleurs le parterre odorant
et les massifs appelés à récréer leur vue et former l'ornement naturel le plus beau, le plus riche et le plus coquet de
leur habitation.

Si la culture des fleurs rencontre tant de fervents adeptes
parmi les gens en villégiature, il ne faut pas croire pour
cela que le jardin potager et le jardin fruitier leur soient
complètement indifférents : bien au contraire, cela se con-
çoit du reste, car à eux deux ils réunissent l'utile à l'agréable.

La luxuriante végétation de l'un ne le cède en rien à celle
de l'autre : leurs fruits dorés et mûris à point leur créent une
foule d'admirateurs et de partisans.

Il n'est pas rare, passant devant un de ces jardins, ou
allant rendre visite à l'hôte de la maison, de le trouver déjà dès
le matin au travail, avant même que les premiers rayons
du soleil aient encore eu le temps de dissiper la brume enveloppant de sa vapeur humide la nature à son réveil. Il
est là, la tête affublée d'un immense chapeau de paille à
larges bords, pinçant quelques pousses vagabondes, ou
forçant une branche fruitière rebelle à parcourir un nouveau
chemin. Ainsi se poursuit la journée, la consacrant tour à
tour à une foule de petits travaux manuels de jardinage
absorbant, sans qu'il s'en aperçoive, tous ses instants, sans
laisser la moindre place à l'ennui ; procurant au contraire,
la journée terminée, cette satisfaction que donne à chacun
le travail accompli.

Il faut voir de quelle sollicitude le propriétaire entoure

ses chers produits! quels soins il leur prodigue pour en assurer la réussite! avec quel contentement mêlé de vanité et d'amour-propre il rapporte triomphalement au logis les plus beaux spécimens de sa culture! avec quelle orgueilleuse outrecuidance il dépose sur la table de la salle à manger, en présence des siens et de ses amis, le superbe cantaloup, les magnifiques poires et pêches qui, mûris à point, cueillis à temps, vont, grâce à lui, en ces jours de chaleur, faire les délices d'un succulent déjeuner, dont radis, petits pois, haricots, artichauts, etc., détachés le matin de leurs tiges, par la main blanche et délicate de la maman à son petit lever, formeront le menu du jour; tandis que les enfants achèvent tout en babillant et en gambadant de cueillir, non sans goûter les plus mûres, les dernières fraises destinées au complément du dessert.

C'est en se livrant à ce travail matinal que grands et petits attrapent l'heure d'un premier repas qu'ils dévorent à belles dents, l'appétit mis en éveil par le grand air, aiguisé par la faim.

CHAPITRE II

Château! Maison de plaisance! Maison bourgeoise! Voilà les trois seuls genres d'habitation parmi lesquels ceux qui désirent vivre à la campagne sont appelés, suivant leur fortune et leurs revenus à fixer leur choix : nous ne parlons pas ici, bien entendu, de la ferme, car elle est exclusivement réservée pour le véritable cultivateur de profession.

A cette première question, qu'il est facile de trancher sans trop d'hésitation, suivant la somme que l'on peut y consacrer, vient s'en ajouter une seconde plus complexe, celle du choix de la localité où l'on fixera son séjour. Là est précisément le point délicat et embarrassant, car il s'agit souvent de concilier entre eux une foule d'intérêts, de considérations particulières, en opposition la plupart du temps avec sa nature, son tempérament, sa manière d'être, sa position et ses intérêts. Tel pays, qui conviendrait parfaitement par l'aspect pittoresque de son site, par sa situation, les facilités de la vie que l'on y rencontre, ne peut cependant faire l'affaire, malgré tous ces avantages réunis, à cause de sa température, de son climat tout à fait contraire à tel tempérament. Tel autre qui plairait également pour une chose, présente de graves inconvénients pour d'autres ; car il faut tout prévoir avant de rien décider ; plus tard il ne serait plus temps. Bien que le choix d'un lieu de résidence soit difficile à trouver, il faut se rappeler que rien n'est parfait en ce monde; que l'idéal recherché est encore à créer.

Le choix de l'emplacement où l'on doit s'établir et se fixer n'est donc pas aussi simple, aussi facile qu'on l'aurait cru au premier abord, même étant entièrement libre de le déterminer à son gré; il dépend, comme nous venons de le dire, d'une foule de considérations auxquelles il n'est pas inutile de nous arrêter, de réfléchir longuement, avant de prendre une détermination. Nous ne parlons pas ici, bien entendu, pour les personnes auxquelles des liens de famille, un héritage, des intérêts particuliers assignent tel endroit plutôt que tel autre; mais seulement pour celles qui, libres de toute attache, n'ont que l'embarras du choix.

Qu'il s'agisse d'un château, d'une maison de plaisance ou d'une maison bourgeoise, la première et la plus impérieuse de toutes les conditions, celle sur laquelle on ne saurait transiger, parce qu'elle repose sur les lois de l'hygiène, est le choix du *climat* et du *sol*.

Viennent ensuite d'autres considérations qui, elles, ne sont pour ainsi dire que secondaires.

Afin de faciliter les recherches des intéressés, de les éclairer même dans leurs démarches, nous allons mettre sous les yeux de nos lecteurs ce que l'étude et l'expérience nous ont enseigné à cet égard, en y joignant les observations que nous ont suggérées de nombreux exemples.

Climat. — L'air qui entoure et enveloppe l'homme de toutes parts constitue pour lui l'élément principal dans lequel il se meut, dans lequel il puise la vie d'abord, la santé ou la maladie ensuite, suivant qu'il est plus ou moins pur ou vicié : mais cet air, quoique pur, ne convient pas toujours à lui seul à tous les tempéraments, à tous les âges; subordonnés que nous sommes à l'ascendant que prend chez nous un organe sur un autre, suivant que notre nature est *sanguine*, *bilieuse*, *nerveuse* ou *lymphatique*.

Il nous faut donc, pour vivre dans des conditions convenables à notre manière d'être, rechercher parmi les différents climats, *chauds*, *froids* ou *tempérés*, celui qui s'approprie le mieux à notre constitution; car lui seul évitera bien des maux auxquels nous ne saurions échapper en agissant autrement.

Aux *constitutions sanguines*, celles qui passent pour les meilleures, et sont regardées comme le véritable type de la santé, conviennent les climats froids et tempérés : c'est dans cette atmosphère qu'elles doivent s'efforcer de rechercher l'hygiène qui leur est indispensable, aussi bien dans une vie laborieuse et active, que dans une sobriété devenue un palliatif puissant à l'exubérance de vie dont leur robuste constitution déborde de toute part.

Le séjour des climats chauds engendrerait pour elles la pléthore, c'est-à-dire les vertiges, les inflammations, les coups de sang et les congestions.

Aux *tempéraments bilieux*, particuliers aux personnes âgées, à celles qui, par habitude du commandement, ont toujours vu tout plier sous leur domination, convient un climat tempéré, un régime hygiénique végétal, accompagné de boissons rafraîchissantes, légèrement acidulées.

Les *natures nerveuses* s'accommodent parfaitement des climats chauds. Leur surexcitation est plutôt un indice de faiblesse de constitution qu'un excès de force. Cette nervosité n'est provoquée que par un refus d'obéissance opposé par certains organes à la volonté des muscles, causes engendrées le plus souvent par des veilles prolongées, le manque d'exercice, l'abus des stimulants et la privation d'une nourriture saine et substantielle.

Pour les *tempéraments lymphatiques*, l'air pur des montagnes, le grand air, dans un climat plutôt froid que chaud, est souverain.

Ce genre d'affection est caractérisé par des chairs flasques et molles, de l'embonpoint, un manque d'énergie et de volonté rendant l'intelligence lente et paresseuse.

Le lymphatisme, lorsqu'il n'est pas héréditaire, n'est qu'une des conséquences de la mauvaise alimentation et d'un séjour prolongé dans des logements insalubres, privés d'air et de lumière.

On parvient à le combattre en recourant à un **régime tonique**, constitué de viandes saignantes, de vins généreux, de liqueurs spiritueuses, et par un repos absolu de l'intelligence.

Nous ajouterons, pour terminer, que la chaleur exempte d'humidité est plus favorable que nuisible pour l'entretien de la santé; qu'elle n'est ordinairement malsaine et n'engendre des fièvres que parce qu'elle en contient.

Dans les climats chauds, inutile de parler de sobriété : elle s'impose d'elle-même; aussi l'usage des assaisonnements excitants et toniques devient-il une nécessité. Les soins de propreté s'y font sentir d'une manière impérieuse.

Les climats froids, au contraire, demandent une nourriture abondante et forte, des boissons épaisses et excitantes, riches en alcool, telles que le café, le thé, le vin et l'eau-de-vie, pour produire, entretenir et développer la chaleur vitale contre le contact du froid.

Ce n'est guère que dans les climats tempérés que l'homme acquiert tout le développement physique et intellectuel de ses facultés; à la condition toutefois de ne pas surmener sa nature par des excès de travail ou de plaisir; l'excès en tout étant un défaut.

Sol. — Après nous être longuement appesanti sur le choix du climat, les conséquences fâcheuses pouvant en résulter pour la santé, suivant qu'on se trouve en possession de tel ou tel tempérament, se présente tout naturellement à nous l'étude du sol, ayant également sa véritable valeur au point de vue de l'hygiène qui, elle, ne saurait être négligée sous le rapport des influences des *circumfusa* sans devenir une menace de tous les instants.

Que l'on ait l'intention de bâtir, ou plus simplement encore de faire l'acquisition d'une propriété toute construite, la première chose à faire sera donc, avant de rien décider, de s'enquérir de la nature du sol sur lequel reposera ou repose l'immeuble que l'on a en vue et celle des terrains l'avoisinant.

Voilà bien des précautions à prendre, diront quelques personnes en nous lisant : Mais c'est à y renoncer alors ! Le soleil et l'air ne sont-ils pas partout de même ? Oui et non ! Oui, à certaines heures du jour ; non, à d'autres ; car leur influence vient se modifier suivant la nature du sol et nous allons le démontrer.

En examinant la terre à l'œil nu, ou par quelques sondages, on peut déterminer sa nature, savoir si elle est sèche ou humide ; voilà déjà un premier point établi. Eh bien, si le sol est sec, facilement perméable, c'est-à-dire pierreux ou sablonneux, vous pourrez vous y établir sans aucune crainte, parce qu'aussitôt la dernière goutte d'eau tombée, il ne restera plus rien d'humide à sa surface. Mieux encore sera si ce terrain se trouve sur le penchant d'un coteau car les eaux s'écouleront d'elles-mêmes, naturellement, au lieu de croupir en un infect bourbier sous l'action de l'air et de la chaleur.

Dans le cas contraire, si la terre présente un aspect compact, lourd et gras, renfermant en elle une humidité que l'air et le soleil sont impuissants à dissiper, vous vous trouvez en présence d'un sol glaiseux ou marneux : gardez-vous alors d'y fixer votre toit, car ces terrains imperméables à l'eau, deviennent, lorsqu'ils en ont reçu, des foyers constants d'infection.

Le drainage vient bien accidentellement changer cette nature de terrain, mais pas assez sensiblement et assez loin pour en écarter tout danger : de plus, ce système est fort dispendieux à établir d'une façon convenable.

Entourage et voisinage. — Pour être moins nombreuses à la campagne qu'à la ville, les influences des *circumfusa* n'en sont pas pour cela moins redoutables : il est vrai qu'elles y sont caractérisées d'une manière plus précise et plus nette, qu'elles ne peuvent s'y dissimuler sous une foule de formes différentes, trompant les yeux en même temps que l'odorat du chercheur attentif. Le marais, la mare, les eaux stagnantes infectes et putrides se voient, les gaz pestilenciels invisibles et insaisissables qui s'en échappent se sentent, et la cause connue, on peut s'éloigner du foyer d'infection qu'il aurait été prudent de n'avoir pas choisi de prime abord.

Le voisinage des cimetières, des hôpitaux, des fabriques d'engrais ou de produits chimiques, sont autant de causes d'infection empoisonnant l'air ou l'eau, dans le périmètre les environnant, et provoquant quelquefois des maladies suivies de mort.

Il est difficile de ne pas avoir de voisins, même à la campagne ; construirait-on sa maison au milieu des champs que, comme le faisait si judicieusement remarquer le bon meunier au grand roi Louis XIV, relativement à l'étendue de ses États, on n'en aurait pas moins des voisins. Il n'y a donc qu'à éviter, autant que faire se peut, les voisinages incommodes.

Parmi les voisins il y en a de deux sortes : les uns mauvais sous tous les rapports : il n'y a pas pis ; il faut les fuir sans affectation, s'en tenir toujours à l'écart, évitant leur haine ; les autres, aimables par leurs relations, mais désagréables à cause de leur commerce, encombrants par les allées et venues qu'ils suscitent, la nature de leurs travaux, les odeurs qu'exhalent leurs produits. Avec ceux-là, comme dit le proverbe, *il faut faire contre mauvaise fortune bon cœur*, entretenir toujours de bonnes relations, chercher à s'en faire de véritables amis ; c'est le seul moyen d'obtenir des concessions. Si l'amitié venait à se changer en haine, la vie deviendrait bientôt insupportable, ce serait *la lutte* du *pot de terre contre le pot de fer* ; il faudrait quand même abandonner la place.

Nous ne parlerons point des dégradations que la marmaille fait subir aux vergers, cela n'a qu'un temps. Du reste, connaissant le ou les coupables on parvient quelquefois à s'en préserver en leur offrant de temps en temps quelques-uns de ces fruits qu'ils convoitent : cette prévenance leur ôte l'idée d'en dérober en mutilant les arbres.

Nos recommandations, vous le voyez, lecteur, étaient loin d'être mal fondées en vous engageant, non seulement à examiner sérieusement l'emplacement, mais encore l'entourage du lieu destiné à établir votre maison, car de ce choix dépend votre santé, celle de vos enfants et votre tranquillité.

Désagréments divers. — Puisque nous en sommes sur ce chapitre, peu agréable il est vrai, mais en somme fort utile à connaître, poursuivons-en l'étude jusque dans ses moindres détails.

Les désagréments que nous allons vous faire remarquer, sur lesquels nous allons plus particulièrement attirer votre attention, bien que secondaires, il est vrai, envisagés sous certains points de vue, n'en ont pas moins leur valeur.

On ne doit jamais, suivant nous, s'établir dans un village où il n'y a ni médecin ni pharmacien, surtout lorsqu'on se trouve dans un état de santé exposant à avoir souvent besoin des secours de l'un et de l'autre ; à moins cependant que leur résidence ne se trouve assez rapprochée de celle que vous devez habiter, un malheur est si vite arrivé! Dans ce cas les minutes sont des heures; la présence du médecin, un médicament administré quelques instants plus tôt, eût évité un malheur irréparable. A vous, pères de famille, à méditer.

Le séjour à proximité des grandes villes présente aussi une foule d'inconvénients : si, pour certaines choses il se ressent des avantages de la grande cité, pour d'autres, il offre bien des ennuis. On y est moins chez soi, tout en étant à la campagne; on ne peut y avoir ce laisser-aller, ce sans-gêne permis dans l'intérieur des terres; exposé que l'on se trouve aux surprises, aux rencontres, aux visites importunes des flâneurs.

Les environs de Paris, sous ce rapport, sont détestables : les visites du dimanche y pleuvent dru comme grêle, si on n'y met bon ordre. Elles viennent grever le budget de dépenses supplémentaires qui ne laissent pas de faire un chiffre respectable à la fin de l'année. Rafraîchissement par-ci... déjeuner par-là... et les dîners aux amis!... qui ne manquent pas de vous tomber sur les bras ce jour-là; bien heureux lorsque le mauvais temps ou la malchance, se mettant de la partie, ne leur fait pas manquer le dernier train, les constituant, bien malgré vous, vos prisonniers. Vous voilà alors, heureux mortels fuyant le monde, transformés en véritables hôteliers?

Pour ce qui est du paysan environnant les grandes villes il ne l'est pas dans toute l'acception du mot ; c'est une population ouvrière mitigée dont la politesse obséquieuse n'a rien de ce naturel bonasse, mais malin, du véritable campagnard. Tout y est calculé, en perspective d'une rétribution; la complaisance y est souvent une marchandise comme une autre.

Un point principal, sur lequel nous nous faisons encore un devoir d'appeler votre attention consiste, à choisir une localité n'étant pas trop éloignée d'une gare ou d'une halte de chemin de fer qui facilitent le transport des voyageurs, bagages produits, etc. Nous insistons donc sur la proximité d'une gare, vu sa grande importance sous une foule de rapports dont nous allons énumérer les principaux.

Il faut aussi que les chemins donnant accès à ces voies de communication, à ces débouchés industriels, soient praticables et en bon état, afin qu'ils ne nécessitent pas des frais de traction, de matériel et de temps supplémentaires ne profitant à personne, s'inscrivant tous les ans en pure perte au chapitre des frais généraux.

Se trouve-t-on éloigné d'une gare d'environ quatre à cinq kilomètres, il faut de suite un cheval et une voiture; de même qu'un domestique en plus pour ce service. Votre train de maison est-il un peu important; recevez-vous quelques amis, parents? la carriole ne suffit plus, elle n'est bonne que pour les approvisionnements et le service de la maison. Une livrée devient nécessaire au domestique, une voiture particulière au maître, et le tout à l'avenant : jugez de la dépense! Employez-vous des ouvriers? il faut aller les chercher, prendre leurs outils, transporter les matériaux nécessaires à leur travail; c'est une promenade continuelle d'une voiture, d'un cheval, d'un domestique, de chez vous à la gare et vice versâ, sans compter le temps perdu aux nombreux cabarets dits chapelles, où, sous prétexte d'allumer une pipe, on jase des heures entières... puis la perturbation, le laisser-aller qu'entraîne ce va-et-vient dans le personnel : les repas irréguliers, nécessités forcément par ces nombreux déplacements à heures fixes.

Nous ne parlons encore ici que de choses intéressant la satisfaction personnelle : c'est bien autre lorsqu'il faut envisager ce surcroît de dépense relativement aux transports des produits de la ferme.

Il est donc préférable, rappelez-vous bien ceci, de choisir un pays desservi par une gare de chemin de fer, ayant des débouchés faciles, tant pour l'écoulement des fourrages, des bestiaux, des animaux et produits de la ferme, que pour la vente des peaux, volailles, beurre, œufs, lait, fromages, fruits, légumes, etc., car tout se vend, tout doit être source de profit à la campagne, aussi bien pour le grand que pour le petit cultivateur.

Plus les communications sont directes et nombreuses, plus les produits se placent facilement.

Il vaut donc mieux payer un peu plus cher quelques journaux, arpents ou verges de terre, bien situés, que de lésiner pour un millier de francs en faveur d'une propriété privée de ces ressources. Les frais généraux que vous occasionneront son approvisionnement et sa mise en valeur s'inscriront annuellement en pure perte ; et cet argent, ces intérêts capitalisés, absorberont des bénéfices qu'il eût été aisé de réaliser par une sage et prévoyante acquisition.

Il y aurait bien d'autres avantages et d'autres inconvénients à signaler, mais votre sagacité, éveillée par ce que nous venons d'énumérer, ne manquera pas de prévoir les uns et d'écarter les autres.

CHAPITRE III

DE LA CONSTRUCTION D'UNE HABITATION

CHATEAU. — MAISON DE PLAISANCE. — MAISON BOURGEOISE, DE
PROPRIÉTAIRE ET DE CULTIVATEUR.

On construit peu de châteaux maintenant, mais, en re-
vanche, on voit partout s'élever sur notre sol, aussi bien sur
la crête des montagnes, le versant de nos coteaux, que dans
nos vallons et nos plaines, de magnifiques villas qui ne sont
autres, par leurs formes gracieuses et élégantes, que de véritables petits châteaux en miniature, rappelant, par leurs
tourelles et leurs donjons, ce qu'étaient autrefois ces for-
midables forteresses du moyen âge, contre lesquelles tant de
lances vinrent se rompre, de sang teindre l'eau de leurs
sinistres fossés.

On construit bien maintenant et nos architectes modernes,
il faut leur rendre cette justice, ont su allier quatre choses
bien difficiles à faire marcher de pair : *l'élégance, la solidité, le confortable et le bon marché*. Le progrès! me direz-
vous : oui! mais le progrès dirigé, grâce aux puissantes machines, dans la voie de l'élégance, de la solidité, du confort
et du bon marché : c'est ce que n'ont su résoudre nos pères.
On bâtissait autrefois pour des siècles, aujourd'hui on bâtit
pour le présent, s'astreignant aux exigences et à la mode
du moment, pour quelques années plus tard, subissant les

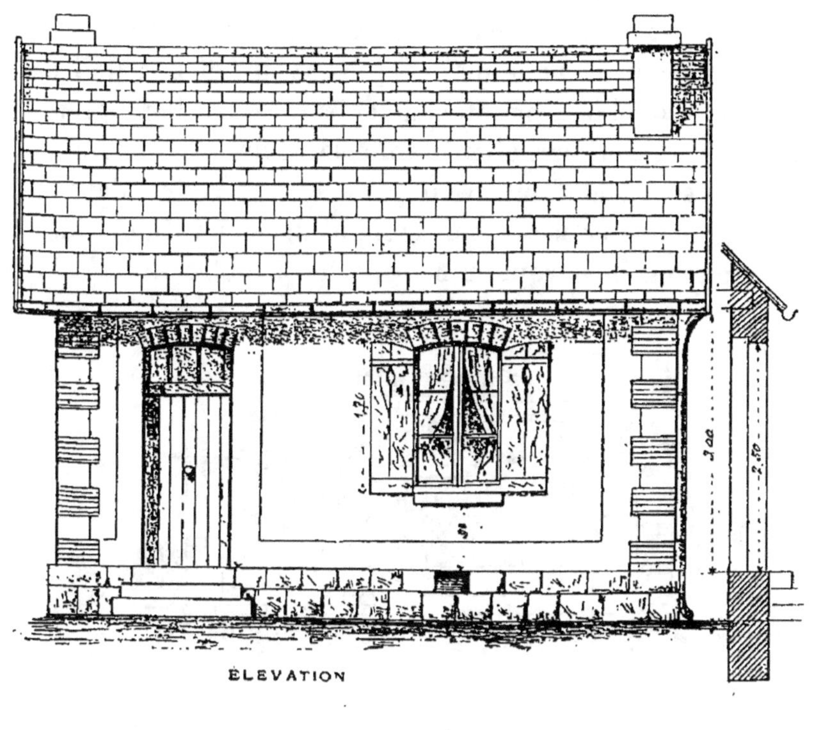

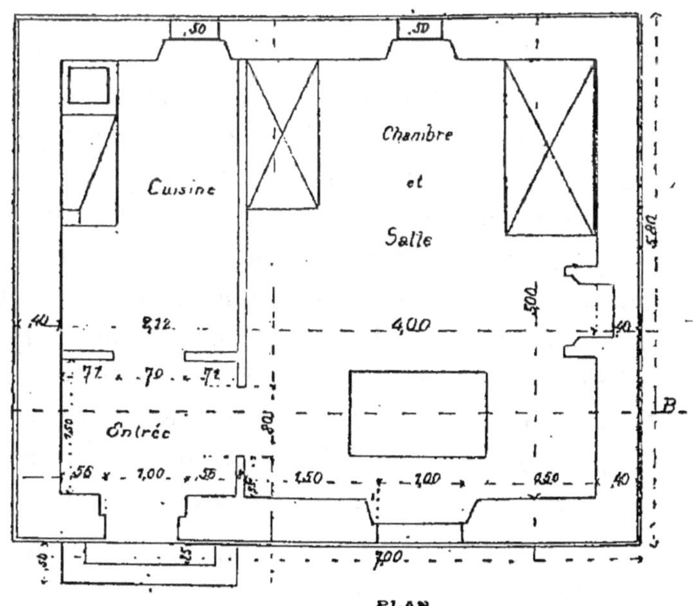

Fig. 1 et 2.

caprices de ce même siècle, bouleverser de fond en comble ce qui a cessé de nous plaire après avoir fait nos délices. Ainsi vont les choses maintenant, entraînées par le progrès... Vite, vite! et toujours allant! voilà la devise du jour.

Pour ne pas abuser de nos lecteurs, et rester dans le cadre que nous nous sommes assigné dans ce volume, nous les prions de bien vouloir se reporter à notre *Art de bâ-*

Fig. 3.

tir (1), dans lequel ils trouveront tout ce qui concerne la construction des villas et maisons bourgeoises à la campagne : sujet que nous y avons traité dans les plus petits détails, depuis les terrassements, le nivellement du terrain, jusqu'au complet achèvement, donnant, grâce à l'amabilité de MM. Monrocq frères une foule de dessins représentant des plans, coupes, élévations et devis de maisons que nous avons eu la bonne fortune de pouvoir emprunter à leur précieux *Album des constructions modernes et économiques.*

Ce dont nous voulons nous occuper ici, c'est de ce genre de construction à bon marché, intéressant tout particulièrement le petit rentier, le petit propriétaire cultivateur et

(1) *L'Art de bâtir, meubler et entretenir soi-même sa maison.* Laurens, diteur, 6, rue de Tournon, Paris, 1 vol. in-8, 243 figures, prix 6 francs.

l'ouvrier des campagnes, leur assurant un séjour confortable et digne d'eux.

De même que la hutte de l'homme primitif s'est transformée en cabane, de même aussi nous voulons, que par l'émancipation et le progrès, la cabane de l'ouvrier, du travailleur, devienne une maison salubre et habitable. Ce que nous de-

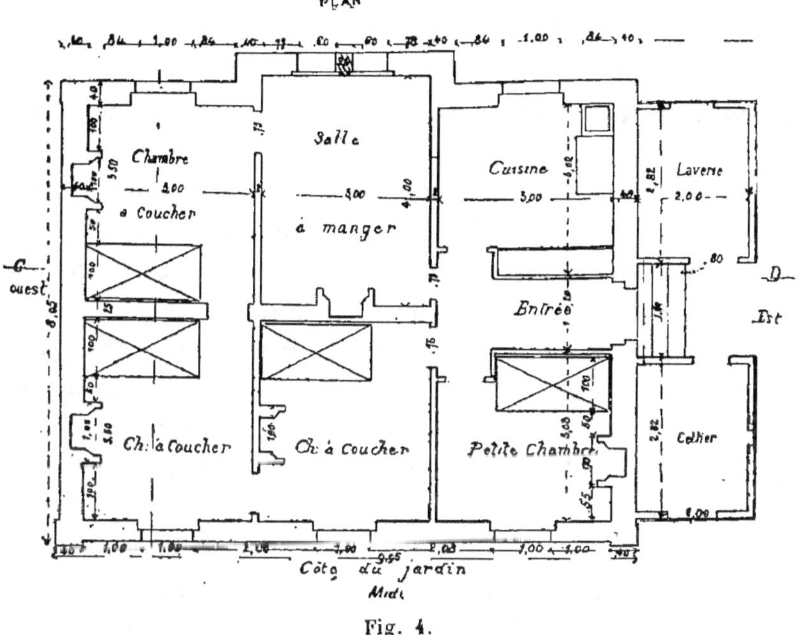

Fig. 4.

mandons n'est point un rêve, une utopie : l'exécution des grands problèmes sociaux, déjà commencée dans la construction des maisons ouvrières à bon marché, en prouve la possibilité, et cette tentative se poursuit maintenant dans celle des habitations rurales et agricoles.

Ils sont loin de nous ces temps où l'agglomération d'infects réduits, construits de branches et de torchis, privés d'air et de lumière, noircis par une fumée âcre et pernicieuse, prenaient le nom de village, et suffisaient à l'existence matérielle et mercenaire de nos pères. Aujourd'hui, grâce aux progrès de l'industrie moderne, le village est transformé du tout au tout!... Comme à la ville, se dressent maintenant au sein de nos campagnes, de coquettes petites maisons aux murs éclatants de blancheur, dont la silhouette des toits découpe le gracieux profil sur le fond d'azur qui les remplit d'air, de lumière, de gaieté et de vie.

La fin du xixe siècle, en faisant pénétrer l'instruction dans nos campagnes, y a également cimenté l'alliance de l'agriculture et de l'industrie qui, à elles deux amenèrent le progrès.

Tant que les architectes, poursuivant leurs errements, se sont complus à ne travailler que pour le riche, ils ont fait grand tout en restant mesquins; maintenant qu'ils ont compris leur véritable mission, celle de travailler pour les petits, de leur assurer un bien-être inconnu jusque-là au village, ils seront peut-être les premiers auteurs de ce retour si souhaitable vers les campagnes qu'abandonnaient tous ceux ayant goûté le confortable des grandes villes. Pourquoi quitteraient-ils une vie aisée, des logements salubres, pour demeurer dans des habitations malsaines et insuffisantes?

Qui sait! si ce n'est pas en effet à cette noire misère, dans laquelle croupissait l'ouvrier cultivateur, que l'on devait sa désertion des travaux des champs pour ceux des villes?

Le grand pas est fait!... Partout de nouvelles constructions rurales se dressent comme par enchantement, et l'argent, comme on dit, attirant l'argent, les capitalistes ont enfin compris qu'ils ne peuvent plus l'extraire maintenant que de la main du travailleur; que, pour ce faire, il fallait lui en procurer les moyens en songeant à son bien-être, à sa santé, à sa vie.

Pour que le travail soit productif, il est nécessaire que l'ouvrier qui en est la machine trouve, pour le repos de son

corps et de son intelligence, un asile où l'air et la lumière,
pénétrant à profusion, lui procurent l'hygiène indispensable

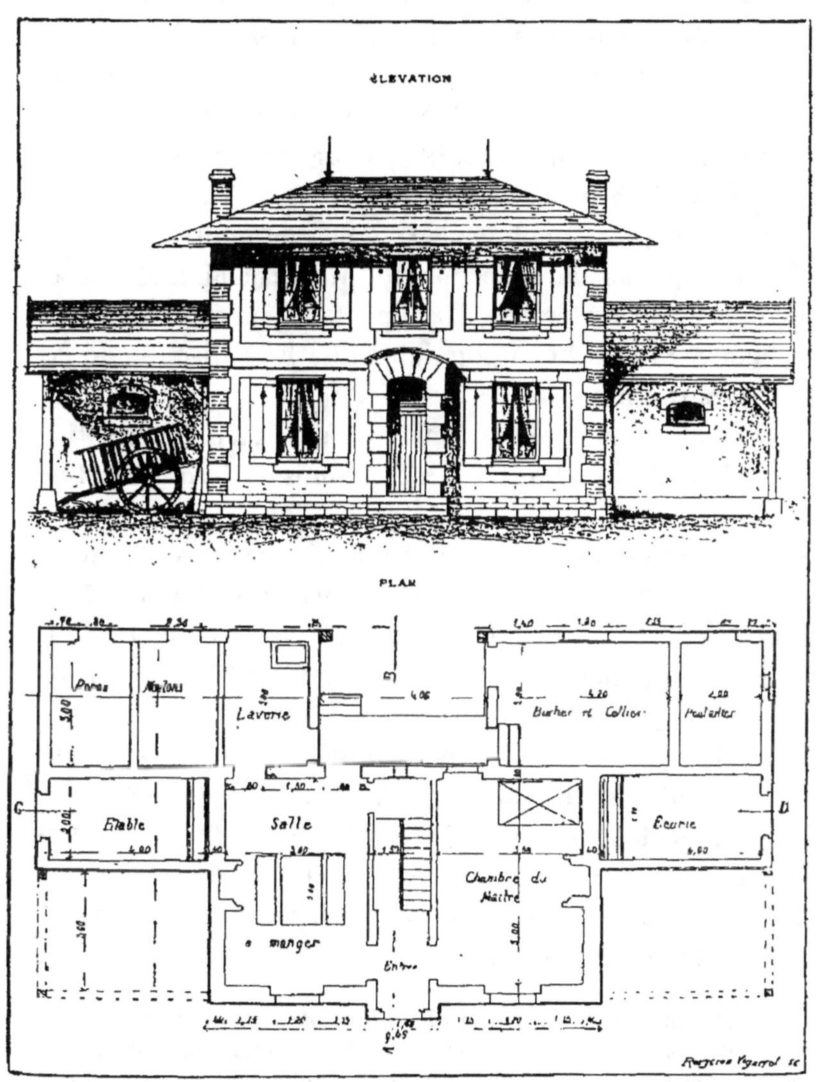

Fig. 5 et 6.

à la réparation et à l'accroissement de ses forces ; que le
local qu'on lui concède, tout en le lui faisant payer, soit
confortable en un mot.

Ce bien-être, il le trouve aujourd'hui dans l'avance d'un capital représenté par une maison toute bâtie, dont les intérêts et l'amortissement s'éteignent d'eux-mêmes, d'année en année, par le prix du loyer, jusqu'au moment où, libéré de tout, il en devient le véritable propriétaire. Il est inutile de nous appesantir plus longtemps sur cette question déjà jugée ; elle est en train de faire son chemin.

Pour donner ici quelques exemples de constructions à bon marché, nous avons recours à l'*Album* de MM. Monrocq frères (1), qui, précisément, s'occupent eux-mêmes, par leurs importantes publications populaires, de la réalisation de ce même programme.

Voici d'abord, pour commencer, le spécimen d'une petite maison d'habitation destinée à un commis de ferme (fig. 1 et fig. 2).

Rien, comme on est à même de le voir par le plan ci-contre n'a été négligé pour son confortable et son hygiène. Un vestibule, de deux mètres de largeur, donne accès à une cuisine de même dimension, longue de 3ᵐ,50 environ, recevant son jour par la cour.

Une pièce contiguë, occupant toute la profondeur de la maison (5 mètres sur 4 de largeur), sert de chambre à coucher et de salle à manger. Cette pièce est entièrement distincte de la cuisine : elle a son entrée par le vestibule et reçoit son jour de la rue et de la cour, ce qui permet d'établir, à volonté, un courant d'air.

(1) C'est dans leur remarquable *Album des nouvelles habitations rurales et constructions agricoles*, dont M. Langlois architecte est l'auteur, chef-d'œuvre de précision, de clarté et d'utilité pratique, que nous avons eu la bonne fortune de puiser quelques-uns des modèles que nous offrons à la vue de nos lecteurs. Nous ne recommandons point cet ouvrage, il s'impose de lui-même. Les nombreux emprunts que nous y avons faits, parlent assez hautement en sa faveur pour qu'il nous soit utile de plaider une cause gagnée à l'avance.

La construction de cette maison, nous dit la légende l'accompagnant, est en moellon ordinaire et en mortier teinté : son métrage approximatif est de 48 mètres carrés ; sa charpente de 1^m,60, et son parquet de 20 mètres, plus 30 mètres de plancher haut et 10^m,60 de carrelage. Son prix de revient est d'environ 1200 à 1500 francs suivant les localités.

Voici un autre genre de maison (fig. 3) composée uniquement d'un rez-de-chaussée : elle est destinée à loger un ménage et trois enfants. Sa disposition intérieure, comme le montre le plan que nous reproduisons ici (fig. 4), indique assez par elle-même à quel prodige de combinaisons il a fallu recourir pour caser tant de lits dans un si petit espace, tout en donnant à chaque chambre ses débouchés particuliers, les uns, sur le vestibule, les autres sur la salle à manger, ménageant à chacune des chambres une largeur de 3 mètres sur 3^m,50.

La maçonnerie entre dans cette construction pour une surface de 140 mètres ; la charpente cube 9 stères ; la couverture pour 130 mètres ; le plancher pour 53 mètres, le carrelage pour 12 mètres, ce qui, tous frais compris, élèverait cette construction au chiffre de 4500 à 5000 francs, suivant les localités. Sont-ce là des prix élevés pour un pareil confortable ?

Le maison du cultivateur propriétaire, possédant de 4 à 5 hectares, se montre à nous plus svelte et plus élancée dans son ensemble : les hangars, l'écurie et les étables la desservant lui donnent déjà une certaine importance (fig. 5 et 6). Élevée du sol d'environ 0^m,60 elle est construite en moellon ordinaire et en pierres de taille, avec imitation de brique, elle a son rez-de-chaussée dallé en ciment, sauf la chambre à coucher qui est parquetée en sapin, sur solives en chêne.

Les dépendances l'entourant, écuries et étables, sont à environ 15 à 20 centimètres au-dessus du niveau du terrain. Le devis approximatif établi par la légende nous montre, preuves à l'appui, que l'on peut faire cette cons-

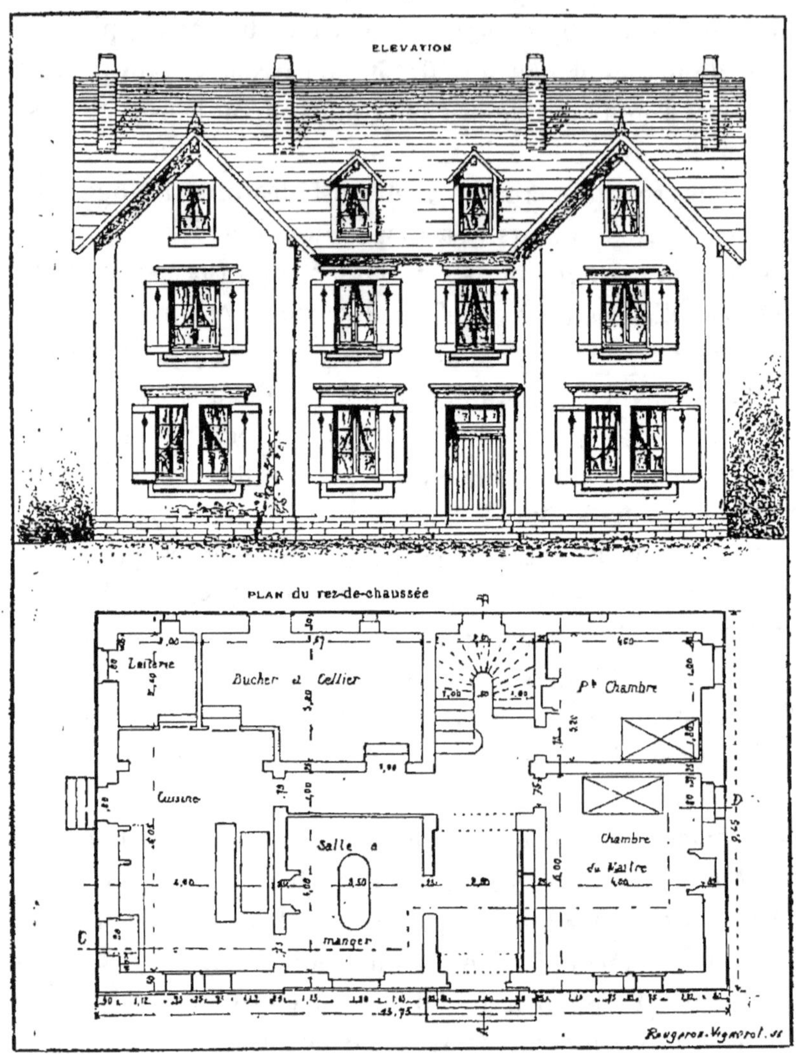

Fig. 7 et 8.

truction moyennant une dépense de 5000 à 6000 francs.

Un dernier exemple de construction à bon marché, pour terminer, car il ne faut pas abuser des emprunts, surtout lorsque le prêt est fait si courtoisement, sera le projet d'une maison destinée à l'usage d'un cultivateur propriétaire de 12 à 15 hectares (fig. 7 et 8).

L'aspect de cette maison, y compris ses dépendances, est véritablement élégant, nous pouvons même dire luxueux.

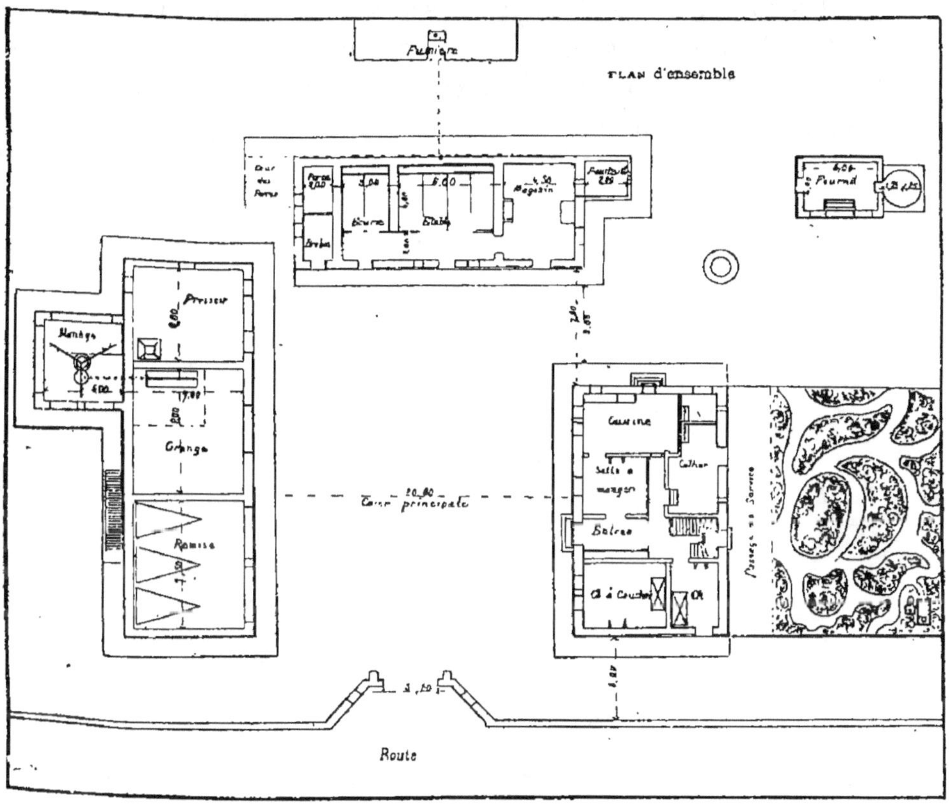

Fig. 9.

Elle prouve, par son prix de revient, jusqu'à quel point on peut, avec la plus stricte économie et l'entente de l'emploi des matériaux savamment combinés, arriver à enfanter des prodiges.

Notre exemple serait incomplet, et les chiffres perdraient leur véritable éloquence, si nous ne reproduisions ici même (fig. 9), le plan d'ensemble de cette construction.

La légende de l'auteur, après avoir établi le prix de revient des matériaux employés, se résume par les chiffres de 6 à 7000 francs pour cette construction.

Nous avions bien raison de le dire, ce sont là les dernières limites du bon marché, et, nous servant des expressions de M. Langlois, il n'y avait besoin d'aucune révolution dans l'art de bâtir pour atteindre ce but, il fallait seulement rompre avec la routine.

CHAPITRE IV

La création des jardins d'agrément est, de toutes les conceptions humaines, celle qui surpasse toutes les autres, par la constance avec laquelle elle s'est transmise et perpétuée à nous à travers les siècles.

Il faudrait remonter bien loin dans l'histoire de la civilisation pour retrouver l'origine des premiers jardins.

En reportant notre pensée à vingt siècles en arrière, nous trouvons la mention des jardins suspendus de Babylone créés par Sémiramis : leur magnificence était si grande, dit-on, qu'on les classa au nombre des sept merveilles du monde. L'histoire de la Grèce fourmille de citations de jardins plus remarquables les uns que les autres : Homère, dans son poème de la Grèce, fait une description pompeuse de ceux d'Alcinoüs et de Laërte. Le souvenir des jardins d'Academius, d'Épicure, etc. ; sont également demeurés célèbres dans les annales de la Grèce. Strabon parle en termes admiratifs, ne laissant aucun doute, sur la disposition de celui de Chanon, en Médie, et de ceux des bords de l'Oronte, près d'Antioche.

Si de la Grèce nous portons nos regards vers cette célèbre Rome de Pompée et Lucullus, nous trouvons l'art du jardinage porté à la hauteur d'une véritable science dont nous ne sommes que d'humbles imitateurs. Xénophon rapporte que Cyrus se faisait honneur de travailler au sien. Tite-Live, Pline le Jeune et bien d'autres auteurs latins nous apprennent que César, Lucullus, Tarquin, Pompée, possédaient dans la banlieue de la Ville Éternelle des jardins renommés pour la splendeur de leurs parterres, de leurs plates-bandes, de leurs belles allées d'arbres, de leurs charmilles, de leurs massifs, de leurs sentiers, et par l'étendue de leurs viviers. Voilà certes des descriptions assez complètes pour donner une idée de ce que devaient être ces superbes jardins.

Le moyen âge, imbu des traditions de l'époque gréco-romaine, nous montre le grand Charlemagne amateur tout aussi passionné des grands et beaux jardins que le furent les empereurs et consuls romains ; de tout temps, du reste, la contemplation des beautés naturelles, en apportant le repos du corps, fut un précieux aliment pour le développement de l'esprit.

Si les jardins, à cette époque, se trouvent resserrés dans les étroites limites des demeures seigneuriales, ce n'est uniquement que parce qu'ils subissent eux-mêmes le contre-coup de ces temps de trouble et d'effroi pendant lesquels personne n'osait s'aventurer hors de sa demeure, pour se mettre à découvert, en rase campagne, dans la crainte des surprises et des attaques sans cesse renouvelées auxquelles l'éloignement des jardins aurait exposé.

Délivrés de toute inquiétude, les jardins, aux xve et xvie siècles, reprennent la place importante qu'ils occupaient autrefois aux environs des villes, ils redeviennent plus florissants et plus riches que jamais.

En Italie, sous les Médicis, leur somptueux éclat rivalise avec la splendeur des grands palais dont ils sont la principale ornementation.

Leur ordonnance, leur disposition, laisse entrevoir le goût architectural de l'époque, révélé par ces vastes fossés surmontés de terrasses, entourées de balustrades en pierre, ornées çà et là de statues, de vases gigantesques, en marbre ou en pierre; par ces allées d'arbres symétriquement plantés au milieu desquelles se dressent des temples, des fontaines, des rochers, principaux éléments décoratifs appelés à constituer un jour le véritable type des *jardins à la française*, dont Claude Mallet (1) allait se faire, chez nous, l'imitateur dans la création des jardins de Saint-Germain, de Fontainebleau, puis, plus tard, Le Nôtre, pour ceux des Tuileries, du Luxembourg et de Saint-Cloud (2).

Paris, au xviie siècle, renfermait également dans ses murs des jardins dont la renommée s'est transmise jusqu'à nous. On citait tout particulièrement celui du financier Zamet, celui de l'hôtel de Condé, et bien d'autres rappelant en petit, par leur ordonnance, les somptueuses splendeurs de Versailles.

C'est sous le règne de Louis XIV, un demi-siècle plus tard, que l'horticulture, puisqu'il faut employer le grand mot à la mode, c'est-à-dire l'art de dresser les jardins, comme on disait autrefois, prit chez nous la double impulsion que lui communiquèrent Le Nôtre et La Quintinie, en y réunissant l'utile à l'agréable, modifiant le style italien dans ses larges et spacieuses terrasses à plans inclinés, ses temples, pour les remplacer par des portiques, des berceaux, des feuillages, des haies d'ifs taillés, des labyrinthes et des grottes, le tout dans un goût spécial, d'un caractère éminemment français.

(1) Mallet (Claude), jardinier de Henri IV et de Louis XIII.
(2) Le Nôtre (André), célèbre architecte, dessinateur de jardins et de parcs, né à Paris en 1613, mort en 1700.

Personne, mieux que Le Nôtre, ne sut jamais élever son génie à la hauteur où il porta son crayon pour la composition et l'embellissement de nos grands domaines royaux; il fut, par sa science de la décoration, le maître incontesté de cet art. Les jardins des Tuileries, de Saint-Germain-en-

Fig. 10. — Ancien château de Meudon.

Laye, de Chantilly, de Meudon (fig. 10), de Versailles et de Trianon, en restent les témoins irrécusables et sont ses principaux titres à la postérité.

Il était réservé au xviiᵉ siècle de voir s'accomplir, dans la disposition des jardins, une véritable transformation, et disparaître, pour un capricieux pittoresque, ces systématiques combinaisons de lignes droites et pondérées qui avaient fait l'objet de tant d'admiration.

C'est alors que, sous la pioche et la bêche, sous la hache
impitoyable du bûcheron, se mouvementèrent ces terrains
unis, et tombèrent ces allées d'arbres séculaires pour utiliser,
dans la création des nouveaux jardins, toutes les séduisantes
surprises de la nature, dont les combinaisons artistiques

Fig. 11. — Parc de Trianon : tour de Marlborough.

travestirent nos jardins français en jardins *paysagers*. La
nouveauté réclamant toujours une paternité, l'Angleterre
s'en attribua l'invention et le nom de *jardins anglais*
prévalut.

On prétendit que William Kent en avait été l'instigateur;
malheureusement pour lui, Charles Rivière-Dufresny (1),
né soixante-douze ans auparavant, avait, sur l'ordre de

(1) Charles Rivière-Dufresny, né à Paris en 1648.

Louis XIV, érigé ainsi celui de Versailles. Le succès de Dufresny fut tel qu'Ermenonville et le Petit-Trianon, (fig. 11), puis Chantilly, Monceau eurent successivement leur jardin paysager, que d'habiles dessinateurs disposè-

Fig. 12. — Bois de Boulogne.

rent avec un art exquis, une connaissance profonde de la perspective aérienne, qui en firent des sites véritablement pittoresques.

Le bois de Boulogne (fig. 12), celui de Vincennes, près Paris, constituent, de nos jours, les plus admirables promenades que l'on puisse rêver : ils demeurent les véritables types de cette belle création toute française.

Tel est, en peu de mots, l'historique de nos jardins, que la manie décorative de notre époque a transformés en véritables décors de théâtre.

Tout ce dont nous venons de parler, autrefois l'apanage des châteaux princiers, des demeures seigneuriales, des riches financiers et de quelques privilégiés de la fortune, s'est transmis dans nos mœurs et se retrouve communément, en pleine fin du XVIIIe siècle, aussi bien chez les plus humbles que chez les plus riches bourgeois : le tout exécuté sur une échelle moins vaste, il est vrai, mais proportionnée naturellement à l'étendue des terrains occupés.

LE JARDIN D'AGRÉMENT CHEZ LES PARTICULIERS. — SA DISPOSITION.

Le jardin est une des nécessités de la campagne; il n'y existe pas une seule maison, riche ou pauvre, qui ne possède son petit lopin de terre, venant contribuer au bien-être ou à l'ornementation de l'habitation, aussi bien en fleurs qu'en légumes ou en fruits.

De ces trois sortes de culture surgirent : 1° le jardin d'agrément, satisfaisant uniquement le plaisir des yeux; 2° le jardin potager, apportant son appoint à l'alimentation; 3° enfin, le jardin fruitier, dont les produits procurent quelques douceurs à la frugalité de la vie.

Occupons-nous d'abord du jardin d'agrément : qu'il soit disposé d'une façon ou d'une autre, que le contour de ses allées tortueuses se perde plus ou moins vite, plus ou moins à découvert dans les épais buissons qui l'entourent ou l'enveloppent, feuillages, plantes et fleurs, devenus son attrait principal, n'en sont pas moins les agents bienfaisants et vitaux qui, dans la mesure de leur force, absorbent, chacun de leur côté, les gaz pernicieux de l'atmosphère pour les convertir en oxygène et nous les rendre propres à l'assimilation de nos organes.

Les plantes sont indispensables à la vie de l'homme par la revivification de l'air qu'elles respirent, au même titre que l'est la nourriture pour le soutien de son corps, par ce fait elles doivent donc être les compagnes inséparables de notre demeure ; mais, pour qu'elles puissent vivre au milieu de nous, il faut leur préparer un sol qui leur convienne, les nourrisse et les développe sous l'influence de l'air et de la lumière, pour qu'à leur tour elles nous rendent en échange leur éclat, leur parfum, leur beauté et leurs vertus bienfaisantes.

EMPLACEMENT ET TRACÉ DU JARDIN (1).

L'emplacement consacré au jardin d'agrément est toujours subordonné à la situation de la maison, car il n'est pas de règle de sacrifier le premier au second. Il faut donc prendre le terrain tel qu'il se trouve et chercher, par de savantes combinaisons, à le rendre propre à une bonne culture. Il n'est pas rare, du reste, de rencontrer des jardins placés dans des expositions défectueuses rapporter des fleurs ne le cédant en rien, comme vigueur et comme beauté, à celles qui sont les mieux exposées.

(1) LÉGISLATION. *Contributions directes.* Dans la répartition de l'impôt, les jardins sont évalués d'après le produit de leur location possible, année commune, en calculant cette année commune sur quinze, comme pour l'évaluation du revenu des terres labourables. Dans aucun cas, ils ne peuvent être évalués au-dessous du taux des meilleures terres ou terrains. S'ils sont situés sur un terrain de première qualité, ils peuvent être portés au double et au triple des meilleures terres labourables. Le jardin du laboureur, de l'artisan, du journalier occupé ailleurs de travaux continuels et qui n'est cultivé qu'en gros légumes des plus nécessaires, n'est jamais évalué au-dessus du taux de la terre de première qualité ; mais celui qui est cultivé par un jardinier de profession, soit comme propriétaire, soit comme locataire ou gagiste, est susceptible d'une plus forte estimation. L'évaluation du revenu imposable des terrains enlevés à la culture pour le pur agrément, tels que parterres, pièces d'eau, avenues, doit être portée au taux de celui des meilleures terres labourables de la commune.

La meilleure orientation est sans contredit celle du soleil levant ; cependant, comme nous venons de le dire, elle n'est pas indispensable ; ce qu'il faut surtout chercher, c'est de l'abriter contre les vents du nord.

Créer un jardin de toutes pièces est une rude besogne pour laquelle il faut force goût et force bras.

Pour procéder méthodiquement, on relève d'abord la configuration extérieure du terrain, autrement dit les lignes devant servir à circonscrire le plan, puis on passe au tracé décoratif en exécutant plusieurs projets. On s'arrête définitivement à celui qui semble le meilleur. Si la propriété est entourée de murs, ne présentant aucun point que l'on puisse utiliser comme effet décoratif, rien de plus simple, il suffit de s'efforcer à dissimuler les murs par du feuillage tout en cherchant à lui donner à l'œil une étendue fictive qu'il ne possède pas en réalité (fig. 13). Si au contraire l'espace est étendu, que rien ne forme obstacle à la vue, il faut tâcher de tirer parti de tout ce qui peut se présenter de pittoresque en dehors du cadre du terrain lui-même.

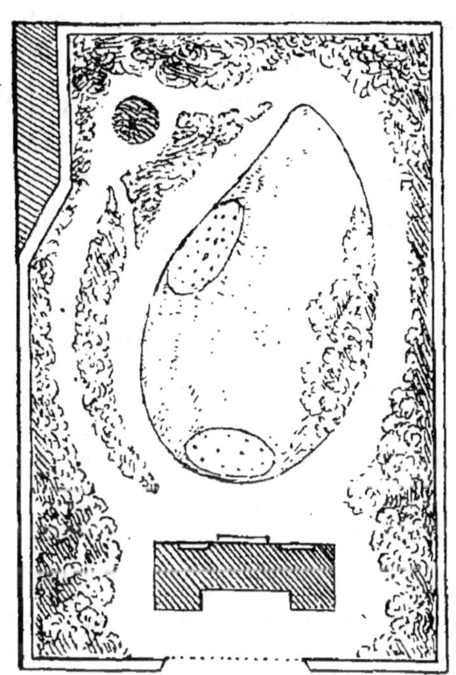

Fig. 13.

C'est là où le tracé se complique et devient difficile. Il ne faut rien livrer au hasard dans ce travail, et ne commencer le défoncement qu'une fois le plan bien arrêté ; car le moindre changement alors, lorsqu'il faut rectifier sur le sol, entraîne toujours à une foule de frais fort dispendieux que l'on se crée inutilement, puisque l'on est forcé de défaire d'un côté pour refaire de l'autre. On doit, avant de rien entreprendre, exécuter son plan sur place, à l'aide de piquets et de cordes ; tracer les allées, les parcourir en tous sens, pour bien juger de leur utilité au point de vue pittoresque ; ressortir par ici, rentrer par là, accentuer ou diminuer une courbe trop prononcée : s'assurer enfin de l'effet, tout en tenant compte de ce que donneront en élévation les plantations quelques années plus tard.

Le plan d'un jardin est entièrement du domaine de la fantaisie, il ne peut s'astreindre à aucune loi et laisse le champ libre à l'imagination et au goût de celui qui le crée, pourvu qu'il ne s'éloigne pas du beau et du vrai. Il doit être sobre dans sa décoration ; moins il est meublé d'accessoires plus il paraît vaste. Les gloriettes, les berceaux, les cabanes artistiques, les rochers, toutes ces fantaisies agréables du jardin doivent être ménagées dans des parties retirées et hors de la vue, pour devenir plutôt des objets de surprises que les principaux motifs de la décoration elle-même.

Dans le jardin paysager, de même que dans la création des parcs, il faut savoir habilement profiter des moindres déclivités du terrain, utiliser à profit rideaux et vallons, car ils se prêtent admirablement à toutes les exigences, même dans les endroits les plus restreints et les plus enserrés.

L'espace est-il petit, entouré de murs de tous côtés, il faut s'ingénier à le faire paraître vaste (fig. 13), plus grand qu'il n'est en réalité, en dissimulant les murs par des buissons et en donnant une profondeur factice aux allées tortueuses le contournant.

Ses principales allées, tracées d'une largeur raisonnable,

permettront à deux personnes de passer de front sans être gênées, car il ne faut rien de mesquin.

La pelouse sera spacieuse, un peu mouvementée, si le sol s'y prête. Elle ne recevra en son milieu aucun accessoire, tels que jet d'eau, statuette, etc., susceptibles d'en rapetis- ser l'étendue :
des corbeilles de fleurs, légère- ment en dos d'âne, viendront seules en agré- menter le pour- tour et découper, par la couleur noire de terreau bien tamisée, leur contour et leur forme extérieure. Les plates-bandes et parties gazon- nées se détache- ront alors en vert clair sur la blan- cheur jaunâtre du sable des al- lées, ce qui donnera au jardin cet air propre et coquet, achevant de le parfaire. Quelles que soient les proportions d'un jardin d'agrément, ses dispositions et sa forme, il faut toujours placer au-devant de la pelouse, vis-à-vis les fenêtres du salon ou de la salle à manger, une corbeille de fleurs dont les multiples couleurs, se détachant sur le tapis vert leur servant de repoussoir et de fond, en feront un premier plan des plus enchanteurs.

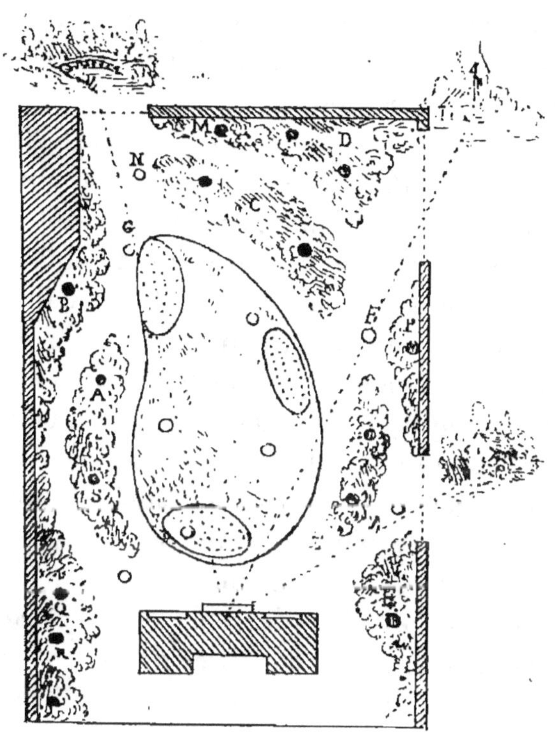

Fig. 14.

Lorsque l'horizon n'est point borné, que l'on peut sans inconvénient ouvrir des jours sur le mur, le jardin, quoique petit, peut devenir d'un aspect réellement pittoresque; son tracé rentre alors dans les mêmes conditions que celui d'un parc. Nous représentons ici (fig. 14) le même jardin que celui donné figure 13, utilisant à sa décoration les différents motifs l'environnant au moyen de trouées, avec grilles, pratiquées dans les murs.

Parcs. — On donne le nom de parc à une immense étendue de terrain enclos de haies ou de murs, sur laquelle, à l'aide de dispositions spéciales, utilisant toutes les ressources qu'offre la nature, on a exécuté différentes plantations dont la disposition pittoresque et artistique transforme cet endroit en un lieu de plaisir, tant sous le rapport de la promenade et des jeux que pour celui de la chasse : c'est le véritable jardin paysager dans toute l'acception du mot.

Il se présente rarement l'occasion d'avoir à exécuter le tracé d'un parc sur un sol dénudé de toute végétation : on se trouve le plus généralement en présence de toute espèce d'arbres dont les formes et les hauteurs n'ont aucune concordance entre elles : ce sont ces plantations existantes qu'il faut chercher à utiliser au lieu d'y promener la hache à tort et à travers, car rien n'est aussi long à pousser qu'un arbre.

En présence d'une telle tâche, il faut prendre son parti, se rendre un compte exact de la configuration du terrain et de son entourage; combiner entre elles toutes les ressources naturelles qu'il offre, de manière à pouvoir les utiliser; se bien pénétrer de la nature et des différents aspects du paysage, des accidents du sol et des plus beaux arbres à conserver.

Tout ceci est facile à dire, même à tracer sur le papier, m'objecterez-vous, lecteur, mais comment, à travers ces fourrés épais, plonger un œil scrutateur sur tout ce qui se cache derrière cet impénétrable rideau de feuillage? Je suis de votre avis, mais je vous objecterai que ces études, ce travail, ne doivent se faire qu'après la chute des feuilles, qu'alors, le regard, libre de sonder l'horizon, peut sans peine y découvrir les particularités qu'il y recherche.

Comme la perspective et le point de vue doivent partir d'une des principales pièces de la maison, salon ou salle à manger, suivant la situation, on se transporte à la lucarne la plus élevée du toit de la maison, la plus rapprochée en même temps de la direction de ces pièces, puis on commence à tracer sur le papier ce que nous appellerons les lignes de vue (fig. 14). Ces lignes deviendront le point de départ et la base de toutes les opérations d'ensemble, sacrifiant à leur harmonie tout ce qui pourrait en distraire le regard. Ceci fait, on dessine la forme extérieure du terrain, puis, de cet observatoire improvisé, on établit des points de repère ou jalons à l'aide des principaux arbres ou arbustes se trouvant sur la direction de la ligne. Dans la figure 14, dont nous supposons l'emplacement recouvert d'arbres et de futaie, nous trouvons en N, en F et en G, trois arbres pouvant admirablement servir de points de repère, puisqu'ils se trouvent dans l'axe de direction. Les ayant marqués d'un petit drapeau, nous jalonnerons nos lignes de A en N, de A en F, et de A en G, élaguant tout ce qui se trouvera sur le passage. Ayant le commencement de ces trois premières lignes déterminé, il sera facile de les prolonger, chacune dans leur direction, au delà de N, F, G, et la trouée se trouvera faite. Il ne nous restera plus qu'à chercher les arbres que l'on doit conserver. Pour se conformer au tracé de la figure 14, on supprimera tous ceux marqués d'une croix pour ne garder et utiliser que ceux représentés par des lettres. A côté d'eux viendront se grouper d'autres arbres plus petits, tels que : lilas, houx, seringa, etc.

L'allée dite de ceinture sera large et spacieuse, permettant au moins le passage d'une voiture; elle contournera toute la propriété, se rapprochant le plus près des murs sans pour cela laisser soupçonner leur présence. Sur cette allée viendront se brancher les allées secondaires, dont la destination sera justifiée soit par un raccord de chemin, une grotte, un berceau, un rond-point avec banc, etc. Les courbes trop prononcées sont à éviter, de même que celles en spirale formant l'S. Les courbes seront amples, d'une seule venue, sans être jarretées, se raccordant bien les unes aux autres. Les sentiers ne sont admis que pour les parties sous bois ou comme chemin serpentant au bord d'un ruisseau.

Sur le côté d'immenses pelouses, un groupe de trois arbres isolés y produirait bon effet, de même qu'un bouquet d'arbres avec buisson, lorsqu'elles sont excessivement vastes.

Nous n'indiquerons pas aux amateurs le choix des différentes essences d'arbres à y placer, leur laissant ce soin; mais nous recommandons surtout que les feuillages clairs se superposent sur les plus sombres, suivant en cela la loi de la gradation des teintes. Nous ne sommes guère partisans des rochers, des statues, des bassins, des fontaines, placés au centre des pelouses; nous préférons les voir réservés pour les carrefours des allées qu'elles motivent, ou bien encore sur le bord d'une plate-bande ou d'une allée dont elles feront l'ornementation, rompant sa monotonie en se mariant agréablement avec le fond du feuillage, les plantes aquatiques, les fougères et les lianes grimpantes leur servant de fond et de repoussoir.

Glacière. — C'est dans le jardin d'agrément que se place ordinairement la glacière : sa forme pittoresque, la rusticité de son toit de chaume en font un élément décoratif fort recherché des jardiniers paysagistes. Sa place se trouve indiquée d'elle-même au nord, sur un terrain sec, au milieu d'un massif d'arbres touffus la protégeant des rayons du soleil.

L'origine de la glacière remonte à une époque fort reculée : les Grecs et les Romains la tenaient des Orientaux. Ce n'est guère que vers 1553 qu'elles furent connues et mises en exploitation à Paris.

La glacière est indispensable au service des maisons recevant beaucoup ; elle est encore d'une grande ressource pour la conservation des aliments, surtout dans les campagnes où les provisions n'arrivent qu'une fois la semaine ; très utile aussi pour une foule

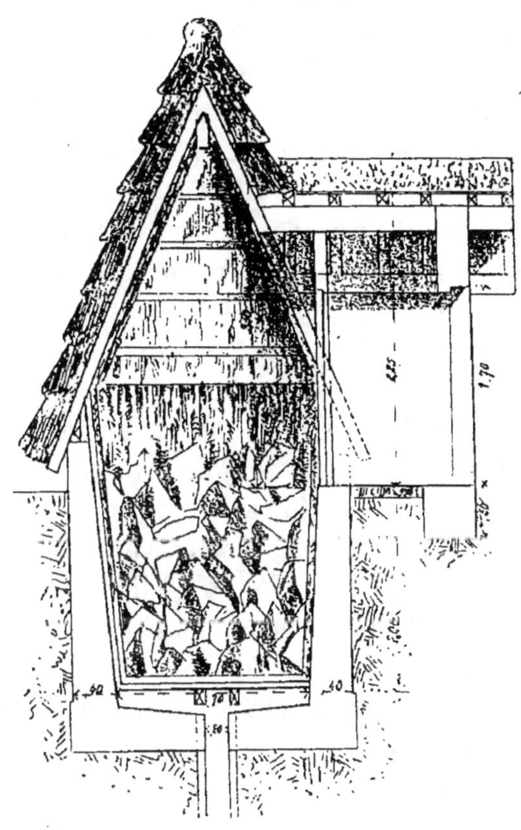

Fig. 15.

de préparations culinaires, qu'on ne pourrait faire sans son secours ; aussi avons-nous jugé utile d'entrer dans les détails de sa construction.

Le modèle que nous soumettons ici à nos lecteurs (fig. 15) est emprunté à l'album de M. Langlois architecte (1).

(1) Ouvrage déjà cité dans le cours de ce volume, p. 20.

Cette glacière, comme toutes les autres, présente la forme d'un cône tronqué, renversé. Les murs sont en moellons et les parois intérieures revêtues d'une couche de glaise de $0^m,03$ à $0^m,05$ les rendant tout à fait imperméables. Cette glaise est elle-même recouverte dans tout le pourtour d'une épaisse couche de roseaux.

Le radier, ou sol du fond, est aussi en moellon. La glace repose sur un plancher à claire-voie, au-dessous duquel se trouve ménagée une cuvette laissant échapper, par un trou de perte, le peu d'eau provenant de la fonte. Une charpente en bois, formant toit, reçoit une couverture en chaume qui, par sa nature, empêche l'air extérieur de pénétrer à l'intérieur. Dans un petit couloir, également en maçonnerie, se trouvent deux portes, une extérieure, l'autre intérieure, donnant accès à la glacière, dont la température, dans ces conditions, se maintient toujours au-dessous de zéro.

Il faut avoir soin, en pénétrant dans ce couloir, de fermer sur soi la première porte avant d'ouvrir la seconde, pour ne pas laisser s'introduire l'air chaud intérieurement.

Pour former le banc de glace on y dépose de petits morceaux de glace que l'on serre et tasse convenablement entre eux évitant avec soin les vides. La glacière est alors prête à être utilisée, aussi bien pour la confection des glaces et des sorbets que pour les crèmes, les fruits glacés et aromatisés. L'établissement de la glacière ci-dessus, d'après la légende explicative des matériaux employés à sa construction reviendrait à 250 ou 300 francs, selon les localités.

D'autres dessins se rapportant à des systèmes plus perfectionnés sont encore décrits dans ce même ouvrage : leur prix de construction varie entre 800 et 900 francs. Il nous a paru préférable de nous en tenir à celui que nous venons de décrire ; son bon marché et sa commodité répondent aux exigences d'une bonne maison bourgeoise.

DU SOL.

La fertilité du sol dépend des soins que l'on apporte à ses préparations et des éléments dont on le constitue : c'est dans son sein qu'arbres et plantes puisent, pour les distiller, par leurs milliers de racines et radicelles, suçoirs automatiques, les sucs nécessaires à leur alimentation et à leur existence.

Constituer le sol d'un jardin sera donc la première opération que l'on devra exécuter après en avoir tracé le plan. A l'exception des tufs calcaires (1) et des sols crayeux, tous les autres conviennent à peu près pour le jardinage : le meilleur terrain cependant pour cet usage est la terre arable légère (2), d'une épaisseur assez forte, reposant sur un sous-sol perméable lui enlevant toute humidité. La couleur de cette terre, sans arriver au noir de la tourbe, peut varier, sans perdre pour cela ses qualités. Elle est plus ou moins brune, suivant la nature des matières végétales ou animales qu'elle contient et dont les sels font sa véritable richesse.

Les allées une fois bien empierrées, on commence à défoncer le sol, à une profondeur de 25 à 30 centimètres, retournant la terre de manière que le dessous se trouve en dessus, la divisant le plus possible pour la rendre meuble (3) ; c'est ce que l'on appelle le labour. Dans les jardins, le labour se fait à la bêche ou à la houe, quelquefois même au pic, lorsque la terre est devenue par trop dure à entamer.

Il est inutile de dire que chaque fois qu'il se présente un

(1) Tuf, pierre blanche fort tendre.

(2) Terre arable, ce mot est synonyme de terre végétale, c'est la couche superficielle propre à la culture des plantes ; elle est formée d'un mélange de matières terreuses pulvérulentes et de substances végétales et animales en décomposition.

(3) C'est-à-dire facilement divisible par les labours.

débris de racine, une pierre ou tout autre corps étranger, il est soigneusement mis de côté pour ne pas nuire à la culture. Les mauvaises herbes s'enfouissent à une certaine profondeur pour les empêcher de repousser.

La terre ainsi préparée se trouve en état de recevoir le fumier destiné à lui servir d'engrais.

Pour les jardins on préfère le fumier de cheval ; nous en reparlerons un peu plus loin au sujet du jardin potager.

Dans le jardin d'agrément, on le mélange à la terre en évitant de l'enterrer trop profondément pour qu'il puisse se trouver plus à portée des racines.

L'époque la plus favorable pour exécuter ces travaux est généralement le mois de septembre, puis on les renouvelle en novembre.

La bonne terre dont nous venons de parler est malheureusement trop rare ; aussi la science et l'art sont-ils souvent mis à contribution pour venir en aide à la nature, afin de rétablir ce manque d'équilibre occasionné tantôt par un excès d'humidité de la terre, d'autrefois par sa trop grande sécheresse.

Terres humides. — Les terres fortes, argileuses, sont généralement très humides ; elles se reconnaissent à première vue à leur aspect luisant et gras, à leur lourdeur et à l'agrégation compacte qu'elles conservent après leur façonnage. Elles ont l'inconvénient de pourrir les racines des plantes.

On arrive à leur reconstitution par le moyen du drainage (1), sorte de canalisation souterraine absorbant l'humidité du sol pour la transporter dans des fossés profonds ou s'écoulent les eaux ; puis en les amendant et les réchauffant

_____

(1) Le drainage consiste en tranchées, que l'on établit dans le sens des pentes et au fond desquelles se placent des tuyaux en terre cuite, facilitant l'écoulement des eaux et l'assèchement des terres humides.

soit avec de la chaux, de la marne, des cendres ou toute autre matière absorbante et légère.

Terres sèches. — Les terres sèches et légères sont le contraire des terres fortes ; elles ont l'inconvénient de s'émietter et de se réduire en poussière, constituées qu'elles sont de roches marneuses et calcaires.

Dans ce sol, les graines se dessèchent et s'envolent au moindre vent : la plante altérée y languit, s'étiole, faute de l'humidité nécessaire à son développement.

Ce n'est qu'à l'aide de fumier, de terreau et de terre humide que l'on parvient à redonner à ces sols une certaine consistance.

CHAPITRE V

PLANTATION DU JARDIN D'AGRÉMENT : ARBRES, GAZONS, CORBEILLES,
ALLÉES, SEMIS.

Le tracé du jardin (1) ou du parc terminé, son sol défoncé
et labouré, la terre roulée, sarclée et ratissée, se trouve
prête à recevoir sa parure naturelle, les arbres et les fleurs,
à la plantation et au semis desquels il va falloir procéder.

On ne plante pas un arbre comme on pose un jalon,
comme on enfonce un pieu, il faut une préparation préalable assurant non seulement sa reprise dans le nouvel
emplacement qu'on lui assigne, mais encore sa prospérité et
sa végétation future. La plante est aussi sensible que
l'homme, elle subit un effet semblable à celui que nous
éprouvons lorsqu'un brusque changement vient à s'opérer
dans nos habitudes et dans notre manière de vivre.

Transportée d'un endroit dans un autre, la plante ne
trouve plus les mêmes aliments que ceux auxquels elle était
habituée : ses racines meurtries, brûlées et desséchées par
le contact de l'air, le tassement et le froissement forcé que
leur a fait subir la transplantation, la plongent dans un état

(1) Les jardins symétriques et réguliers, dits jardins français n'étant
plus à la mode, il nous semble inutile de nous en occuper dans ce
chapitre.

maladif la privant de toute activité et paralysant pour quelque temps le fonctionnement de ses organes.

Il faut donc, lorsque l'on déplante ou replante un arbre ou toute autre plante, l'entourer de soins et de précautions afin de l'acclimater insensiblement dans l'endroit où l'on vient de le placer.

Pour ce faire, on procède, comme nous allons l'indiquer, par toute une série d'opérations constituant ce que l'on peut appeler l'hygiène de la plantation. Quelque temps avant l'époque de la plantation des arbres (1), on creuse en terre, dans les endroits choisis à l'avance, des trous ayant environ 0ᵐ,50 de diamètre sur 0ᵐ,35 de profondeur, suivant la force

---

(1) LÉGISLATION. — *Code civil.* ART. 552. — La propriété du sol emporte la propriété du dessus et du dessous. Le propriétaire peut donc y faire toutes les plantations qu'il juge à propos, sauf les exceptions établies à titre de servitude.

ART. 553. — Toutes les plantations sont présumées faites par le propriétaire du terrain, à ses frais, si le contraire n'est prouvé.

ART. 554. — Le propriétaire du sol qui fait des plantations avec arbres ou arbustes qui ne lui appartiennent pas, doit en payer la valeur; il peut être condamné à des dommages et intérêts, mais le propriétaire des plantations n'a pas le droit de les enlever.

ART. 555. — Lorsque les plantations ont été faites par un tiers avec ses matériaux, le propriétaire du sol peut les conserver en en payant le prix et la main-d'œuvre; ou les faire enlever aux frais de celui qui les a faites.

ART. 671. — Les plantations d'arbres à hautes tiges et de haies ne peuvent avoir lieu qu'à une certaine distance des fonds voisins, les arbres à deux mètres et les haies vives à 50 centimètres.

ART. 672. — Le voisin peut exiger que les arbres et haies plantés à une moindre distance soient arrachés.

Celui sur la propriété duquel avancent les branches des arbres du voisin, peut contraindre celui-ci à couper ces branches. Si ce sont les racines qui avancent sur son héritage, il a le droit de les y couper lui-même.

ART. 673. — Les arbres qui se trouvent dans les haies mitoyennes, sont mitoyens comme la haie; et chacun des deux propriétaires a droit de requérir qu'ils soient abattus.

et la grosseur des sujets et des racines qu'on doit y placer. On rejette sur le côté la terre provenant de ces trous pour l'exposer aux intempéries de la saison, afin qu'elle puisse s'amender et s'ameublir au contact de l'air.

L'époque de la plantation venue, généralement vers l'automne, après la chute des feuilles, on choisit les sujets les plus vigoureux que l'on destine à la transplantation ; puis on les enlève du sol en prenant les plus grandes précautions possibles ; évitant d'endommager les racines, de briser ou froisser le chevelu, puis, aussitôt l'arbre sorti de terre, on lui fait subir l'opération du *pralinage*. Le but qu'on se propose en recouvrant les racines et radicelles d'une couche d'engrais, est de les tenir non seulement à l'abri de l'air et de la lumière, mais encore de leur conserver leur fraîcheur tout en leur fournissant une alimentation provisoire, jusqu'à ce qu'elles aient repris la force de chercher elles-mêmes, en se retendant, les sucs dont elles ont besoin.

On procède au pralinage de la manière suivante : On creuse un trou en terre, d'un diamètre assez grand pour pouvoir y introduire sans gêne les racines les plus fortes ; puis on l'emplit d'eau, de terre, de bouse de vache, de purin, quelquefois même de substances nutritives azotées ou phosphatées pour donner plus d'activité et de vigueur au sujet : puis on fait du tout une bouillie assez liquide dans laquelle on trempe les racines et le chevelu de l'arbre aussitôt déplanté.

Ce cataplasme protecteur s'infiltre entre le chevelu qu'il retend et recouvre tout à la fois.

Cette opération, négligée par un grand nombre de jardiniers, est cependant une des plus importantes de la plantation.

Le pralinage terminé, on procède à la mise en place. Il faut être deux personnes pour faire convenablement ce travail, l'une tenant le sujet, le maintenant dans sa direction

verticale, **tandis** que l'autre s'occupe d'enterrer les racines
et de reboucher le trou.

On commence par faire, au fond du trou, une litière de
fumier que l'on recouvre d'un peu de terre, puis on y
introduit l'arbre que l'on maintient bien au milieu. Pendant
ce temps, l'autre personne étale soigneusement les racines
dans la direction qui leur est naturelle, en évitant de
casser ou de froisser aucune des parties du chevelu, moins
encore de **couper** quelques racines, comme le font certains
jardiniers, **sous prétexte** de rajeunir le sujet ; ce qui équi-
vaudrait à **nous** retrancher un membre pour nous enlever
les années. Une fois bien en place, on commence à pelleter
un peu de terre très fine, prenant de préférence celle du
dessous **du tas,** enlevée la première, et qui est la meilleure.
Lorsque les racines commencent à se couvrir de terre, l'ouvrier tenant l'arbre le soulève légèrement en lui imprimant
quelques petites secousses, dans le but de faire pénétrer,
glisser et introduire la terre entre les racines et radicelles,
pour éviter les cavités et le manque de terre contraire à une
bonne plantation. On achève alors de recouvrir entièrement les racines, puis, arrivé à une certaine hauteur, lorsqu'il n'y a **plus** rien à craindre pour elles, on piétine doucement autour de l'arbre pour tasser la terre, tout en faisant
attention qu'il conserve sa direction verticale. On remet
encore de la terre et on piétine de nouveau jusqu'à ce que le
collet de l'arbre ne soit plus qu'à quelques centimètres du sol.

Dans la formation d'un massif on commence par planter d'abord l'arbre le plus élevé, celui appelé à dominer
tous les **autres, et,** suivant la nature de ses racines, pivotantes (1) ou traçantes (2), on groupe autour de lui des

(1) *Pivotantes.* Racines s'enfonçant perpendiculairement en terre
comme la **carotte, le** salsifis, etc.

(2) *Traçantes.* Racine s'étendant entre deux terres.

espèces ne pouvant se gêner entre elles, choisissant de préférence des essences appropriées à la nature du terrain, conservant, dans leur croissance, la forme élancée, pyramidale ou arrondie que l'on a cherché à donner primitivement à ce massif.

L'acacia, le hêtre noir, à feuillage pourpré, le sophora du Japon, l'érable, le lilas, les boules de neige, le seringa, sont des essences s'utilisant fort bien dans les massifs ; de même que les arbres à feuilles tombantes : tels que le saule et le frêne pleureur, le néflier parasol, etc.

Taille. — La plupart des arbustes d'ornement ne se taillent pas, il suffit de les débarrasser des branches mortes inutiles. D'autres, comme le lilas, se régularisent à la cisaille pour la floraison d'été. L'aubépine est dans le même cas ; de même que le troène et le lyciet plantés en haies. On taille aussi les arbres de fantaisie affectant des formes particulières, tels que : le sophora pleureur, le frêne pleureur, le robinier sans épines, etc.

Gazon. — Les arbres une fois plantés, on procède au gazonnement des pelouses et aux bordures des allées.

Il y a deux manières de gazonner un jardin : la première consiste à le semer, l'autre à le plaquer.

Lorsque l'on sème le gazon on prépare le sol avec le plus grand soin, enlevant toutes les pierres, racines et autres matériaux venant en rompre la parfaite régularité. On sème alors à fleur de terre, et une fois semé, on recouvre la graine en passant le râteau sur la pelouse ou la herse, si elle est petite ; si au contraire elle est d'une certaine étendue, on la tasse au battoir ou au rouleau. Un peu de terreau répandu sur le tout active la levée du semis.

On compte ordinairement 10 à 12 grammes de graine par mètre carré. Dans les parties fortement ombragées le ray-grass ne réussit guère : il faut recourir au paturin des bois.

Le gazonnement par plaques, très pratique pour les petites pelouses et les bordures, permet d'obtenir tout de suite un effet. Il consiste à enlever par plaques le gazon qui pousse au bord des chemins ou dans les marais, et de l'appliquer sur un fond bien préparé, en le foulant et l'arrosant à chaque plaque dont on fait la juxtaposition.

Pour avoir un beau gazon, il faut l'arroser souvent, le fouler sous la pression du rouleau, le débarrasser des herbes étrangères et le tondre très souvent.

Lorsque l'on se sert de la tondeuse, il ne faut pas le laisser venir trop haut; autrement, au lieu de se couper régulièrement il s'arracherait par place et deviendrait affreux au bout de quelque temps.

Les bordures des allées et plates-bandes ne se sèment pas, elles se plaquent, c'est beaucoup plus régulier et plus propre.

Corbeilles. — La plantation des corbeilles et des fleurs en bordures se fait après le gazonnement.

Une corbeille est toujours ménagée près de l'habitation; elle est placée en regard de la pièce de réception. Sur les côtés de la pelouse se disposent également d'autres corbeilles, évitant de trop les multiplier.

La fleur, a dit Chateaubriant : *Fille du matin, le charme du printemps, source des parfums*, est pour nous une réjouissance des sens. On la sème ou on la repique suivant son époque ou son espèce, qu'elle soit annuelle ou vivace, ou bien encore obtenue par bouture.

On donne d'habitude une forme ovale aux corbeilles, mais cependant leur dessin doit être subordonné à la configuration de la pelouse.

Lorsque la terre est bien préparée, on y plante les fleurs, soit avec leur pot, soit en pleine terre, puis on rafraîchit intérieurement avec la bêche la ligne de démarcation formée par le gazon et la terre. Un coup de râteau achève de donner la propreté. Prenant ensuite du terreau bien noir, on le tamise au-dessus de la corbeille pour la recouvrir entièrement d'un fond noir velouté, sur lequel se détachera en clair l'élégant feuillage de toutes ces fleurs et l'éclat resplendissant de leurs corolles multicolores.

Allées. — Comme contraste au vert tendre des pelouses, au ton brun foncé des corbeilles, au vert intense du feuillage, on recouvre les allées d'un sable ou gravier très fin d'un blanc jaunâtre, s'harmonisant parfaitement avec toutes ces teintes et faisant ressortir, par sa couleur tranchée, ce que le tracé du jardin a d'élégant et de gracieux.

Les allées seront légèrement bombées de manière à faciliter l'écoulement des eaux; le gravier ou le sable provenant des rivières parfaitement lavé, afin de rendre le jardin praticable en tous temps. Il ne faut pas le ménager, et en déposer une couche assez épaisse pour empêcher l'herbe et les graines qui y tombent de pousser. On se sert d'un râteau à dents serrées pour les ratisser.

Si quelques mauvaises herbes s'y font jour, on les enlève avec la binette, pour rétablir le tout dans son état primitif.

Certaines personnes remplacent le gravier par le mâchefer : il possède les mêmes avantages ; mais ces scories de charbon donnent au jardin un aspect noir et triste.

Dans les terrains humides on se sert de tan (1) pour sécher les allées.

(1) *Tan.* Écorce de chêne réduite en poudre pour l'usage des tanneurs de cuirs.

CHAPITRE VI

Des semis. — Sans les semis il serait impossible de se procurer une foule de variétés de plantes ne se reproduisant que par ce mode de procéder.

Chaque graine a un moment déterminé propice à son développement. Les semis se font de deux manières, soit en *pleine terre*, soit *sur couche*.

Semis en pleine. terre. — Les semis ne s'exécutent guère que vers la fin d'avril, époque où l'on n'a plus à redouter les fortes gelées ou les grands froids. Ils se font sur place, pour les espèces rebelles à la transplantation, et en pépinière, dans un endroit bien exposé au midi, pour celles qui se prêtent facilement au repiquage.

Avant de semer on fait subir à la terre une certaine préparation, puis on la recouvre d'une couche de terreau ayant une épaisseur d'environ 10 à 15 centimètres. C'est sur ce terreau que se fait le semis; on le recouvre ensuite d'une couche de mousse destinée à maintenir la fraîcheur et empêcher le déplacement de la graine par les arrosages trop brusques.

Plus la graine est fine, moins elle doit être enterrée profondément; c'est pour cela qu'il est indispensable de recouvrir de terreau tamisé les plus petites graines projetées simplement à la surface du sol.

La condition première pour que les semis réussissent est de leur éviter la sécheresse, l'ardeur du soleil. Pour ce faire on doit les couvrir de paillassons ou de pots renversés pendant les nuits froides. De temps à autre on les dégage des plantes parasites tendant à les envahir, et si ces semis poussent trop dru, on les éclaircit pour empêcher les pousses de se nuire entre elles.

On procède aux transplantations, les plantes étant encore jeunes, car aussitôt qu'elles atteignent un certain développement on a moins de chance de les voir reprendre. On les enlève par petites touffes, puis on les place dans des trous faits au plantoir, en ayant soin d'y introduire préalablement un peu de terreau, on y fixe la plante, achevant de la consolider, en refoulant, modérément avec la main, la terre se trouvant autour du trou.

Semis sur couche. — Ce genre de semis exige un travail préalable demandant un certain soin et des connaissances spéciales. Voici comment on procède. Après avoir établi une tranchée proportionnée à la largeur des châssis et des cadres dont on dispose (fig. 16) (1),

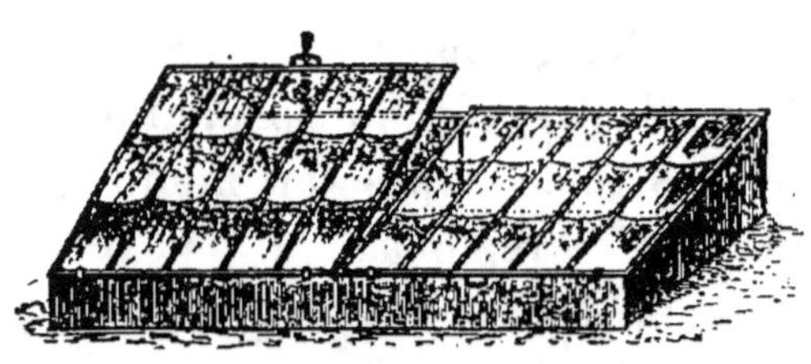

Fig 16.

on la remplit de fumier de cheval, conservé en meule, le mélangeant avec environ deux tiers de feuilles ayant passé l'hiver en tas, puis on arrose le tout afin d'activer la fermentation.

---

(1) Les châssis de couches en fer, ont ordinairement 1 mètre sur 1^m,30 et valent environ 7 francs, ceux portant 1^m,30 sur tous les sens se vendent 8 francs.

Au fur et à mesure qu'un lit de fumier est placé, on le
piétine et on le tasse à la fourche, pour ne laisser aucun
vide, jusqu'à ce que l'on ait atteint une hauteur d'environ
$0^m,40$ d'épaisseur. Une fois le tout rendu bien homogène,
on place les cadres de bois destinés à supporter les châssis
vitrés; il doit toujours rester un petit vide entre le bois
du châssis et la couche pour éviter l'hu-
midité préjudiciable aux jeunes plantes.
On conserve également une distance égale
d'environ $0^m,50$ entre la couche et le vitrage; enfin on la recouvre de 12 centimètres de terreau en le foulant bien.

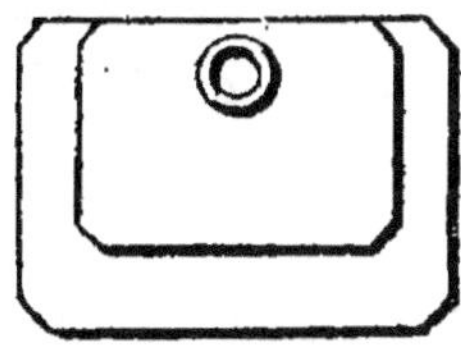

Fig. 17.

Au bout de dix à douze jours, après que
le premier feu est passé, il s'opère une réduction de 12 à
15 centimètres. La couche marquant alors au thermomètre
10 à 12 degrés centigrades est en état de recevoir les semis.
Cependant si la température se trouve plus élevée, il est
préférable de différer le semis de quelques jours.

On sème à la main, en divisant la caisse par cases, puis
on tasse au buttoir, suivant la nature de la semence, recouvrant le tout de mousse humide. Il est important d'éti-
queter chaque semis, pour éviter les erreurs, en inscrivant
sur les étiquettes l'espèce et la date? On sait, au moment
voulu, ce que contient chaque case (fig. 17 et 18).

Repiquage. — Une fois la graine levée, il ne faut pas
tarder à songer au repiquage pour ne pas donner à la jeune
pousse le temps de trop se fortifier, car alors elle supporte
plus difficilement la transplantation.

Le repiquage s'effectue dans les mêmes conditions que
les semis; soit en pleine terre, si le semis a été fait en
pleine terre soit en couche si le sujet a été ainsi obtenu.

Avant d'enlever la plante de la couche on a eu soin de
préparer préalablement autant de petites couches partielles

que l'on a de plantes à repiquer en terre nue. Pour repiquer en pleine terre on ameublit et on fume bien de terreau comme on l'a fait pour le semis, afin de pouvoir procéder au repiquage.

On enlève avec la plus grande précaution possible la jeune pousse, évitant le moindre froissement de ses racines et conservant autour d'elle le plus de terre possible; on la place de suite en terre dans l'endroit qui lui est destiné, introduisant avec soin les racines et foulant légèrement tout au tour de manière à remplir le trou de terre, conservant au sujet une direction verticale. Un arrosage, donné avec beaucoup de précaution, pour ne pas endommager le jeune sujet par la force du jet provenant de l'arrosoir, rafraîchit et nourrit momentanément la plante. Il ne reste plus qu'à recouvrir la terre, tout autour de la plante, avec une litière de fumier haché très court, de manière à lui conserver la fraîcheur des arrosements et éviter que les feuilles ne viennent à se pourrir au contact de la terre détrempée. Pour que le repiquage réussisse, il ne doit s'effectuer que par un temps couvert, ce qui donne à la plante le temps de reprendre et lui permet en retendant ses racines de puiser dans la terre les substances nécessaires à

Fig. 18.

son alimentation. Dès les premiers temps du repiquage il convient de protéger les jeunes pousses des ardeurs du soleil en les abritant derrière une ardoise ou un pot renversé; et de garantir du froid de la nuit celles trop hâtives.

Lorsque le repiquage est effectué dans de bonnes conditions, il a ainsi tout un jour et une nuit pour se remettre, et la fraîcheur de la nuit lui est très favorable.

Pour le repiquage en pot, on procède absolument de la même manière.

Boutures. — Le repiquage n'est pas le seul moyen de reproduction des plantes, il y a encore les *boutures*, les *marcottes* et les *éclats*.

La bouture convient pour une foule de plantes : elle consiste simplement à enlever soit une branche, soit une tige à un arbrisseau ou à une plante vivace, pour la mettre en terre, afin de lui faire prendre racine et obtenir un nouveau sujet identique à celui dont elle provient.

Les espèces se prêtant le mieux aux boutures sont celles les plus riches en tissus cellulaires et en moëlle ; moins les tissus sont serrés, plus elles reprennent facilement.

Il y a plusieurs manières de faire les boutures, mais la plus simple consiste à prendre des pousses de l'année précédente, à les couper au-dessous d'un œil, pour en faire partir des racines. On dépouille la branche d'une partie de ses feuilles, n'en conservant que quelques-unes au sommet, puis on fend légèrement la branche à l'endroit où l'on a opéré sa section : on l'enfonce en terre à une profondeur variant entre 15 et 20 centimètres. Les arrosages fréquents sont indispensables, ils provoquent la venue des racines.

Les boutures à l'air libre et en pleine terre peuvent se faire en toute saison.

Parmi les plantes se prêtant aisément aux boutures, il faut citer : les rosiers, les géraniums, formant massifs ; les fuchsias, la verveine, le bégonia, les chrysanthèmes blancs, etc., se faisant en août et septembre dans de la terre de bruyère mêlée avec du terreau ; le *paulownia imperialis* et le bégonia s'obtiennent au moyen de boutures provenant de leurs racines coupées par tronçons.

Il y a encore un autre genre de boutures que l'on nomme *boutures à l'étouffée*, sa réussite présente certaines difficultés : elle exige de grands soins et ne se pratique que pour les plantes de reprise difficile. L'époque de ces boutures est en mai et juin, bien que l'on puisse les faire toute l'année.

Comme celles ci-dessus, la branche dégarnie d'une partie de ses feuilles est plantée dans un pot contenant de la terre de bruyère et du terreau ; ce pot est alors placé dans un endroit bien exposé et entouré d'une couche de fumier ayant 20 à 25° Réaumur ; ces boutures sont recouvertes d'une cloche, tenues à l'abri de la lumière par des toiles ou paillassons. Il faut enlever tous les jours l'humidité que la chaleur fait naître sur chaque feuille. Dès que l'on s'aperçoit que la plante est reprise on lui donne peu à peu l'air et la lumière dont on l'a privée, évitant toute transition brusque, et en continuant à la protéger de l'ardeur du soleil.

Marcottes (1). — Le marcottage est aussi un précieux moyen de reproduction des plantes, surtout pour celles dont la nature se refuse à la multiplication par les boutures.

Fig 19.

Il y a plusieurs genres de marcottes ; *la marcotte en terre*, ou par buttes, la marcotte par *strangulation*, étranglement ou torsion et celle par *lésion*.

(1) La marcotte n'est autre chose qu'une bouture qui ne se sépare entièrement du corps auquel elle appartient que lorsque ses racines sont entièrement formées.

La marcotte simple consiste tout bonnement à coucher une branche en terre, à environ $0^m,10$ de profondeur, en la laissant attachée au corps-mère jusqu'à ce qu'elle se soit formée des racines par son contact prolongé avec la terre humide.

L'année suivante, lorsque l'on juge le sujet assez fort pour se suffire à lui-même, on sépare la marcotte de sa mère et l'on forme ainsi un nouveau sujet (fig. 19.)

Il ne faut pas trop se hâter de pratiquer la séparation, ce serait s'exposer à compromettre l'existence de la jeune plante, si ses racines n'étaient pas encore bien formées.

On ne risque rien pour attendre ; au contraire, on obtient un sujet plus vigoureux.

Ce genre de boutures se pratique sur la vigne, le chèvrefeuille, le jasmin, l'aristoloche, les clématites odorantes, la vigne vierge, les rosiers sarmenteux, la glycine et les œillets, etc.

Le marcottage par strangulation s'obtient de la même manière que celui ci-dessus ; seulement au lieu de placer simplement la branche en terre, on forme une ligature en fil de fer à l'endroit où l'on veut faire sortir les racines.

En imprimant une certaine torsion à la branche, on disjoint les fibres du parenchyme (1) ce qui donne lieu à l'évaporation de la sève et à la formation de bourrelets et de racines constituant le *marcottage par torsion*.

Il se fait encore par *lésion*, en enlevant une partie de l'écorce pour activer la production des racines, ou en opéran simplement par une incision.

Marcottage en pot. — La hauteur des arbustes ou de leurs branches, leur fragilité même, ne permettant pas cette inflexion vers la terre, serait une impossibilité au marcottage,

(1) Parenchyme, tissu cellulaire mou, spongieux remplissant dans les jeunes tiges les intervalles des parties fibreuses.

si l'on n'avait eu l'idée de recourir à un procédé aérien, dit marcottage en pot, consistant à aller trouver la branche ne pouvant s'incliner vers la terre. Ce que l'une ne peut faire, l'autre le fait en s'élevant au niveau de la branche.

On prend un pot de fleur scié en deux, on élargit avec une pince l'endroit où doit passer la branche, puis on rejoint les deux parties à l'aide d'un fil de fer galvanisé auquel on fait subir une torsion pour le maintenir. On garnit ce pot avec de la terre, après l'avoir assujetti soit au corps de l'arbre soit au mur, au moyen d'un fil de fer ou d'un tasseau. Si la marcotte se trouve éloignée du mur on

Fig 20.

fait supporter le pot par une planche, formant tablette, clouée sur un montant fixé en terre.

Écusson. — L'écussonnage est encore une manière de propager les espèces sur des sujets déjà en pleine activité : c'est ce que l'on appelle la greffe.

Ayant traité longuement ce sujet chapitre IX, nous y renvoyons nos lecteurs.

CHAPITRE VII

Serres. — On ne peut considérer la serre comme faisant partie des objets mobiliers d'un jardin, cependant elle en est souvent le complément indispensable et le plus bel ornement.

Dans les grandes propriétés, son utilité est incontestable ; son luxe atteint quelquefois les proportions d'un véritable palais de cristal. Elle cesse alors d'être un accessoire pour devenir ce que l'on appelle le jardin d'hiver (fig. 21).

Serres tempérées. — Dans un goût moins élevé, pour des bourses plus modestes, nous recommandons aux véritables amateurs de fleurs les serres doubles (fig. 22), à deux versants ; leur prix de revient peut se calculer sur le pied de 10 à 12 francs environ le mètre carré.

Lorsque l'espace manque, on peut recourir à la serre cintrée (fig. 23), ou à la serre oblique, appuyée contre le mur, dont le prix varie entre 10 et 12 francs le mètre carré. Leurs vitraux sont en appentis, et les fers, les soutenant du haut et du bas, reposent d'un côté sur le mur et de l'autre sur une sablière en fer supportée elle-même par des montants de métal semblable.

Lorsqu'elles sont à deux versants (fig. 22), on peut les garnir d'une foule de plantes réclamant le soleil et la lumière.

C'est dans la serre que se remisent, pendant l'hiver, toutes les plantes et boutures craignant la gelée. Ces deux genres de serres, de dimensions restreintes, coûtent peu à chauffer.

La température moyenne d'une serre, doit se tenir constamment entre 5 et 10° au-dessus de zéro. Pendant les grandes chaleurs de l'été on en ouvre entièrement la porte.

Fig. 21.

Toutes les plantes que contient cette serre peuvent, sans inconvénient, passer la belle saison au dehors.

Au printemps, on atténue l'intensité des rayons du soleil en badigeonnant d'un lait de chaux légèrement teinté de bleu le vitrage de la serre et en le recouvrant de toiles, de paillassons (1) ou de claies suivant sa force. Ces mêmes paillassons servent l'hiver à la garantir du froid extérieur

---

(1) Aux paillassons ordinaires, il est plus économique de substituer ceux dont la paille est sulfatée et les chaînes ou ficelles goudronnées. Leur prix varie suivant le nombre de chaînes et s'établit au mètre courant. Ainsi un paillasson de 1 mètre à cinq chaînes vaut environ 1 fr. 20.

(fig. 24 et 25). Il est indispensable pour faire commodément la manutention de ces toiles ou des paillassons, qu'il y ait, à la partie supérieure de la serre, une petite terrasse ou plateforme garnie d'un garde-fou (fig. 22 et 23), parcourant toute sa longueur et à laquelle donne accès une échelle ou un escalier. La serre se chauffe à l'aide d'un

Fig. 22.

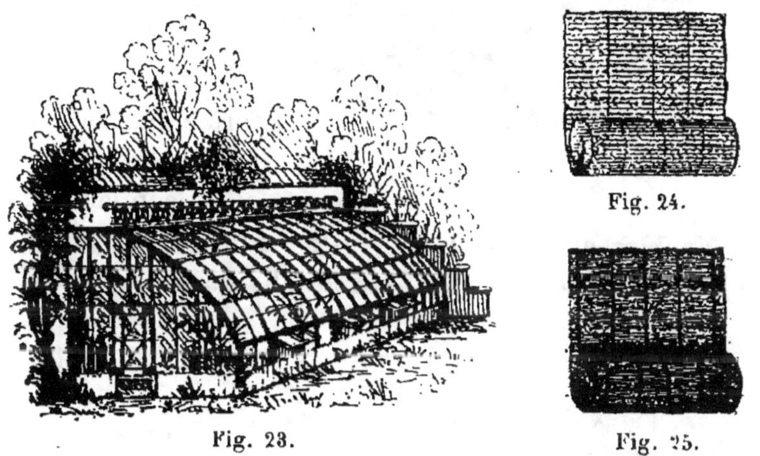

Fig. 23.

Fig. 24.

Fig. 25.

appareil dit thermo-syphon, dont le système varie suivant

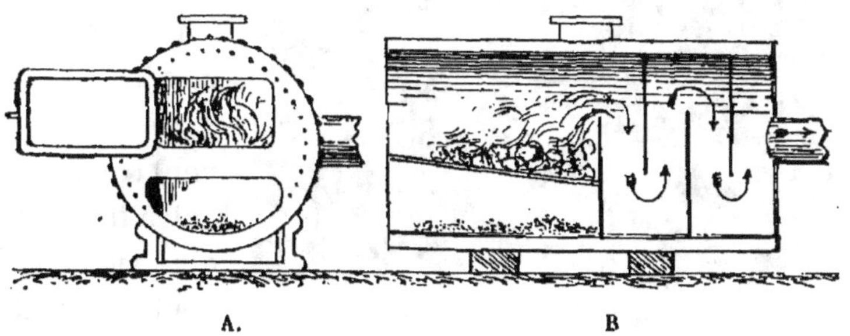

Fig. 26.

les inventeurs. Celui de M. Laillet (d'Amiens), que nous

reproduisons ici (fig. 26 et 27), présente parmi ses avantages ceux de supprimer la fumée, la poussière et la mauvaise odeur.

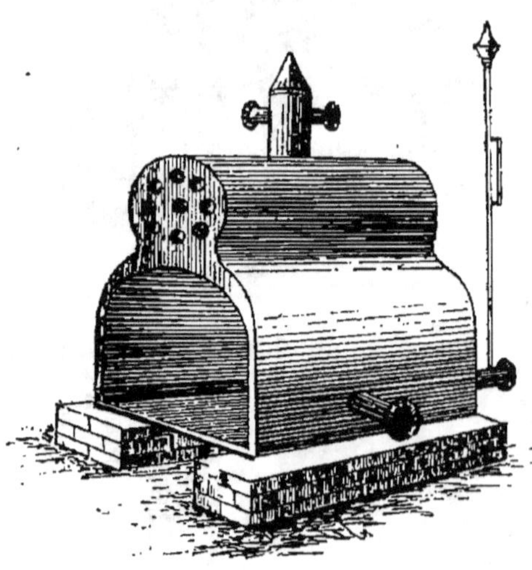

Fig. 27.

Le feu n'a pas besoin d'être alimenté pendant la nuit, et il n'y a aucune crainte des explosions si fréquentes avec une foule d'autres appareils. La serre, en outre, par le rayonnement des tuyaux, se maintient toujours à une température uniforme par le seul fait de la chaleur de l'eau qu'ils contiennent.

Meubles et accessoires. — De même qu'un appartement a besoin de meubles pour le rendre habitable et confortable, de même aussi le jardin a besoin de recevoir un mobilier tout particulier en rendant son séjour agréable et achevant son aménagement.

Dans un parc, le pont rustique (1) jeté entre les deux rives d'un ruisseau le serpentant et le con-

Fig. 28.

(1) Lorsque ces ponts sont en fer rustique, ils se vendent au mètre courant.

tournant ajoute à l'effet pittoresque et enjolive le paysage
par sa présence (fig. 28).

Le **kiosque**, très répandu
de nos jours dans les jardins, se fabrique sous
toutes les formes, avec
dessus en zinc et orne-
ments avec pendentifs. Il
sert de lieu de réunion
aussi bien pour le jeu que
pour le travail et la lecture (fig. 29 et 30).

Fig. 29.

Fig. 30.

Fig. 31.

Fig. 32.

Lorsqu'il est élevé de terre, sur un rocher ou sur un

dallage, à quelques centimètres du sol, ce dernier protège les pieds contre l'humidité de la terre. L'été, on peut, au besoin, pour se garantir des rayons du soleil, y ajouter des rideaux de coutil rayés, ou à grands ramages, qui, avec la forme bizarre de leurs toits, leur communiquent une tournure étrange plaisant à l'œil.

Fig. 33.

Quelques statuettes, vases ou coupes (1), (fig. 31 et 32), placées sur des socles en pierre font merveille ; de même que les vases sur les piliers de la porte d'entrée du jardin, ou disposés sur les marches du perron.

Viennent ensuite les berceaux en fil de fer (2) ; avec ou sans toiture en zinc, on les entoure de feuillages grimpants ce qui les transforme en salles de verdure naturelle sous lesquelles on se trouve aussi bien à l'abri du soleil que des regards indiscrets (fig. 33).

Les bancs sont les meubles les plus utiles du jardin. Ils doivent s'y trouver assez nombreux et de formes variées. Nous nous contenterons de reproduire ici, (fig. 34), le modèle d'un banc renversé surmonté d'un store se roulant et se déroulant à volonté, pouvant même s'enlever au besoin. Son prix varie entre 25 et 30 francs suivant la longueur,

(1) Ces vases se vendent au poids ; le prix de celui représenté fig. 31 est de 18 fr. 50 ; il est en fonte inoxydable.

(2) Le prix des berceaux varie suivant leur largeur et leur hauteur.

et qu'il est monté ou non sur deux ou trois pieds. Le store se paye en plus, d'après la qualité de l'étoffe et la complication du mécanisme le faisant mouvoir.

Les fauteuils balançoire, grillagère (fig. 35), accompagnant le banc, valent de 28 à 30 francs, suivant qu'ils sont avec ou sans marchepieds.

Les chaises avec siège et dossier élastique (fig. 36),

Fig. 34.

valent 7 fr. 50 ; celles simplement cannées, dites à volutes, se vendent 6 fr. 50 (fig. 37).

Les chaises rustiques (fig. 38), en bois canné, moins résistantes que celles ci-dessus, mais fort pittoresques, atteignent les prix de 3 francs à 3 fr. 50 ; le fauteuil, de même nature (fig. 39), vaut 3 fr. 50 à 4 francs. Le prix de la table en fer (fig. 40) est de 12 à 15 francs selon ses dimensions.

La mode a été pour quelque temps aux boules argentées

36

45

37

35

40

43

41

44

38

42

39

Fig. 35 à 45.

formant miroir (fig. 41), elles se vendent de 10 à 20 francs, selon leur importance. Leur pied mobile permet de les transporter un peu partout où l'on juge leur présence nécessaire pour éviter une brusque surprise.

Les arceaux en fer rustique (fig. 42), ou en fer rond (fig. 43 et 44), servent à ornementer et à encadrer les corbeilles, à protéger les coins ou les tournants des allées ; ils se font d'une infinité de formes, dont le prix varie suivant le travail de leur mise en œuvre. Ils se vendent au mètre, à partir de 0 fr. 90.

Les suspensions que l'on accroche dans les kiosques, les berceaux, les serres, les vérandas, etc. (fig. 45), se font en toutes sortes de matières ; elles acquièrent une plus ou moins grande valeur suivant la nature des matières employées à leur confection.

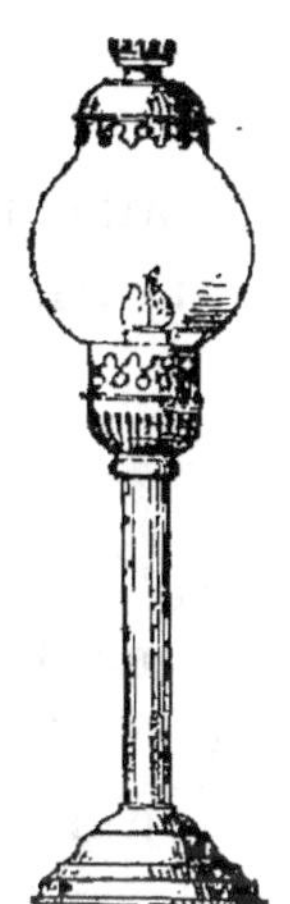

Fig. 46.

Le photophore, ou flambeau de jardin, en forme de candélabre, à une, deux et trois lumières, achève le complément du mobilier indispensable au confortable d'un jardin.

Nous allions clore la série de ce mobilier sans parler de la balançoire, du trapèze et des anneaux, qui font la joie des bambins de tout âge ; mais nous les réservons pour un chapitre spécial, dans la partie consacrée à la gymnastique à la campagne.

CHAPITRE VIII

OUTILS AFFECTÉS SPÉCIALEMENT AU JARDIN D'AGRÉMENT, AU JARDIN
FRUITIER ET AU JARDIN POTAGER. LEUR ENTRETIEN ET LEUR CON-
SERVATION.

Après avoir parlé du jardin d'agrément, il nous semble
utile de dire quelques mots sur les outils dont on est appelé
à se servir dans le cours des divers travaux qu'on y exécute,
afin d'en faire connaître les formes, les noms particuliers
qu'ils portent, les usages auxquels ils sont destinés.

La bêche, dite louchet, est l'outil principal de tous les
genres de jardinage. Suivant sa forme, ses proportions, le
pays et la nature des terrains à cultiver, ainsi que la profondeur des labours à exécuter, elle prend différents noms
particuliers que nous allons citer. Il y a d'abord la bêche
ordinaire (fig. 47), celle dont se servent tous les jardiniers;
la bêche de Sedan (fig. 48), différant de celle ci-dessus par
son tranchant taillé en angle; vient ensuite celle des Ardennes (fig. 49), présentant un tranchant légèrement arrondi
intérieurement. Ces outils se font en acier, ils se vendent
au poids à raison de 2 francs le kilo.

La serfouette sert à remuer la terre autour des jeunes
plantes et au labour des terres fortes et compactes. Elle
existe sous deux formes ; l'une à langue (fig. 50), l'autre
terminée par deux crocs ou pointes (fig. 51), affectée spécia-

lement à la culture des terrains pierreux. Son prix varie entre 1 fr. 25 et 3 francs, selon son poids.

La **binette** (fig. 52), sert à enlever les herbes des allées et des plate-bandes, à couper les pousses ou les jets des racines entre deux terres. Elle se fait en acier, de toutes sortes de formes, et coûte de 2 à 3 francs, suivant la largeur de sa lame.

Le râteau. — L'emploi de cet outil est aussi fréquent dans le jardinage que celui de la bêche ; son usage est trop connu pour que nous perdions notre temps à le décrire. Il y en a dont les dents sont montées sur bois (fig. 53), d'autres tout en fer, à dents en acier (fig. 54) : ces derniers valent de 15 à 20 centimes la dent.

La **fourche à bêcher** (fig. 55) remplace la bêche pour le maniement des fumiers ; elle s'emploie aussi pour les labours et le hersage dans les terrains pierreux ; son prix, en bonne qualité, est d'environ 5 francs.

Le **plantoir** (fig. 56) est un instrument en bois, de forme cylindrique, dont le manche fortement recourbé se termine à l'extrémité inférieure par une douille métallique. Il sert à préparer les trous destinés à recevoir les plantes que l'on repique. Son prix est de 1 à 2 francs suivant la force.

Le **transplantoir** ordinaire (fig. 57), fabriqué en forme de truelle demi-cylindrique, se rétrécissant vers le bas, sert à soulever de terre les plantes que l'on veut changer de place ou supprimer. Prix de 75 centimes à 1 fr. 25.

Le **transplantoir** double (fig. 61), est une espèce de pince cylindrique à manche, en forme de cisaille, servant à enlever les plantes de terre pour leur transplantation, sans les dégarnir de la motte de terre qui les entoure. Il y en a de différentes sortes, dont les prix sont en rapport avec la force.

Sécateurs. — Ces instruments sont également trop connus

pour en faire la description : les figures 58, 59 et 60, en donnent un aperçu suffisant. Leur prix varie suivant la nature de leurs manches ; métal, bois, corne ou ivoire, ainsi que la forme et la qualité de leurs lames et de leurs ressorts.

Les **greffoirs** et **serpettes** sont de première utilité pour la taille des arbres, la greffe et les incisions de l'écorce. Une serpette, pour être bonne, doit avoir la lame fortement recourbée du côté du tranchant, être en acier de premier choix ; son manche bien proportionné à la grandeur et à la force de la main appelée à s'en servir (fig. 62, 63 et 64) (1).

Le greffoir a la lame plus droite que la serpette et légèrement recourbée en sens inverse pour pouvoir facilement entamer l'écorce sans la déchirer. Son extrémité est armée d'une spatule en bois ou en ivoire servant à soulever l'écorce après les incisions. La spatule en ivoire est préférable à celle en bois. Nous donnons (fig. 65, 66 et 67), trois échantillons de greffoirs parmi lesquels il n'y a que l'embarras du choix. La figure 68 montre les trois lames réunies sur un seul manche.

On peut se procurer ces outils depuis le prix de 2 francs jusqu'à 5 francs.

Les **arrosoirs** (fig. 69, 70, 71), dont on connaît l'usage, se trouvent dans le commerce sous plusieurs formes.

Ils se font en zinc, en tôle galvanisée et en cuivre. Les premiers se vendent de 4 fr. 50 à 11 francs la paire, suivant leur grandeur ; les seconds, de 12 à 18 francs la paire, ceux en cuivre, de 32 à 35 francs.

Les arrosoirs en fer-blanc étant d'un très mauvais usage, nous ne les conseillons pas ; ils se rouillent facilement et deviennent en peu de temps impropres au service. Indépendamment des arrosoirs, et faisant le même office, il y a les pompes

(1) La plupart des outils que nous reproduisons ici sont des modèles de l'importante maison Gariel, 2ter, quai de la Mégisserie, à Paris.

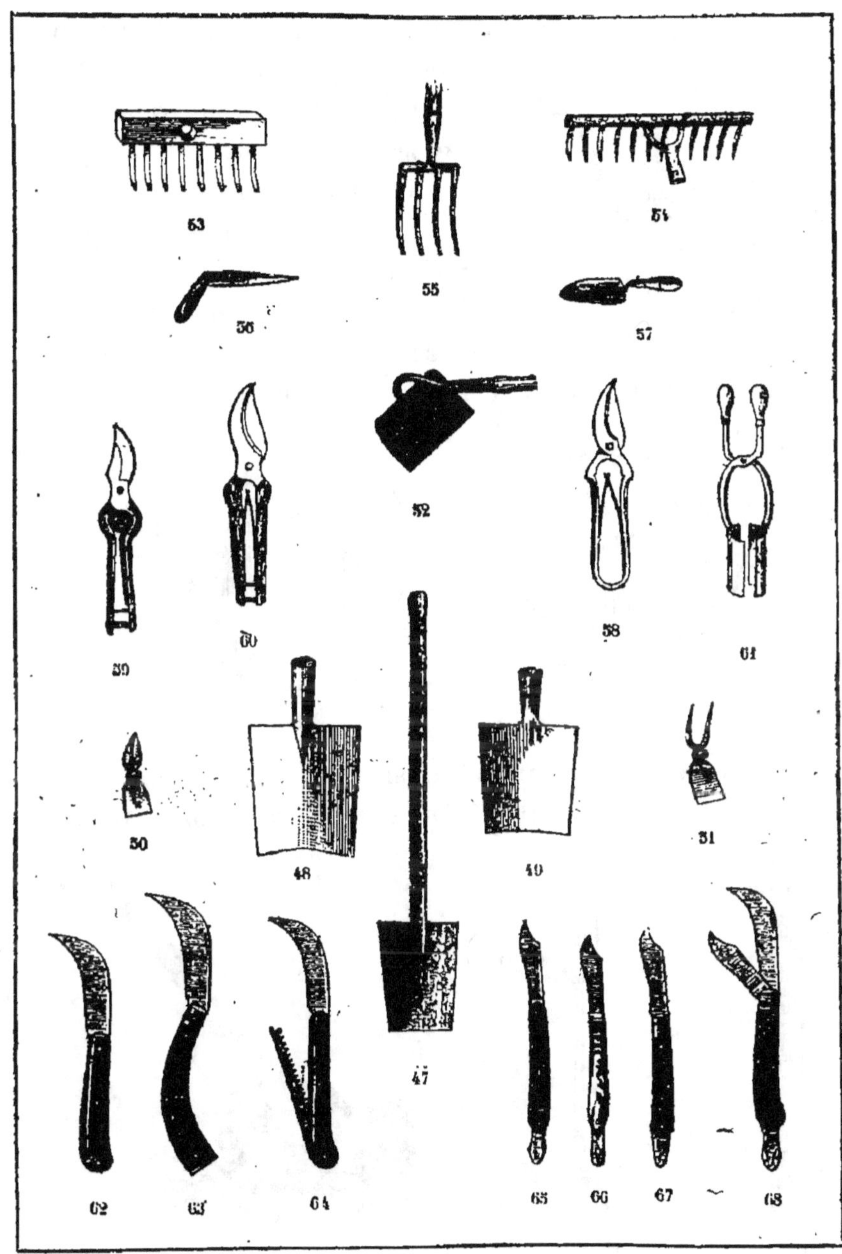

Fig. 47 à 68.

à main en zinc, avec garnitures en cuivre, à jet continu

Fig. 69.

et double gousset (fig. 72), dont le prix est de 5 à 8 francs ; les pompes à rabat (fig. 73), du prix de 1 fr. 60 à 2 francs.

La tondeuse, d'invention pour ainsi dire récente (fig. 74), est l'instrument le plus volumineux et le plus compliqué des outils de jardinage. Bien que sa forme soit toujours à peu près la

Fig. 70.

Fig. 71.

même en apparence, son mécanisme et la disposition de ses lames varient suivant chaque fabricant, car cha-

Fig. 72.

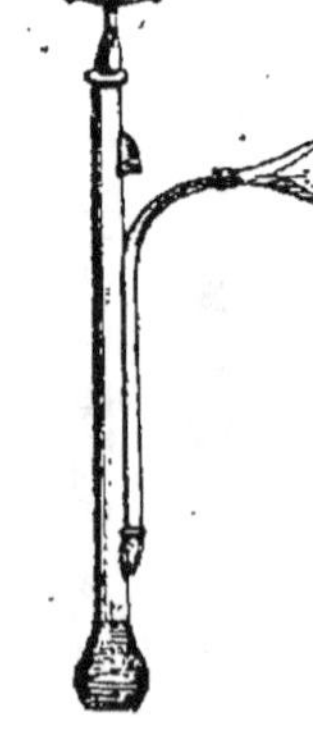

Fig. 73.

Fig. 74.

cun possède son système particulier. C'est un outil indispensable pour la tonte des pelouses d'une grande étendue.. La qualité d'une tondeuse réside dans la précision et la netteté avec laquelle ses lames coupent le gazon. Il y a des systèmes qui, au lieu de faire une coupe franche, arrachent ou mâchent le gazon : celles-là sont à jeter au rebut. Le prix d'une bonne tondeuse varie entre 30 et 100 francs, suivant la largeur du cylindre.

Brouette. — Un jardinier ne peut se passer d'une brouette (fig. 75), aussi bien pour le transport des outils que pour

Fig. 75

celui des terres. C'est dans la brouette que se ramassent les pierres, les mauvaises herbes arrachées pour jeter aux décombres.

La **ratissoire à main** (fig. 76), rend d'immenses services

Fig. 76.

Fig. 77.

dans les grandes propriétés où il faudrait une quantité énorme de monde pour le nettoyage des allées : un seul homme peut la faire manœuvrer. Elle embrasse du même

coup un espace de terrain beaucoup plus grand que la ratissoire simple, sa lame opérant sur une étendue de
$0^m,55$ à $0^m,60$ de largeur. Son prix est de 22 à 25 francs.

Le **rouleau pour gazon** (fig. 77), servant aussi bien pour
raffermir le sol des allées que pour écraser et aplanir les
mottes de terre après les labours et le roulage des gazons, se
fait maintenant en fonte creuse, avec timon mobile, placé sur
l'axe du cylindre. Son prix varie entre 30 et 130 francs,
d'après sa largeur et son poids, qu'il soit articulé ou non.

Pompe. — L'eau étant l'élément indispensable de tous les
genres de cultures, il est important de se pourvoir d'un bon
appareil d'arrosage. Celui à main est peu pratique pour
une grande étendue de terrain ; car, en culture comme en
toute autre chose, le temps de l'ouvrier représente de l'argent,
et il faut éviter à tout prix de le perdre en allées et venues inutiles.

Sans préconiser un système plutôt qu'un autre, nous représentons ici plusieurs mo-
dèles de pompes offrant chacune de sérieux avantages.

Le **tonneau d'ar-
rosage** avec pompe

Fig. 78.

(fig. 78), est le moins compliqué de ces appareils : un seul
homme le transporte facilement dans tous les endroits où
sa présence est nécessaire. Sa contenance est suffisante pour
faire un arrosage copieux et abondant. Son prix peu élevé,
eu égard au service qu'on en tire, le rend très pratique dans
une foule de jardins (prix 95 francs).

Après le tonneau vient la *pompe rotative*, aspirante et fou-

Fig. 79.

lante, avec volant (fig. 79), dont la force de projection

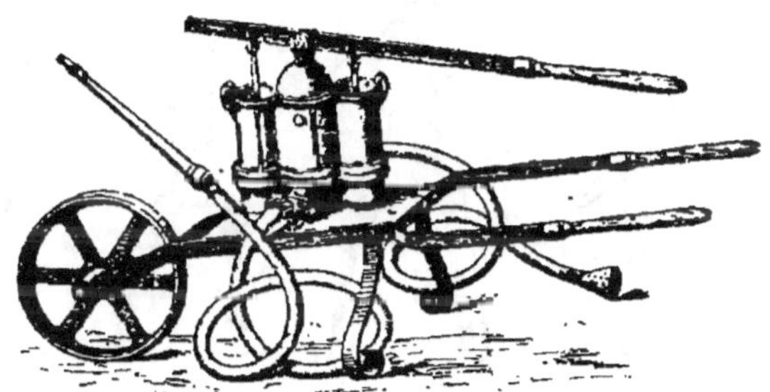

Fig. 80.

atteint 18 mètres, et peut débiter environ de 500 à 7000 litres
d'eau à l'heure en s'alimentant à
une fontaine ou à un puits (prix
de 170 à 225 francs).

La **pompe à deux corps**, aspirante et foulante, avec levier
(fig. 80) plus puissante que la
pompe rotative, vaut 175 francs
avec tous ses accessoires.

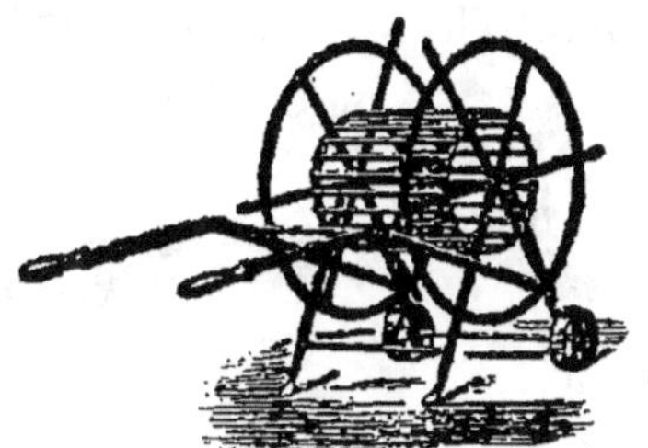

Fig. 81.

Pour prévenir l'usure des tuyaux d'arrosage, leur frottement et les chocs qu'ils éprouvent dans leur rangement, on se sert d'un appareil dit *dévidoir* (fig. 81), réalisant une grande économie dans la durée des tuyaux. Son prix minime, de 35 francs, le fait adopter par bien du monde.

OUTILS POUR LE JARDIN FRUITIER.

A l'énumération que nous venons de faire ci-dessus, il convient d'ajouter, pour le jardin fruitier, les outils suivants : la fourche à fumier (fig. 82), l'échenilloir à double tranchant (fig. 83), varient de prix entre 6 et 1 franc d'après leur qualité et leur dimension ;

Fig. 82.　　Fig. 83.　　Fig. 84.　　Fig. 85.　　Fig. 86.

le sécateur élagueur, avec manche en bois et double tranchant (fig. 84), se vendant de 10 à 20 francs; les cisailles à haies (fig. 85) de 4 à 10 francs, selon la qualité et

Fig. 87.　　　　Fig. 88.　　　　Fig. 89.

la force; le cueille-fruits (fig. 86), de 2 à 3 francs; la serpe ou croissant à élagueur (fig. 87), en acier fondu, de 4 à 5 francs; les scies de formes variées, avec manche égoine (fig. 88); le soufflet à soufrer (fig. 89), dont les prix changent suivant le système que l'on adopte. Enfin vient tout un assortiment de pitons, de supports, de crochets à pointe ou à scellement,

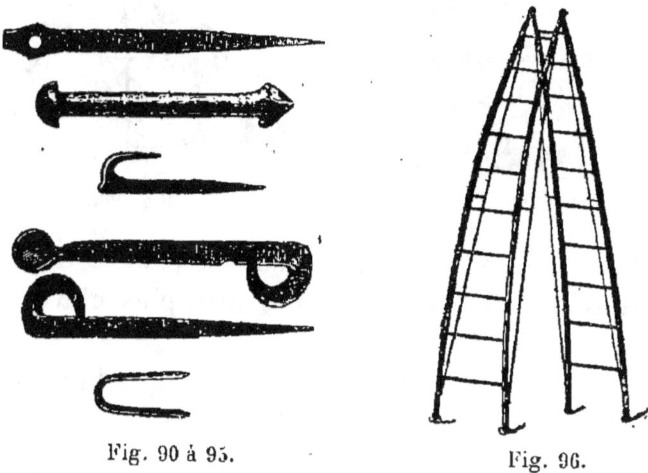

Fig. 90 à 95.   Fig. 96.

ainsi que des clous ronds à pointe et des conduits doubles; accessoires représentés par nos figures 90 à 95.

Les échelles simples et doubles sont également indispensables pour le travail des arbres fruitiers : on en fabrique de très légères, en fer creux, du prix de 8 à 12 francs, ayant 2 mètres de hauteur (fig. 96).

OUTILS SERVANT AU JARDIN POTAGER.

Aux châssis avec bâche en bois (fig. 16), dont nous avons déjà parlé (chap. vi), il faut ajouter les paillassons servant à les recouvrir (chap. vii, fig. 24 et 25). Leurs ficelles, assemblant les pailles entre elles, doivent être sulfatées et goudronnées pour éviter qu'elles ne se pourrissent trop vite. Le prix de ces paillassons est en rapport avec leur largeur et le nombre de leurs chaînes. Ils coûtent de 1 fr. 20 à 2 fr. 75 le mètre courant.

Les cloches en verre, d'une seule pièce (fig. 97), valent
de 90 centimes à 1 franc pièce; celles montées sur plomb,

Fig. 97.   Fig. 98.

appelées verrines (fig. 98), abritant les plantes délicates et
de culture forcée, atteignent des prix plus élevés variant
d'après leur grandeur.

Parmi les petits outils, ajoutons la houe à bras (fig. 99);
les sarcloirs à manche (fig. 102 et 103), de 1 fr. 50 à 2 francs,

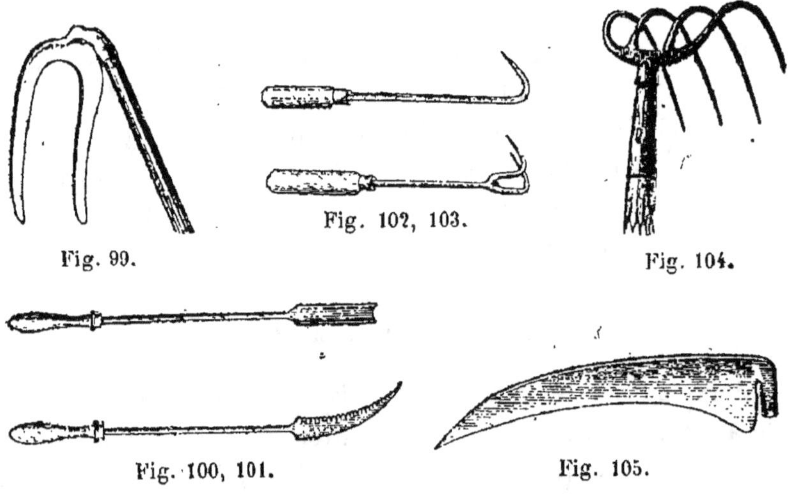

Fig. 99.   Fig. 102, 103.   Fig. 104.

Fig. 100, 101.   Fig. 105.

les gouges et couteaux à asperges, en acier (fig. 100 et 101),
de 2 francs à 2 fr. 50 la pièce selon les modèles.

Puis enfin le fourchet à fumier (fig. 104), et la faux en
acier fondu (fig. 105), qui se trouvent dans le commerce
aux prix de 3 fr. 75 à 5 francs, eu égard à leurs dimensions.

ENTRETIEN DES OUTILS.

Comme on vient de le voir par ce rapide énoncé, le prix des outils de jardinage (1) forme une dépense assez élevée pour qu'il soit nécessaire d'apporter les plus grands soins à leur conservation et à leur entretien; aussi engageons-nous fortement les personnes s'occupant de jardinage à leur consacrer un endroit tout spécial : s'il n'en existe pas de convenable, on a avantage à en faire construire un. Une cabane rustique, couverte en chaume, fera parfaitement l'affaire, et servira en même temps à l'enjolivement du jardin si elle a été exécutée avec art. On la garnit intérieurement de planches, de manière à pouvoir y accrocher tous les outils sans craindre la rouille. A des fils de fer galvanisé, tendus au plafond, se suspendent les graines renfermées dans de petits sachets (parfaitement étiquetés pour éviter les méprises), ce qui les met à l'abri des rongeurs. Plusieurs tiroirs servent à renfermer les clous, les marteaux, les tenailles et une foule d'autres outils.

Aucun instrument ne doit être rentré sans avoir été préalablement parfaitement essuyé, sans cela l'humidité et l'eau, au contact du fer et de l'acier, ne tardent pas à engendrer la rouille. Les arrosoirs seront égouttés avant d'être suspendus à la muraille. Si l'on doit rester quelque temps sans se servir d'un outil en fer, il est prudent de l'enduire d'une couche de graisse, sans sel, empêchant la formation de la rouille. Du bon entretien des outils dépendent la célérité, la bonne exécution et la propreté du travail.

(1) Les figures que nous reproduisons dans ces chapitres proviennent des maisons : Allez, 4, rue Saint-Martin; Forges de Vulcain, 3, rue Saint-Denis; Gariel, 2ter, quai de la Mégisserie; Lechevretel et Girot, 138, rue Saint-Martin; Sohier, 124, rue Lafayette; Broquet, 124, rue Oberkampf, qui toutes possèdent pour leurs spécialités d'excellents catalogues illustrés.

CHAPITRE IX

Il ne suffit pas de songer uniquement à l'agréable, il faut aussi penser à ce qui est utile. Le jardin fruitier et le jardin potager sont, à la campagne, une des premières nécessités du bien-être matériel.

Nous ne nous occuperons point, dans cet ouvrage, de la culture fruitière et maraîchère au point de vue de la spéculation; cela nous éloignerait du but que nous nous sommes proposé. Nous ne considérerons le jardinage, de quelque nature qu'il soit, que comme une récréation, un délassement et un appoint à la vie quotidienne; aussi réunissons-nous ces deux jardins en un seul, engageant fortement nos lecteurs, s'ils ont une certaine importance, à ne pas hésiter à en confier le soin à un jardinier spécial, expérimenté; car rien n'est plus fatigant et ne réclame plus de soins assidus que la préparation, le travail et la culture de la terre.

Jardinier. — Le métier de jardinier est un emploi de confiance échappant à toute surveillance : c'est pour cette raison que le choix d'un jardinier est chose difficile. A *l'œuvre on connaît le maçon*, dit le proverbe ; il en est de même du jardinier.

Pour le cas dont il s'agit, c'est un homme connaissant parfaitement la taille des arbres fruitiers et la culture maraîchère qu'il faut prendre, plutôt qu'un jardinier fleuriste ne connaissant que la culture de luxe spéciale aux grands châteaux.

Un jardinier gagne ordinairement de 800 à 1200 francs par an selon ses capacités; de plus on le loge et on le chauffe. Il est d'usage de lui donner quelques douceurs et une gratification à la Saint-Fiacre, patron de la corporation. Il vaut mieux payer un jardinier un peu plus cher, plutôt que de lui accorder certains droits sur les produits du jardin, ce qui dégénère toujours en abus.

L'entêtement des vieux jardiniers, pour les errements et les préjugés de leur temps, fait que l'on préfère les jeunes aux vieux, malgré leur plus grande expérience; mais il est si pénible d'être toujours en contestation pour obtenir une chose qu'ils n'ont pas l'habitude de faire, *dame routine* leur servant le plus souvent de guide, que l'on préfère, pour sa tranquillité, l'inexpérience et la bonne volonté des plus jeunes, se prêtant de meilleure grâce aux conseils ou à des expériences nouvelles.

Verger. — Avant de nous occuper du jardin fruitier, voyons ce que l'on entend par verger. Le verger, indispensable aux besoins de la ferme, n'est pas positivement un jardin; c'est une espèce d'enclos ou d'herbage qui en est séparé, dans lequel on fait des plantations d'arbres fruitiers de demi et haute tige, que l'on greffe, puis qu'on abandonne à la nature, les laissant pousser à leur gré, sans y apporter aucun soin. Les fruits y poussent abondamment et ont un goût fin et délicat.

Dans le nord de la France et les contrées maritimes de l'Océan on cultive spécialement le pommier et le poirier dans les vergers : ces fruits servent à la fabrication du cidre et du poiré.

La condition essentielle pour établir un bon verger consiste, lorsque l'on plante les arbres, à les espacer suffisamment les uns des autres, pour qu'ils puissent atteindre tout leur développement sans se gêner et se nuire.

Lorsque les arbres sont jeunes, qu'ils ne sont pas encore en plein rapport, on supplée à cette insuffisance en récoltant du fourrage sur le sol où ils sont plantés.

Dans les alentours des villes, les fruits à noyaux sont d'un bon rapport ; ils trouvent également leur place dans le verger : il en est ainsi pour le cerisier, le prunier, que l'on plante entre deux pommiers.

Le verger sert également de pâture à certains animaux de basse-cour.

Le seul entretien qu'il exige est un labour à la bêche, d'une profondeur de 6 à 8 centimètres, ayant soin de bien enfouir l'herbe et les excréments des animaux entourant les arbres pour les convertir en terreau. Ce labour a pour but, outre qu'il amende le sol, de détruire les larves de la *tipule* et de la *pyrale*, insectes qui s'y cachent pendant l'hiver pour accomplir leur transformation et recommencer leurs ravages au printemps.

On ne taille point les arbres d'un verger ; on leur enlève seulement le bois mort.

Jardin fruitier et potager. — La disposition de ces sortes de jardins est des plus simples ; elle consiste en de grands rectangles séparés entre eux par de larges allées centrales, et d'autres longeant le pourtour. De leur bonne exposition et des soins apportés à leur préparation dépend leur rapport.

Les soins à leur donner consistent d'abord en labours et en engrais pour préparer la terre ; puis ensuite, dans la plantation et la taille des arbres ; dans leur exposition, leur émondage, leur palissage.

Les murs et les plates-bandes sont réservés aux arbres fruitiers ; les rectangles intérieurs pour les légumes.

Les fraisiers se placent ordinairement dans les plates-bandes longeant les murs ; elles sont bordées par une rangée de feuilles d'oseille.

Plantation des arbres. — Lorsqu'il s'agit de plantation, on ne saurait prendre trop de soins dans le choix des sujets : il les faut jeunes, vigoureux, droits et bien faits, d'une écorce lisse et sans nœuds, d'une grosseur proportionnée à celle de leur greffe qui ne doit pas dépasser deux ans : Cette greffe sera propre, nette, sans aucun rebottage (1). Il est utile d'examiner si les racines sont en bon état, le chevelu déchiré ou coupé, sous prétexte de le rafraîchir, et enfin, si les arbres ne sont pas déplantés depuis trop longtemps ; telles sont les principales qualités que l'on doit rechercher dans le choix des arbres propres à la transplantation. Il est encore une condition essentielle dans le choix des espèces ; c'est celle de la succession de maturité des fruits, afin d'obtenir en toute saison un approvisionnement continu.

Lorsque l'on transplante un arbre, il faut bien se garder de supprimer ses feuilles ; elles sont nécessaires à l'aspiration de la sève.

C'est principalement vers l'automne que l'on commence à s'occuper de la préparation du sol destiné à recevoir les plantations (2). On creuse à cet effet un trou variant entre 80 centimètres et 1 mètre, suivant la force et le développement que doit avoir le sujet.

Pour les jeunes arbres, il est préférable, si l'on veut obtenir un bon résultat, qu'avant leur plantation définitive ils aient subi, suivant leur âge, une ou deux contre-plantations : leur chevelu devient plus touffu ; ils reprennent plus vite et n'éprouvent aucun arrêt dans leur végétation et leur fructification.

(1) Rebottage. On donne le nom de *rebottage* à un arbre qui a été greffé et regreffé plusieurs fois sans succès.

(2) La plantation peut se prolonger jusqu'aux mois de février et mars.

Les arbres élevés sur place et transplantés de suite ont des racines plus fortes; mais elles sont presque dépourvues de chevelu, ce qui rend leur reprise beaucoup plus longue et moins assurée. Dans les terrains humides on réchauffe la terre en plaçant au fond du trou une couche de plâtras recouverte de terre et de bon fumier mélangés : il est très important que ce fumier soit déjà à moitié décomposé.

Le fumier de vache est préférable pour les terres légères et sèches. Le fumier de cheval et celui du mouton étant plus chauds, conviennent mieux aux terres froides, lourdes, compactes.

Les arbres que l'on destine à la transplantation ne proviennent pas toujours des environs de la propriété que l'on habite, on les reçoit souvent d'un pays assez éloigné; alors il est nécessaire, à leur arrivée, de les entourer de certains soins que réclame le surcroît de fatigue qu'ils viennent d'éprouver. S'ils arrivent en bon état, il n'y a qu'à les planter de suite; dans le cas contraire, s'ils ont souffert de la gelée pendant le trajet, il faut les déposer tout emballés dans un endroit à l'abri du froid, les laisser s'y dégeler lentement. Une fois le dégel complet, on pourra sans inconvénient procéder à leur plantation ou les mettre en jauge.

La longueur d'un voyage influe quelquefois sur la santé d'un arbre et le fatigue tout comme il le fait pour certaines personnes : l'écorce devient ridée aussi bien sur la tige que sur les racines. On doit alors le coucher horizontalement dans une tranchée profonde de 30 à 40 centimètres, et le recouvrir de 10 à 15 centimètres de terre en arrosant fortement le tout : au bout d'une quinzaine de jours l'arbre a repris son état normal.

Nous n'entrerons ici dans aucun détail sur la manière de planter un arbre, l'ayant déjà décrite tout au long (page 49) nous recommanderons seulement, pour les arbres fruitiers,

de maintenir la greffe à quelques centimètres au-dessus du
sol de manière à éviter l'affranchissement.

Dans un sol sec et perméable, on enterre beaucoup plus
l'arbre que dans un terrain humide.

Dans les plantations en espalier, l'arbre se place à 15 centimètres du mur et s'incline vers celui-ci, la plaie de la
greffe lui faisant face, c'est-à-dire tournée en dedans. L'arbre
planté, on fait autour de son pied une petite excavation dans
laquelle on dépose un peu de fumier consommé destiné à
maintenir la fraîcheur pendant l'été.

Les arbres se prêtant le mieux à la formation des jardins
fruitiers sont les arbres nains, servant à former des cordons, des espaliers, des quenouilles, des pyramides, tandis
que ceux de demi et de haute tige sont, comme nous l'avons
dit, réservés pour la plantation des vergers.

PLANTATION ET EXPOSITION EXIGÉES POUR CERTAINS ARBRES FRUITIERS.

L'abricotier se plaît dans tous les terrains ; mais il se convient plus particulièrement dans un sol pierreux et calcaire.
Il se plante en plein vent ou en espalier, exposé à l'est ou
au midi. Sa floraison précoce lui fait redouter les gelées ;
aussi est-il bon de l'abriter lorsqu'il est en espalier. En
plein vent, ses fruits sont plus petits ; mais ils sont meilleurs que ceux des espaliers.

Le pêcher, sous les climats du nord, ne donne de bons
résultats qu'en espalier. Son exposition doit être celle du
sud ou sud-est ; il aime un sol calcaire, profond et frais.
On doit également l'abriter du froid au moment de la floraison.

Le poirier se greffe sur franc ou sur cognassier, ce dernier
convient mieux pour les espaliers ; celui sur franc pour les

arbres de haute tige. L'exposition varie du nord au sud, suivant la maturité des espèces, réservant le sud pour celui d'hiver.

Le **pommier** se greffe sur franc pour les hautes tiges destinées aux vergers; sur *doucin*, pour les demi-nains; sur *paradis*, pour les nains. Il se plante rarement en espalier, mais le plus souvent en timbale, gobelet et buisson ou en cordons horizontaux. Il aime une terre moyenne, plutôt fraîche que sèche (1).

(1) Législation. — Le propriétaire des arbres a droit aux fruits, même de ceux des branches s'étendant sur le fonds limitrophe; le voisin ne peut en recueillir aucun, pas même ceux qui tomberaient sur son fonds; il doit, moyennant indemnité, ouvrir au propriétaire des arbres un passage pour la récolte des fruits. Les fruits des arbres mitoyens appartiennent à l'un et à l'autre propriétaire, pour les branches s'étendant sur leurs fonds respectifs. Chacun recueille les fruits qui tombent naturellement sur son terrain, sans que la main de l'homme y ait contribué.

Art. 520 (Code civil). — Les fruits des arbres non encore recueillis, sont immeubles. Dès que les fruits sont détachés, quoique non enlevés, ils sont meubles.

Art. 546. — La propriété d'une chose donne droit sur tout ce qu'elle produit, c'est *le droit d'accession*.

Art. 129 (Code de proc. civ.) — Les jugements qui condamneront à une restitution de fruits, ordonneront qu'elle sera faite en nature pour la dernière année, et pour les années précédentes, suivant les mercuriales du marché le plus voisin, eu égard aux saisons et aux prix communs de l'année. Si la restitution en nature pour la dernière année est impossible, elle se fera comme pour les années précédentes.

Art. 626 (Code de proc. civile). — La saisie-brandon ne pourra être faite que dans les six semaines qui précéderont l'époque ordinaire de la maturité des fruits; elle sera précédée d'un commandement, avec un jour d'intervalle.

Les articles 388, 471 et 475 du code pénal prononcent des peines diverses contre l'atteinte portée à la propriété d'autrui par soustraction ou consommation de fruits. Ainsi, on s'expose à encourir une amende de 1 à 5 francs avec emprisonnement pour ramasser ou cueillir et manger simplement un fruit; s'ils sont emportés hors de l'endroit, l'amende atteint le chiffre de 5 à 10 francs appliquée par le

Le **prunier** est un arbre de plein vent se convenant à peu près dans toute espèce de terrain.

Le **cerisier** de même que le prunier est un arbre de plein vent; on le greffe sur *merisier franc*. Il s'accommode de tous les sols qui sont sains, mais il redoute ceux qui sont humides. Il préfère le midi, l'est et l'ouest, comme exposition.

Le **groseiller** exige un terrain frais et riche. Il se plante souvent en carré dans un bout du jardin.

Pour les espèces particulières au midi, on se conforme, pour leur plantation, aux usages adoptés dans ces contrées.

La **vigne**, dans les climats du nord, se plante en espalier, elle doit être exposée à l'est ou à l'ouest.

GREFFE

De la greffe (1). — Le mot greffer signifie enter; ce n'est autre chose que la superposition et l'ajustement d'une branche sur une autre, pour plus tard, une fois la soudure opérée, prendre corps avec elle. La greffe consiste donc à enter sur une plante ligneuse, un bourgeon ou un jeune scion bien vivace pour ne former qu'un seul être appelé à porter les mêmes fruits que l'arbre ayant fourni la branche ou l'œil constituant la greffe.

Ce procédé, d'origine fort ancienne, se pratiquait bien avant

tribunal de simple police. Le vol de productions utiles à la terre est puni par les tribunaux correctionnels de quinze jours à deux ans de prison et une amende de 16 à 200 francs. Une amende de 6 à 10 francs atteint ceux qui n'étant ni propriétaires, ni usufruitiers, ni jouissant d'un droit de passage sont entrés et ont passé dans un terrain étant chargé de raisins ou autres fruits mûrs ou voisins de la maturité.

(1) Législation (Code pénal, Art. 447).—S'il y a eu destruction d'une ou de plusieurs greffes, l'emprisonnement sera de six jours à deux mois à raison de chaque greffe, sans que la totalité puisse excéder deux ans.

les Romains (1), chez les Phéniciens, les Égyptiens et les Grecs.

La manière de greffer les arbres fruitiers varie suivant les sujets sur lesquels on opère ; elle est subordonnée à leur nature et à leur espèce : on divise en six genres les différentes manières de greffer.

Greffe ou écusson. — Ce genre de greffe tire son nom de la forme que présente la partie de l'écorce enlevée à un arbre, et sur laquelle se trouve l'œil ou le bourgeon devant servir de greffe (fig. 106 et 107). Elle se pratique à deux époques de l'année, d'abord de mai à juillet ; puis de juillet à septembre, époque où la sève se ralentit ; elle est dite alors à œil dormant.

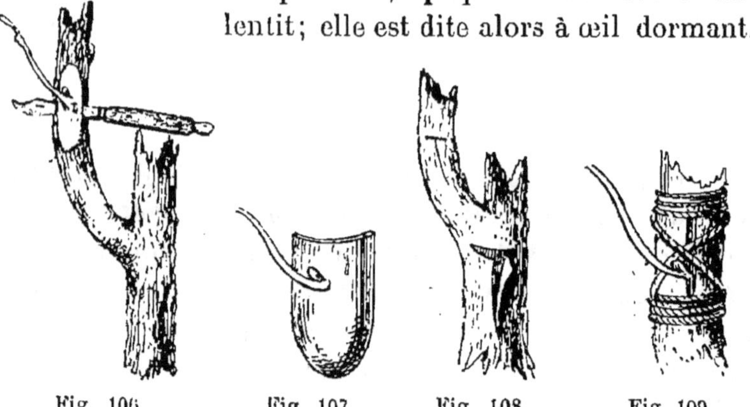

Fig. 106.   Fig. 107.   Fig. 108.   Fig. 109.

Voici comment on procède : on prend une branche bien vivace, on en détache une partie de l'écorce à l'endroit où se trouve l'œil devant servir de greffe, ayant soin de ne rien endommager de chacune des parties constituant l'écorce ; puis on lui donne la forme de l'ovale (fig. 106) ou de l'écusson (fig. 107). La greffe ainsi préparée, on procède à l'incision du sujet que l'on veut greffer.

Cette incision se fait en forme de **T** (fig. 108), à l'aide de la serpette, en fendant l'écorce horizontalement et vertica-

(1) Ce fut C. Marius, l'ami d'Auguste, qui l'enseigna aux Romains, ainsi que l'art de multiplier les arbres et les plantes exotiques.

lement. On soulève alors légèrement les deux lèvres de côté, avec le greffoir, afin de pouvoir y introduire de suite le bourgeon A (fig. 108 et 109) avec toute sa partie d'écorce, puis on referme le tout en ayant soin de ne laisser dépasser que l'œil; on réunit le plus possible les deux écorces par une ligature de laine passant en croix au-dessus du bourgeon, de manière à laisser ce dernier à découvert et l'opération est ainsi terminée.

La greffe en fente se fait entre la fin du mois de mars et le commencement d'avril.

On prend une jeune pousse de l'année précédente, ayant une longueur d'environ 40 à 45 centimètres, puis on taille sa base en lame de couteau, c'est-à-dire triangulairement, lui conservant intact le côté d'écorce qui se trouve sur sa partie cintrée. La jeune pousse présente alors l'aspect des figures 111 et 112.

Ainsi préparée, on la laisse momentanément de côté pour s'occuper du sujet sur lequel on va la greffer. Le sciant à la hauteur que l'on désire l'avoir, on le fend alors en deux ou en quatre, suivant le nombre des greffes que l'on veut y placer (fig. 110); puis, ouvrant la fente avec le greffoir ou

Fig. 110.   Fig. 111.

un coin de bois, on y introduit le biseau de la greffe préparée, ayant soin que l'écorce, et surtout le liber, se soudent intimement (fig. 113) : ceci fait, on enlève le coin, et les parties se rapprochent. On termine en enduisant les fentes avec un mélange de terre glaise et de bouse de vache, ou mieux encore avec de la cire à greffer (1), enveloppant le tout

(1) *Cire à greffer* : Poix noire............   65 grammes.
                  Poix de Bourgogne....   260   —
                  Cire jaune...........   30   —
                  Suif de mouton.......   35   —
                  Résine.............   15   —

d'un linge ou d'un peu d'étoupe, que l'on retient par une ligature, empêchant la fente de se propager et protégeant la partie greffée du desséchement occasionné par l'air et le soleil (fig. 114). Un jardinier expérimenté ne manque jamais de surmonter sa greffe d'un

Fig. 112.

Fig. 113.

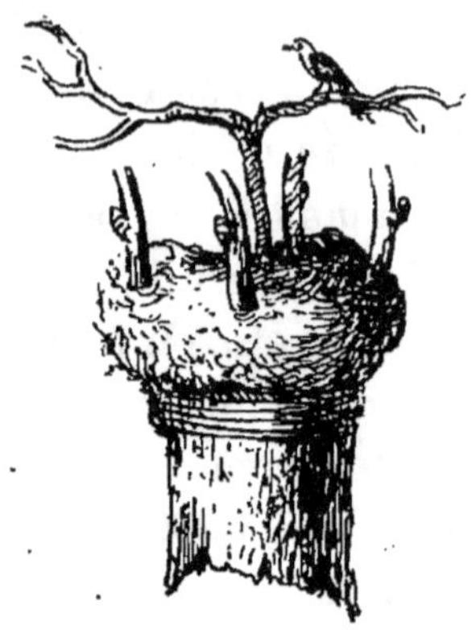

Fig. 114.

perchoir ou branche fourchue évitant les secousses et les déplacements que leur occasionneraient les oiseaux en s'y posant.

Lorsqu'une ou deux greffes accusent une bonne reprise par leur vigueur, on supprime les autres.

La greffe en couronne ou anneau tire son nom du mode même de son procédé. Elle consiste à enlever sur une branche une bague ou bracelet à œil (fig. 116), pour la reporter sur le sujet à greffer, dégarni de son écorce à l'endroit choisi pour y placer la greffe.

Voici comment on procède : on commence par tailler en sifflet l'extrémité de l'arbre à greffer, puis, quelques centimètres au-dessous, on enlève avec la serpette une couronne de pelure de manière à laisser à

Fig. 115.

Fig. 116.

nu le corps ligneux A (fig. 115). Il faut que la section soit nette et régulière, sans avoir attaqué le bois. Ceci fait, choisissant une branche d'égale grosseur, plutôt plus que moins, sur l'arbre dont on désire obtenir une greffe, on décrit circulairement au-dessus et en dessous d'un œil, un trait avec la serpette : il faut que la largeur entre ces deux traits soit égale à celle de l'anneau d'écorce à remplacer. On fend ensuite verticalement du côté opposé à l'œil pour enlever facilement ce bracelet avec la spatule; puis, ainsi obtenu, on vient l'ajouter sur le corps de l'arbuste aux lieu et place qu'occupait celui qui a été supprimé. L'ajustement doit se faire avec le plus grand soin; il faut que les soudures des deux écorces se joignent bien, ce qui s'obtient facilement en laissant l'anneau de la tige sur laquelle on greffe, un peu plus petit que celui devant servir de greffe.

On réunit le tout par une solide ligature de laine; puis, plus tard, une fois la reprise faite, on rabat la tête du sujet.

Greffe Dubreuil. — Un autre genre de greffe, portant le nom de celui qui l'a perfectionnée, se fait sur de jeunes arbres dont on coupe la tête en sifflet et dont on fend l'écorce dans le sens vertical sur le côté du biseau.

La branche à greffer est également taillée en bec de flûte, de façon à pouvoir s'adapter parfaitement sur le biseau. Chacun d'eux est muni à leur

Fig. 117.   Fig. 118.   Fig. 119.

base d'un cran de repos, empêchant la branche de glisser (fig. 117). Coupant alors une petite lanière d'écorce sur le côté gauche du bec de flûte, on place la greffe entre l'écorce et l'arbre, de façon que le côté gauche du bec de flûte repose contre l'écorce du sujet.

La greffe, dite en fente, se pratique à peu près de la même manière; la vue de nos figures 118 et 119 en indique suffisamment la forme, sans qu'il soit nécessaire d'ajouter aucun commentaire. Ce qu'il faut pour ces deux genres de greffes, ce sont des sujets d'égale grosseur. Elles conviennent aussi bien aux arbustes d'agrément qu'aux arbres fruitiers.

La greffe en approche ne peut s'exécuter que sur des sujets pouvant se rapprocher l'un de l'autre, soit étant en caisse ou en pots, ou à proximité l'un de l'autre, de manière à pouvoir se croiser.

Fig. 120.

On entaille à mi-bois deux branches d'égale force, et les superposant l'une sur l'autre, on les réunit par une ligature proportionnée à leur force. Elles ne tardent pas à se souder entre elles, surtout si l'opération est faite au moment de la sève (fig. 120).

Nos lecteurs nous pardonneront de nous être appesanti un peu longuement sur ce chapitre, mais le travail de la greffe est pour les amateurs une récréation d'autant plus agréable qu'elle exige autant d'adresse que d'habitude.

CHAPITRE X

On attribue à Jean de La Quintinie, contemporain de Le Nôtre, la réforme opérée dans la taille des arbres et le retour aux préceptes de Marius. Il compléta ces préceptes par ses observations personnelles, en contraignant un arbre rebelle à toute production, de porter fruit dans les endroits choisis par lui et sur toutes ses parties. L'expérience lui avait appris que plus un arbre a de vigueur, plus il se développe en branches et en feuilles au détriment des fruits. Partant de ce principe, il établit les véritables règles de la taille des arbres.

Ses remarquables travaux furent le point de départ de la route nouvelle que plusieurs générations successives parcoururent dans cette science de la physiologie végétale dont le perfectionnement valut à son auteur, sous le ministère de Colbert, le titre de *directeur général des jardins fruitiers et potagers de toutes les maisons royales.*

La taille des arbres fruitiers, la forme qu'on leur fait prendre, sont-elles nécessaires et influent-elles sur leur développement et sur leur rapport? Ces questions surgissent naturellement à l'esprit des personnes qui ne s'occupent qu'accidentellement d'arboriculture. Nous répondrons, prenant pour exemple les arbres fruitiers à haute tige des vergers, qu'elle n'est nullement nécessaire pour obtenir du fruit; mais la nature est si capricieuse, si bizarre dans ses développements et ses allures, qu'on ne taillant pas les arbres de basses tiges, il s'ensuivrait que la sève, au lieu de se répandre également dans toutes les parties de l'arbre, envahirait plutôt certains points, au détriment du reste, nourrissant par là même une foule de branches inutiles, l'épuisant au détriment du fruit : celui-ci, moins alimenté, resterait plus petit et de qualité inférieure.

La taille que l'on fait subir aux arbres fruitiers a donc pour but la suppression des branches inutiles et de celles épuisées par la production : puis la répartition de la sève sur tout le sujet; enfin elle permet à celles qui restent de recevoir l'air, la lumière et la chaleur, conditions essentielles de leur production, de plus elle communique à la charpente de l'arbre une symétrie satisfaisant l'œil. Les fruits deviennent plus beaux et plus succulents; l'existence de l'arbre se trouve prolongée.

Plus on taille court, plus on concentre la sève, plus par conséquent on fournit de nourriture aux bourgeons qui se développent avec vigueur, mais, par contre, moins on a de fruits. Une taille longue donne plus de fruits mais épuise plus vite l'arbre; il faut savoir se tenir dans un juste milieu par une taille savamment raisonnée, maintenant l'équilibre entre les branches à bois et celles à fruits. On peut commencer la taille immédiatement après la chute des feuilles jusqu'au commencement du printemps en observant de couper les branches en sifflet.

Si un arbre est épaulé, c'est-à-dire s'il présente un côté faible et l'autre vigoureux, il faut raccourcir le côté faible et laisser plus long le côté fort, alors la sève se porte en plus grande abondance vers le côté faible. Pour bien tailler un arbre, il faut en connaître à fond la conformation extérieure et celle intérieure; aussi croyons-nous utile de la rappeler ici (fig. 121). L'arbre se compose de son pivot A ; des racines B ; des radicelles ou chevelu C ; du tronc D ; des branches E ; des rameaux et brindilles F ; des bourgeons G.

La partie intérieure est composée du cœur *h* ; de la moelle *i* ; de l'aubier *j* ; de l'écorce *k*.

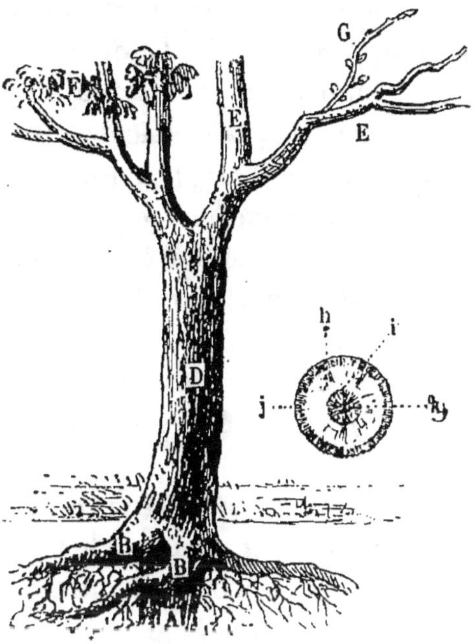

Fig. 121.

Fig. 122.

Les branches à bois constituent donc la charpente de l'arbre. Lorsqu'il est nécessaire d'en supprimer une, on le fait avec la scie ou la serpette, au ras de la tige, en égalisant bien, pour que l'écorce puisse recouvrir la partie supprimée.

On donne le nom de *brindilles* aux petites branches à fruits se terminant par un œil à bois ou quelquefois, dans les arbres très fertiles, par un bouton à fruit (fig. 122).

Le **dard** (fig. 123), toujours assez court, est un rameau fort droit, terminé par un œil allongé ou quelquefois par un bouton à fleurs ; on le dit alors couronné.

Fig. 123.

Les lambourdes prennent naissance sur les brindilles ou

sur les branches à bois (fig. 124) ; elles se terminent presque toujours par un bouton à fleurs s'épanouissant la seconde année ; leur base ridée est cassante. La première année, la lambourde porte trois feuilles avec œil ; la deuxième

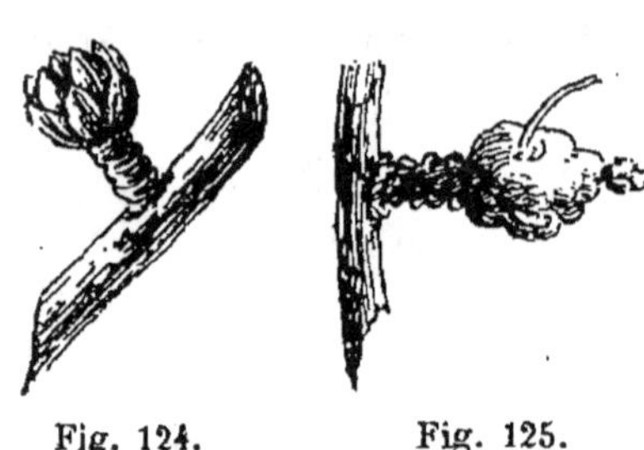

année, de quatre à cinq feuilles ; la troisième année de six à sept feuilles ; la quatrième année enfin, le bouton se développe entièrement et se transforme en fleurs.

Fig. 124.   Fig. 125.

C'est sur les lambourdes que viennent les bourses (fig. 125), que la branche ait fructifié ou non.

Avant de parler des différentes tailles, nous ferons remarquer que, pour les arbres à pépins, la fleur vient sur le vieux bois, tandis que pour ceux à noyaux, elle ne se montre que sur les jeunes pousses.

C'est à l'aide de la taille que l'on parvient à donner aux arbres la forme particulière que l'on désire, celle que réclament quelquefois les endroits où ils se trouvent placés. Nous ne parlons pas ici des arbres à haute tige, ils prennent d'eux-mêmes, à l'air libre, la tournure qui leur convient ; mais ceux dits de *demi-tige* et les *nains* sont susceptibles de recevoir et de prendre des formes et des directions variées.

La forme pyramidale (fig. 126), dont les figures 127, 128 et 129, indiquent suffisamment la marche progressive et les transformations nous dispensent d'en parler longuement.

On fait aussi des pyramides à trois, quatre et cinq ailes, que l'on dirige à l'aide de fils de fer tendus ou de lattes en bois. Le sauvageon est greffé très court, proche de terre. Dès que la branche mère s'est suffisamment allongée, qu'il

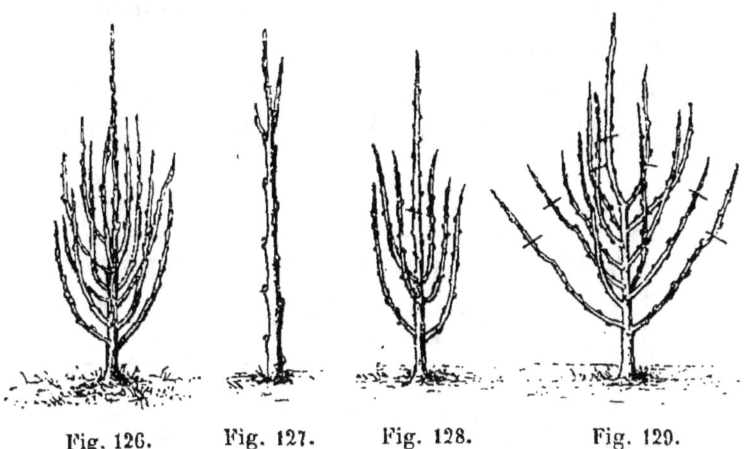

Fig. 126.   Fig. 127.   Fig. 128.   Fig. 129.

s'est formé des rameaux, on commence à les tailler. La première taille se fait courte, en coupant sur un œil opposé à l'écusson de la greffe ; la seconde taille se tient plus longue ; c'est là que le savoir du jardinier se fait sentir. Il doit espacer régulièrement les branches pour qu'elles conservent entre elles la même distance, arrêter la pousse des plus vigoureuses et retarder autant que possible leur développement en hauteur et en largeur afin de conserver toujours leurs formes. Nos figures 128 et 129 indiquent par un trait les branches qu'il faut supprimer dans la taille.

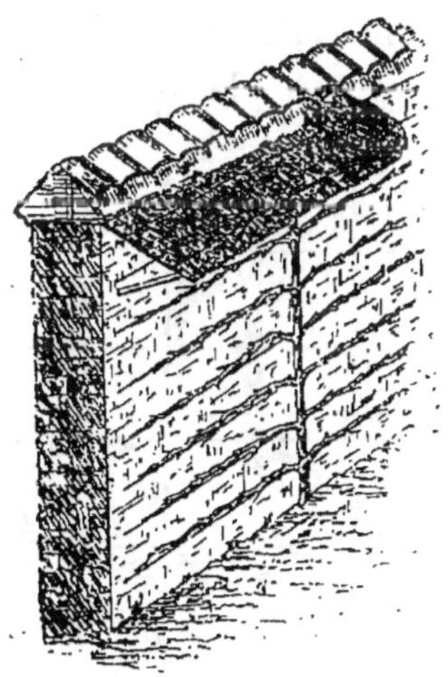

Fig. 130.

La **forme quenouille** se rapproche de celle de la pyramide, mais, contrairement à cette dernière, sa plus grande largeur, au lieu de se trouver dans le bas, occupe le centre de l'arbre.

Les arbres ainsi conduits trouvent leur place dans les plates-bandes ou entre les contre-espaliers ; ce mode de taille épuise vite les arbres.

Vient ensuite la forme en *éventail* ou en *espalier*; elle consiste à palisser les branches, soit contre un mur (fig. 130), soit

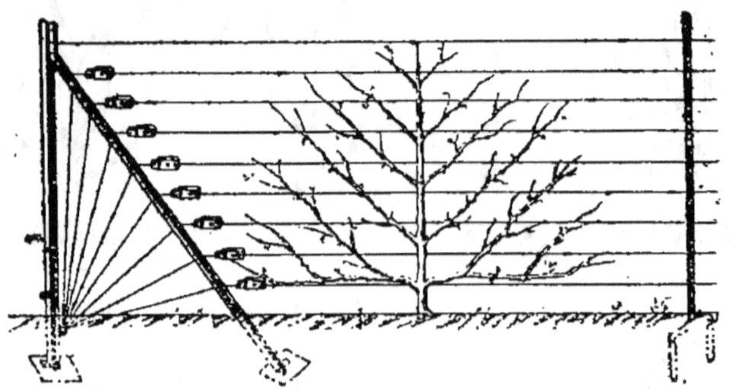

Fig. 131.

en contre-espalier (fig. 131). On obtient aussi avec ce même système la forme en V, avec simple ou double palmette (fig. 132), ou en lignes obliques (fig. 133), ainsi que des cordons horizontaux (fig. 134), dont les fils de soutien se resserrent à volonté. Pour obtenir l'une de ces formes, après avoir planté son arbre en automne, on le taille en septembre, ayant soin de rabattre au-

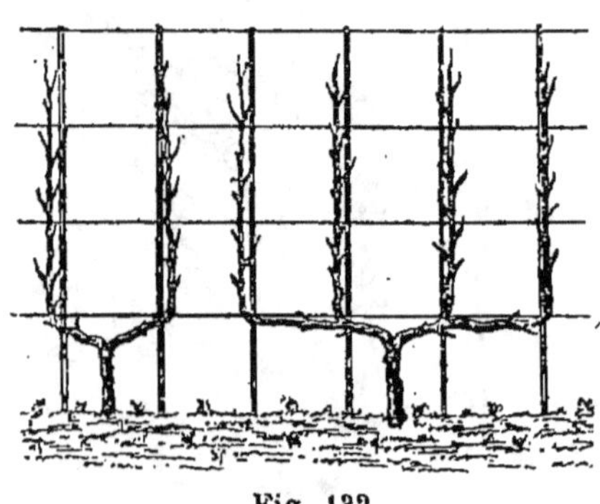

Fig. 132.

dessus du troisième ou quatrième œil (fig. 135, A), puis on laisse les branches se développer à leur guise, élaguant celles qui pourraient venir déranger la rectitude du sujet. La deuxième année, on obtient deux nouvelles branches que l'on rabat encore de la même manière (fig. B), ce qui facilite le développement des bourgeons placés plus bas pour constituer

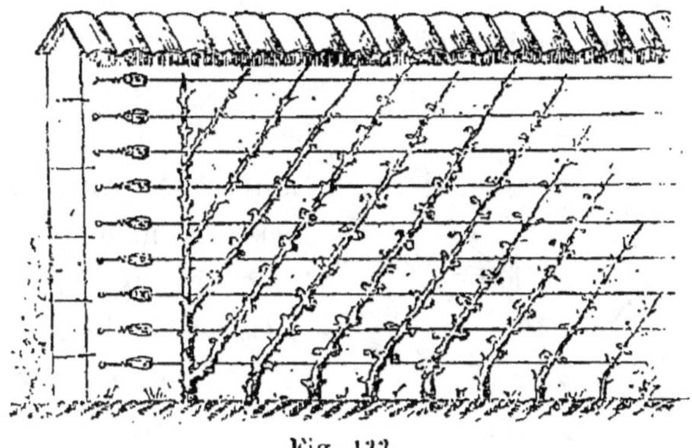

Fig. 133.

de nouvelles ramifications que l'on continue à rabattre de

Fig. 134.

même (fig. C), et ainsi de suite; palissant au fur et à

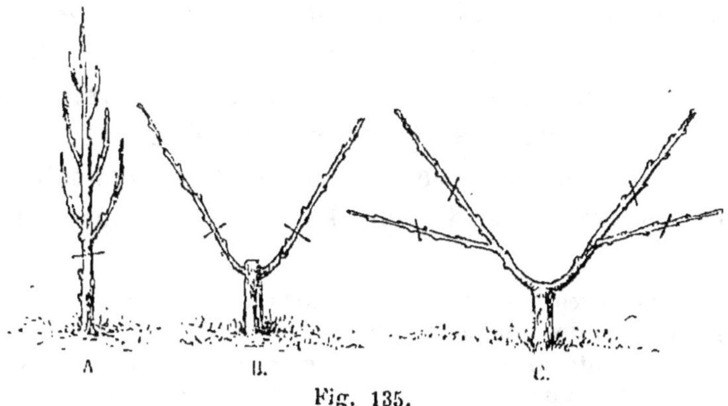

Fig. 135.

mesure soit verticalement, soit horizontalement ou obliquement, suivant le sens que l'on désire faire prendre à l'arbre.

Pour palisser contre les murs, il est plus avantageux de

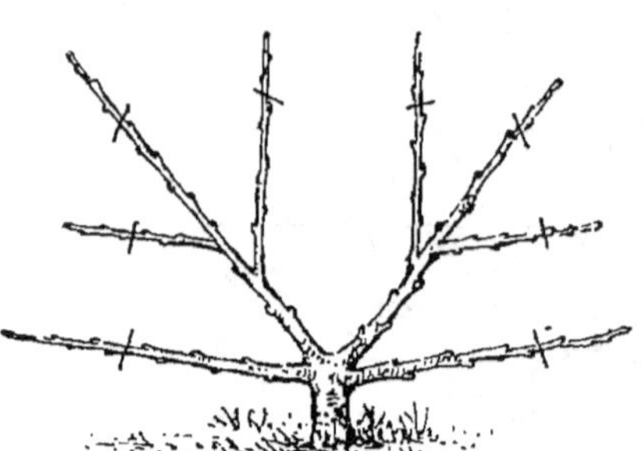

Fig. 136.

remplacer les clous par des baguettes en bois, on obtient ainsi plus de régularité et on dégrade moins les murs (fig. 136).

La taille de la vigne se fait en tête et en vert, conservant deux ou trois yeux au-dessus de la grappe (1).

Les citronniers, les orangers, les oliviers, le mûrier, le figuier, etc., sont des espèces ne se cultivant que dans le midi de la France, et suivent le mode de traitement particulier à ces pays.

RÉCOLTE DES FRUITS.

La récolte des fruits est subordonnée à leur maturité. C'est par un temps bien sec qu'il faut y procéder, lorsque la rosée a complètement disparu. En cueillant un fruit, on doit lui éviter tout choc, tout froissement; sans cette précaution, il ne pourrait se conserver et pourrirait vite dans le fruitier (2).

Chaque genre de fruit a sa manière particulière pour être cueilli : les *pêches*, les *abricots* se détachent de l'arbre par un petit mouvement de rotation séparant le pédoncule de la branche à laquelle ils adhèrent. La moindre secousse donnée

(1) Les gravures que nous reproduisons ici viennent du catalogue de M. Gariel ou de celui de M. Sohier, déjà cités.

(2) Ayant traité du fruitier d'une manière toute spéciale dans notre ouvrage portant pour titre *le Livre de la femme d'intérieur* nous y renvoyons notre lecteur. Librairie H. Laurens, 6, rue de Tournon, 1 vol. in-8, 440 pages, 291 gravures dans le texte, prix 6 francs.

à la branche pourrait occasionner la chute d'autres fruits.

Les poires s'enlèvent à la main dans toutes les parties où on peut les atteindre ainsi, et sur des échelles simples ou doubles, avec un cueilloir, dans tous les endroits où on ne peut s'en emparer autrement.

Le **raisin** se récolte en détachant les grappes de la tige avec des ciseaux, leur maintenant assez de longueur pour pouvoir les suspendre facilement si l'on veut les conserver.

Les **melons** se séparent de leur rameau en gardant une partie de la tige, surtout lorsqu'on les détache avant leur maturité. Ce fruit ne peut guère se conserver plus de huit jours lorsqu'il est cueilli à point. On peut cependant, en cas d'urgence, le garder environ un mois en le plaçant dans une glacière. Une fois entamé, il se décompose au bout de vingt-quatre heures et perd tout son arome.

CHAPITRE XI

JARDIN POTAGER.

Bien que faisant partie du jardin fruitier, le jardin potager a une telle importance à la campagne que nous avons cru nécessaire de lui consacrer un chapitre tout particulier. L'emplacement qui lui est assigné varie suivant l'espace et le terrain dont on dispose. La plupart du temps il fait suite au jardin d'agrément; mais d'autres fois aussi il se trouve sur le côté et en est séparé par une haie ou par un mur.

C'est de son exposition, de la nature de son sol, de la bonne direction et des soins apportés à la culture que dépendent son rapport et sa fertilité. Ce qu'il faut pour en tirer un bon parti, c'est de ne jamais laisser d'interruption dans sa culture et faire se succéder, sans épuiser la richesse de la terre, une récolte à une autre.

La disposition du jardin potager (fig. 137) est des plus simples : elle consiste en une large allée centrale formant la croix, dont le rond point ou milieu est occupé par un puits ou par une fontaine. Cette allée, proportionnée à son importance, sera assez large pour permettre la libre circulation du fumier et celle des appareils destinés aux arrosements. Celles du pourtour, c'est-à-dire longeant les murs de clôture, entre deux plates-bandes, seront moins larges que celle du milieu. Les carrés ou rectangles intérieurs B, divisés en planches, serviront à la culture des légumes (1); elles seront séparées entre elles pas d'étroits passages réservés au jardinier, pour le travail du binage, du sarclage, du repiquage, etc. Leur orientation doit être de préférence celle du midi. Dans les plates-bandes se placent de distance en distance les arbres de basses tiges, poiriers et pommiers nains, espacés les uns

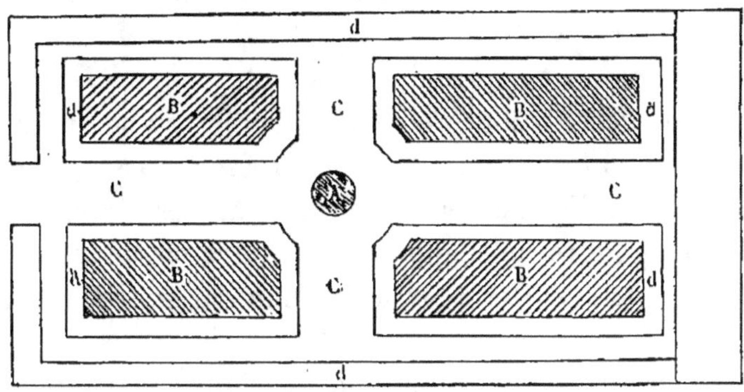

Fig. 137.

des autres de 3 ou 4 mètres environ, en variant les espèces. Contre les murs se dressent les espaliers, faisant alterner les pêchers avec les poiriers. Dans les plates-bandes s'y adossant se mettent les fraisiers et une bordure d'oseille ce qui évite les arbres à fruits, portant ombre, à moins que ce ne soient des cordons d'arbres nains. L'extrémité du jardin est réservée pour les framboisiers et les groseilliers.

De profonds et fréquents labours sont nécessaires à la préparation du sol pour faciliter la pousse des racines pivotantes. La terre calcaire est préférable à l'argile. Le sous-sol sera facilement perméable, mais pas au point d'entrainer, par les arrosements, comme le fait le sable, les principes nutri-

(1) Il faut éviter qu'aucun arbre de haute tige ne vienne porter ombre sur les planches destinées à la culture des légumes, ce qui serait préjudiciable et les priverait de l'air, de la lumière, du soleil et de la chaleur qui leur sont indispensables.

tifs naturels de la terre ou ceux qui y ont été déposés par les engrais. Un sol trop humide, autrement dit argileux, a l'inconvénient de pourrir les racines et de nuire à la plante.

Pour que le terrain soit bon, il faut au moins une couche de terre franche et douce d'environ 80 centimètres à 1 mètre de profondeur.

L'eau étant un des principaux agents indispensables à la culture potagère, il faut s'en approvisionner abondamment, surtout pendant les jours de sécheresse ; aussi place-t-on à cet effet, de distance en distance, dans les plates-bandes, des tonnes goudronnées que l'on enfonce en terre presqu'à ras du sol pour éviter leur desséchement sous l'ardeur du soleil.

Elles se remplissent, soit au moyen d'une canalisation souterraine, soit à l'aide de tuyaux mobiles ; ce qui évite les allées et venues devenant une fatigue pour l'ouvrier et occasionnant une grande perte de temps. Cette eau, assainie par l'air, réchauffée par le soleil, est préférable à celle froide et glaciale sortant immédiatement du puits, tant pour les semis dont elle accélère la germination que pour les plantes repiquées.

Un trou, servant de fosse à fumier, est réservé dans un endroit peu apparent du jardin, et sert de dépôt à tous les débris végétaux. C'est là qu'ils se transforment à la longue en fumier et produisent du terreau.

Nous venons d'indiquer les qualités requises pour que la terre puisse dédommager par son rapport celui qui la cultive et lui prodigue ses soins ; mais il ne s'ensuit pas pour cela qu'on doive l'abandonner à elle-même lorsqu'elle ne possède pas ces précieuses qualités. Il ne faut jamais renoncer au profit du jardin, bien loin de là ! On doit au contraire chercher par tous les moyens possibles à améliorer la nature du sol, à la modifier et à la bonifier par des amendements et des labours réitérés appelés à suppléer aux principes nutritifs lui manquant. Dès que l'on y est parvenu, il faut s'efforcer de toujours maintenir ce sol dans les mêmes conditions et conserver un juste équilibre par des assolements (1) raisonnés, sagement combinés, économisant bien des fois non seulement des labours et du fumier, mais encore évitant une perte de temps et les frais qu'occasionne leur transport, tout en augmentant les produits de l'exploitation; car le temps, dans la culture, plus que dans les autres industries, est réellement de l'argent.

L'expérience a démontré que parmi les plantes les unes vivent plus aux dépens de la terre que de l'air, ce qui leur a valu la dénomination de *plantes épuisantes* : ce sont les céréales. D'autres au contraire trouvent dans l'air qu'elles aspirent plutôt que dans le sol leurs éléments nutritifs : ce sont les *plantes fertilisantes*, au nombre desquelles se rangent les légumineuses. Ce sont donc ces propriétés et les différents degrés d'absorption de nourriture que puise chaque espèce de plante qu'il faut savoir combiner entre eux pour constituer ce que l'on appelle la science de l'assolement.

On pourrait, dans les jardins potagers abondamment fumés, enfreindre l'alternance des récoltes et semer plusieurs fois les mêmes espèces de légumes dans le même terrain, mais l'expérience a démontré que certaines espèces, venues plusieurs fois de suite à la même place, dégénéraient complètement aussi bien comme goût que comme saveur et rendement. Il est donc important, même dans les terrains bien amendés de varier au moins tous les deux ans la culture de chaque planche.

(1) L'assolement est l'art de varier les récoltes sur un même terrain de manière à ne pas épuiser la terre en exigeant d'elle sans interruption les mêmes produits.

DES GRAINES ET DE LEUR GERMINATION.

Nous n'insisterons pas sur l'avantage qu'il y a à s'adresser à une maison recommandable pour l'achat des graines potagères ; tout le monde sait que de leur bonne qualité dépend la prompte germination : on ne saurait donc y apporter trop d'attention. Il existe du reste un moyen bien simple de s'assurer de ce qu'elles valent en en plongeant une certaine quantité dans un verre rempli d'eau ; toutes les bonnes graines tomberont aussitôt au fond du verre tandis que les mauvaises surnageront à la surface.

Les graines éventées, c'est-à-dire restées trop longtemps exposées à l'air perdent de leur qualité ; aussi est-il préférable, une fois leur récolte terminée, de les renfermer dans des sacs ou des papiers.

Les graines des plantes légumineuses se conservent dans leurs cosses en les suspendant dans un endroit sec. Les plantes bulbeuses, telles que : les oignons, les échalotes, l'ail, les poireaux, la ciboule, doivent rester enfermés dans leur capsule ou enveloppe. Aucune graine ne doit être recueillie avant sa complète maturité.

Les maraîchers des environs de Paris ont un système tout particulier pour essayer les graines sur le compte desquelles ils ont quelques doutes. Ils prennent une plaque de liège et la recouvrent d'un lit de mousse peu épais ; sur cette mousse ils sèment cent des graines à essayer : placent le liège sur un vase rempli d'eau, dont le but est d'entretenir la fraîcheur de la mousse, et la graine ne tarde pas à germer. Au bout de quelques jours, ils se rendent compte du nombre de grains productifs qui ont germé sur les cent.

Ce mode de procéder prend le nom d'*essayage au flotteur*.

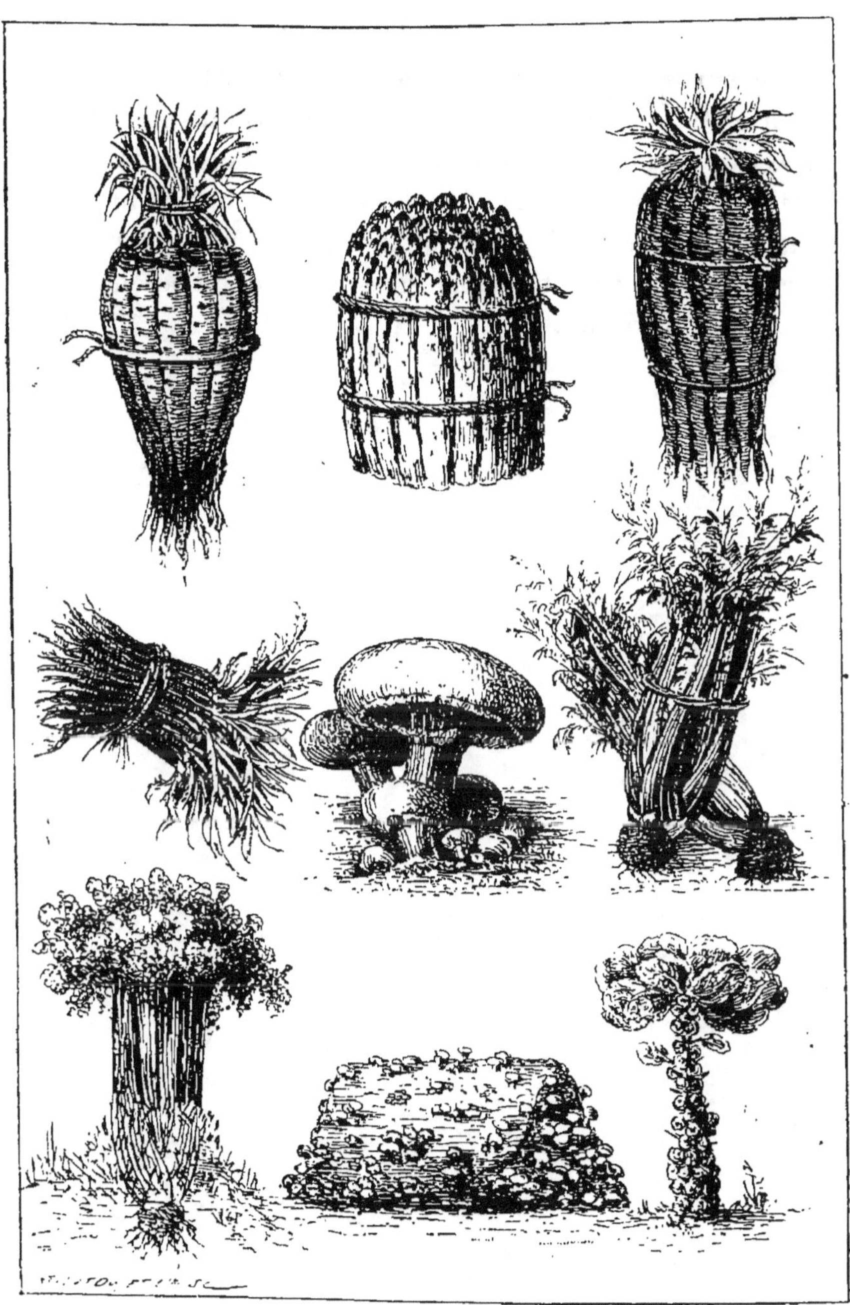

Fig. 138 à 146.

Pour ne pas prolonger outre mesure cette partie si importante de notre ouvrage, dont nous reparlerons plus loin, chapitre XXIII, nous avons cru devoir résumer, dans un tableau facile à consulter, tous les détails nécessaires concernant le semis des légumes. L'ordre alphabétique adopté permettra de trouver à l'instant même, sans aucune recherche, le renseignement désiré.

NOMS DES PLANTES.	DATE DES SEMIS.	MANIÈRE DE SEMER.	GERMINATION (jours).	NATURE DE LA TERRE.	ENGRAIS.	OBSERVATIONS.
l......	Fin mars......	En planches et en bordures..... Se propage par ses caïeux	»		Fumier de cheval ou de mouton.	Ce genre de culture se fait en grand dans le midi de la France.
croche......	En mars......	A la volée......	8			Se multiplie d'elle-même.
rtichaut......	Février et mars...... Vers la mi-mai et avril......	Par semis...... Par œilletons......	10	Terre profonde, grasse, bien préparée.		
sperges......	Mars et avril......	Par semis à la volée ou rigoles, et aussi par griffes.	15	Légère et substantielle, profondément labourée.	Fumier abondant..	Sarclages et binages fréquents; ne rapporte que la troisième année.
bergine......	Février et mars......	Sur couche, cloche ou châssis pour se repiquer.	»			Se cultive en grand dans le midi de la France.
tto......	(Voir *Poirée*).					
tterave......	Mars et avril......	A la volée ou en rayons......	6	Terres légères et profondes.		Se cultive comme la carotte et s'éclaircit de même, mais plus espacée. Elle se repique lorsqu'elle a atteint la grosseur d'une rave.
rdon......	En avril...... En mai......	Sur couche...... En pleine terre, à la volée......	10	Profonds labours......	Fumier noir, bien consommé.	Se blanchit en rapprochant les grandes feuilles, et l'on botte après avoir empaillé.
arotte......	En mars et avril...... De novembre à février......	En pleine terre...... Sur couche sous châssis......	5	Légère, profond labour.		Ne pas semer trop dru; éclaircir au besoin.
leri......	En avril...... En février et mars......	Semer très clair sur planche de 3 rangées. Sur couche......	10	Légère, fraîche et grasse.		Éclaircir et repiquer en pépinière pour mettre plus tard en rigoles. Arrosages fréquents.
rfeuil......	De mars à octobre......	A la volée ou en lignes......	5			Se plaît à l'ombre.
ampignons......	En tout temps......	Sur couche et en cave......	»	Fumier de cheval et terreau.		S'obtient par le blanc ou par des arrosages à l'eau de champignons bouillis.
ervis......	En avril et en septembre...	En rayons, se sème et se repique.	»	Terre légère......		Se multiplie également par éclat.
icorée......	(Voir *Laitue*).					
oux......	Du 1er mars au 15 mai......	Se sèment et se repiquent......	10			Il y en a plusieurs variétés : choux cabus, de Milan, de Bruxelles, verts, à tige.
ou-fleur......	En janvier...... A la mi-avril......	Sous cloche et châssis...... A la volée ou en rayons......	»		Engr. froids, boues, fumier d'étable.	Se cultivent toute l'année.
oule......	En mars......	En planche et en bordure...... Se repique en juin......	»	Terre légère et substantielle, bien préparée.		Arrosages fréquents; plante vivace.
rouille, courge, patisson et au-bergine......	En mars...... En mai......	Sur couche, sous cloche, se repique en avril...... En pleine terre......	6	Pailler fortement le terrain.	Fumier de cheval et terreau.	Pincer lorsque les fruits sont noués.
ucombre ou cor-nichon......	De décembre en avril...... En mai......	Sur couche...... En pleine terre......	6	Terre chaude et humide.		Pincer au-dessus du troisième œil. Le concombre n'est autre que le cornichon dans son complet développement.
esson......	De janvier à mars...... De mars à la fin de la saison.	Sur couche...... En pleine terre......	5	Vient dans tous les sols.		En semer tous les quinze jours pour toujours en avoir.
inards......	Mars et septembre......	A la volée ou en rayons......	3	Terre meuble; dans tous les sols.	Fumier et humidité.	
ragon......	Fin juillet......	Par séparation......	»	Terre bien préparée....	Fumier de cheval.	
ves......	De février à mai......	En touffes ou rayons......	3	Terre bien préparée....	Bien fumée......	Pincer le haut des tiges après floraison pour faire grossir.
ricots......	En mai......	En touffes ou rayon, à 3 centimètres de profondeur.	3	Terre légère	Bien fumée......	Pincer le haut des tiges après floraison pour faire grossir. Ramer les espèces qui en ont besoin.

S DES PLANTES.	DATE DES SEMIS.	MANIÈRE DE SEMER.	GERMINATION (jours).	NATURE DE LA TERRE.	ENGRAIS.	OBSERVATIONS.
...ue et chicorée.	Se sèment en tous temps suivant l'espèce.	Se repiquent	4	Légère, grasse, bien préparée.	Bien fumée	Arrosements fréquents, litière de paille hachée. Chicorée sauvage.
...tille	En avril	A la volée	3	Sablonneuse	Peu fumée	
...che	De fin août à fin octobre	A la volée	10	Terre légère	Terre en repos	Pour en avoir toute la saison, semer tous les quinze jours.
...on	Premiers jours de février En mars et avril	Sur couche Sous cloche	5		Fumier de cheval et terreau.	A l'abri des vents et de l'humidité. Pincer lorsqu'il y a trois ou quatre feuilles.
...et	D'avril à fin août	A la volée ou en planches	3	Sol léger		Les semis d'avril se récoltent en juin. On peut les semer avec les carottes.
...non	A la mi-février et mi-mars; le blanc en août et sept.	A la volée	6	Légère, substantielle, bien préparée.	Fumier de l'année précédente.	Arrosages fréquents; sarclage, binage et éclaircir.
...lle	Mars et juillet		8	Sol léger et profond, ni sec ni humide.		Se multiplie aussi par éclat des racines. Se place en bordures ou en planches.
...ais	Mars et septembre	En rayons	8	Terre profondément labourée.		Ne se récolte qu'au fur et à mesure des besoins. Ne craint pas la gelée.
...sil	D'août à février	En rayons et bordures	40	Se plaît dans les pierres et le gravier.		Demande du soleil; le couper pour l'empêcher de monter.
...ent	Février et mars	Sur couche, on repique en mai	8			Se cultive principalement dans les pays chauds.
...prenelle	Au printemps et à l'automne	En bordure	10	Toutes sortes de terre		Se multiplie par éclat.
...eau	Mars et juillet Mi-décembre	En pépinière, on repique sur planche. Sur couche pour repiquer en février.	6	Bonne terre	Fumée à l'avance	Arrosements fréquents, sarclages, binages et coupe de la tête pour faire grossir.
...ée ou Botte	De mars à septembre	En planches ou bordures, semer clair.	»	En bonne terre.		
...s	De novembre en mars	En touffes ou rayons	3	Terre légère	Fumée de vieille date.	Pincer après la floraison pour faire grossir.
...me de terre	En avril	A 10 centimètres de distance	10	Sablonneuse		C'est l'œil de la pomme de terre que l'on plante (la pomme de terre coupée en quatre).
...rpier	De mai à juillet	Sur couche dans nos pays	9	Légère et grasse.	Terreau	Se sème de quinze en quinze jours. Culture particulière au midi.
...is et Raves	De février à mai	A la volée ou en rayons	3	Légère et fraiche.		Se sème aussi sur couche; aime l'humidité.
...fort	En mai ou en juin, jusqu'en septembre.	En rayons	6	Assez forte et profonde.		
...ponce	Juin et juillet	A la volée et recouvrir de terreau.	10	Terre légère		Préfère l'ombre.
...uette	Semis successifs		»	Légère et substantielle.		Plante indigène se mangeant en salade et assortiment. Arrosages abondants.
...sifis	Fin février, jusqu'en sept.	En rayon	8	Meuble, profonde et légère, fraiche, sans humidité.		Restent en terre tout l'hiver; se récoltent en mars, avril et mai.
...riette	En avril	Par séparation ou par semis	8			Cette plante se multiplie d'elle-même.
...rsonère	Fin mars et 1ers jours d'avril.		12	Terre légère, sablonneuse et fraiche.	Amendée.	Se rapproche des salsifis, avec plus de finesse de goût. Peut rester deux hivers en terre.
...evé	Mars		3	Terre bien fumée.		Se broie pour faire de la moutarde.
...nate	Janvier et février	Sur couche et sous châssis, se repique en pleine terre.	8			Sa culture se fait en grand dans le Midi. Pincer après floraison. Arrosements fréquents.
...inambour	Mars		15	Terre forte		Se multiplie comme la pomme de terre par ses tubercules; vient à l'ombre; peut produire pendant vingt ans en se renouvelant de lui-même.

CHAPITRE XII

Vigne. — La plus redoutable des maladies pour la vigne est l'*oïdium Tukerii*, champignon parasite que l'on ne peut guère combattre que par le soufrage de la vigne aux endroits attaqués. Cette opération doit s'effectuer du 1er mai au 1er août, aussitôt que se manifestent sur les feuilles les premiers symptômes de la maladie : on la renouvelle ensuite en juin et juillet.

D'autres insectes causent encore à la vigne des dégâts considérables : parmi eux il faut ranger le *mildew* ou *mildiou*, maladie récente occasionnée par un insecte microscopique, originaire d'Amérique, que l'on nomme le *Peronospora viticola* : il détermine la chute des feuilles dont il s'empare, pour s'attaquer ensuite au sarment lui-même. Le seul moyen de s'en rendre maître consiste à asperger les vignes atteintes avec une solution de sulfate de cuivre et de lait de chaux.

Le *phylloxéra*, le pire de tous les fléaux qui aient jusqu'ici ravagé les vignes et causé la ruine de nos vignobles, a pour auteur un puceron microscopique : il s'en prend aux feuilles et aux racines. Bien des remèdes ont été préconisés jusqu'à ce jour, mais tous sont restés inefficaces. Le seul infaillible, consiste dans l'arrachage des vignes entières avec leurs racines, et la destruction sur place, par le feu, du tout, y compris les échalas : c'est un sacrifice pénible pour le vigneron, auquel il faut néanmoins se résoudre.

Le **raisin** est un appât tout particulier pour les frelons, les guêpes et les mouches; aussi s'y acharnent-ils à cœur joie. Il est très difficile de s'en débarrasser : la ruse seule peut les combattre en en détruisant une grande partie. Il suffit pour cela de suspendre, de distance en distance, dans la vigne, des appareils connus sous le nom de *guêpier à amorce continue*, renfermant du miel à l'intérieur dont ces insectes sont très friands. Une fois qu'ils y sont entrés, sa disposition intérieure ne leur permet plus d'en sortir et ils finissent par y succomber. La vigne n'est pas seule à supporter les terribles conséquences d'implacables ennemis; les autres arbres y sont comme elle exposés. C'est ainsi que l'on voit apparaître sur le prunier, le pêcher, les rosiers, le *blanc* ou *meunier*, puis la *rouille*, due à la présence de l'érésiphé, champignon microscopique occasionnant une véritable maladie contagieuse pour les autres arbres, Il n'y a qu'un seul remède, la suppression complète de l'arbre attaqué et le renouvellement de la terre qui l'entourait.

La **gomme** est une maladie de la sève particulière aux arbres dont les fruits sont à noyaux. Les incisions, la suppression de quelques branches attaquées enrayent son développement.

La taille de ces arbres prévient cette maladie dont les causes sont dues la plupart du temps à un froissement ou à un coup de soleil ou de gelée.

Le **chancre** est souvent une conséquence de la gomme; il suffit alors d'en débarrasser le sujet atteint, en enlevant jusqu'au vif la partie malade pour la recouvrir d'un emplâtre d'onguent à greffer.

La **mousse** est une maladie caractérisée par une végétation verdâtre s'emparant de l'écorce des arbres fruitiers : elle finit par la recouvrir entièrement au point d'assimiler à son profit les sucs destinés à son alimentation. Le seul remède consiste à en débarrasser l'arbre, en le brossant vigoureusement après une pluie, avec une brosse de chiendent. Lorsque le mal est par trop invétéré, on racle l'arbre légèrement avec un outil. Une couche de lait de chaux assez épaisse produit encore un bon résultat, mais elle ne vaut pas le grattage.

INSECTES NUISIBLES.

Chenilles. — De tous les insectes s'attaquant aux arbres et aux plantes, la chenille est l'espèce la plus répandue. Le seul moyen de s'en débarrasser est l'échenillage. Il est, du reste prescrit par la loi (1). En outre de l'échenillage, auquel échappent encore bien des œufs, on emploie le lait de chaux, en aspergeant l'arbre attaqué avec une pompe ou une seringue ; puis en le saupoudrant de chaux en poudre lorsqu'il est encore humide. Les chenilles atteintes par cette substance ne tardent pas à mourir et l'arbre reprend sa vigueur.

Fourmis. — Encore des ravageurs d'une autre espèce commettant bien des dégâts dans les arbres fruitiers. On parvient à en débarrasser l'arbre en employant le procédé décrit ci-dessus (le lait de chaux employé pour la destruction des chenilles), puis en entourant le tronc de l'arbre

(1) *Échenillage.* — Seront punis d'une amende de un franc à cinq francs inclusivement ceux qui auront négligé d'écheniller dans les campagnes ou jardins (Code pénal, art. 471, § 8). La loi du 26 ventôse an IV, concernant l'échenillage des arbres (art. 471, § 8), contient huit articles.

Cette loi concerne les propriétaires, fermiers, locataires ou autres jouissants qui sont tenus de faire écheniller tous les ans avant le mois de mars, leurs arbres, haies et buissons, et de brûler immédiatement les toiles et bourses contenant des œufs et nids de chenilles. En cas de non-exécution, procès-verbal est dressé par le garde champêtre ou es gendarmes et ce travail exécuté d'office à leurs frais.

d'une corde enduite de goudron. Cette odeur repousse ces insectes et ceux qui tentent de franchir cet obstacle y périssent infailliblement, les pattes collées au goudron.

Les fourmilières se détruisent en déposant à la surface de la chaux vive en poudre, que l'on arrose ensuite. Par ce procédé il n'y a aucun inconvénient pour les racines des plantes environnantes.

Lorsque les fourmis ont élu domicile dans les appartements, le seul moyen efficace de les en déloger consiste à déposer sur leur passage un verre contenant un peu de miel, toutes les fourmis s'y donnent rendez-vous. On plonge alors ce verre dans l'eau bouillante et on recommence l'opération jusqu'à épuisement complet de la fourmilière. C'est le seul moyen pratique à employer; avec un peu de patience, il est infaillible.

Vers de terre. — Lorsque ces animaux ont élu domicile dans un pot de fleur, un arrosage fait avec une décoction de feuilles d'absinthe ou de noyer les y fait périr. En pleine terre, il est presque impossible de les détruire, à moins d'en faire la chasse la nuit.

Limaçons, limaces, escargots. — Des soins vigilants, une chasse de tous les instants, surtout le matin ou après une pluie, peuvent seuls en débarrasser un jardin. On en protège les jeunes plantes en entourant leur pied d'un cercle de cendres, de suie ou de sciure de bois, mais le tout n'est bon qu'à l'état sec.

Pucerons. — Ce genre d'insecte ne s'attaque pas seulement aux rosiers et autres arbustes; il a encore une prédilection marquée pour les choux et les choux-fleurs porte-graines. Des injections d'eau de suie, de tabac, de fleur de soufre les en délogent facilement. L'eau de savon s'emploie aussi avec succès, mais quelquefois elle est contraire à la plante et l'endommage fortement.

Les **perce-oreilles** ou **forcicules** sont encore des insectes nuisibles aux fleurs et aux fruits : le moyen le plus simple de les atteindre consiste à les attirer dans des pots de fleurs que l'on remplit de laine et de vieux chiffons que l'on place au pied des espaliers : ils viennent s'y réfugier ; il suffit de secouer le vase dans de l'eau fortement acidulée pour les faire périr.

La **courtilière** ou **taupe-grillon** (fig. 147), ne se nourrit que de larves et de petits insectes : elle se tient de préférence dans le terreau des couches tièdes : s'y creuse des galeries et tranche toutes les racines se trouvant sur son passage. Ses dégâts sont considérables. On parvient à les détruire en plaçant sur le par-

Fig. 147.

cours de leurs galeries des pots à fleurs vides, elles y tombent et ne peuvent plus en ressortir. Lorsque la couche ne contient aucun végétal, on l'inonde d'urine de bétail un peu chaude ou avec du jus de fumier en fermentation : ce procédé les anéantit toutes.

Le **ver blanc**, la terrible larve du hanneton, foisonne partout, aussi bien dans les jardins que dans les champs.

Un journal annonçait il y a quelque temps que le hanneton venait de trouver son destructeur dans la personne de M. Léopold Le Moult (1), auquel on pourrait décerner le titre de *bienfaiteur de l'agriculture*. Son procédé, basé sur les découvertes du savant M. Pasteur, consiste à communiquer aux vers blancs une maladie contagieuse occasionnée par un champignon microscopique qui survient aux vers blancs ; en enterrant auprès des vers sains des sujets conta-

(1) M. Léopold Le Moult est conducteur des ponts et chaussées à Gorron (Mayenne).

minés, la contagion se propage vite : tous les vers du champ contractent cette maladie mortelle.

La terre entourant le ver malade se charge presque aussitôt de nombreux filaments farineux qui ne sont autres que la semence du fatal, mais bien heureux champignon. Aidé par le vent, il se propage rapidement de champ en champ et le fléau destructeur disparaît avec lui. Un encouragement de la part du gouvernement ne saurait manquer à M. Léopold Le Moult, pour ses expériences, lorsque l'on songe, que les dégâts causés par ces insectes s'élèvent, en France, à plus de 300 *millions de francs et que les Chambres ont été obligées de voter récemment un crédit de 1 500 000 francs pour combattre les sauterelles en Algérie.* Il en sera ainsi dans un avenir prochain pour le ver blanc, si l'on ne prend des précautions pendant qu'il en est temps encore.

FERME — BASSE-COUR

CULTURE

CHAPITRE XIII

Ferme. — L'ensemble des constructions s'élevant sur une exploitation rurale prend le nom de *ferme*. Elle se compose des bâtiments d'habitation et de ceux consacrés à l'exploitation, tels que : écuries, étables, bergeries, hangars, granges, etc., les terres en sont les dépendances.

C'est dans la ferme que loge celui qui l'exploite, tout son personnel, ainsi que les bestiaux la composant. Les instruments aratoires, les produits du sol, y ont également un local qui leur est spécialement affecté. C'est dans l'intérieur de la ferme que se font tous les travaux relatifs à l'exploitation.

La ferme appartient à son propriétaire, mais on peut en acquérir la jouissance avec tout ce qu'elle renferme : bâtiments, matériel, terres et quelquefois même les bestiaux, en vertu d'un contrat ou bail, passé entre le locataire et le propriétaire, par lequel celui-ci en abandonne la jouissance, l'exploitation et les produits, moyennant une redevance en argent, que le fermier s'engage à payer à époques déterminées. C'est ce que l'on appelle le fermage.

On nomme *faire valoir* l'exploitation de la ferme et des terres par le propriétaire lui-même.

Fermier. — Que ce soit le propriétaire ou simplement un locataire dirigeant la ferme, il prend le titre de fermier.

Le **métayer** est le cultivateur peu fortuné qui, n'étant pas assez riche par lui-même, occupe une petite ferme pour les produits de laquelle il est en compte à demi avec le propriétaire. Celui-ci lui fournit le sol, le capital nécessaire à l'exploitation, le matériel, granges, instruments aratoires, charrettes, chevaux, bestiaux, etc., c'est-à-dire le cheptel (1) à charge à lui de les nourrir et d'apporter ses bras, ceux de ses valets et son initiative personnelle à la prospérité de la ferme : c'est l'association du capital et du travail dans toute l'acception du mot.

Ce mode de procéder pour la culture se pratique assez journellement dans le Midi, dans l'Ouest et dans certaines parties du Centre.

L'avantage du propriétaire, dans ces circonstances, est d'affermer ses terres pour une longue durée, car le métayer a tout profit à les fumer grassement, et, s'il connaît parfaitement son affaire, à ménager son sol par une culture raisonnée au lieu de l'épuiser promptement par des récoltes successives, pour en jouir pleinement, si la durée de son bail est de courte durée.

Ce genre de bail, quelles qu'en soient les clauses, peut se faire devant notaire, par acte sous seing privé, ou même verbalement. Les obligations y sont mentionnées : si elles n'y sont pas établies, la loi applique les règles générales régissant chaque espèce de cheptel.

L'enregistrement d'un bail à cheptel donne lieu à un droit

(1) Le cheptel est un bail ou contrat par lequel une des parties contractantes donne à l'autre un fonds de bétail, pour le garder, le nourrir, le soigner, avec le droit de s'en servir sous certaines conditions qui sont réglées par le code Napoléon (Code civil, art. 1711, 1800 à 1831, 2062).

de 20 centimes par 100 francs, les cautionnements du bail payant la moitié. Sa durée et l'évaluation du produit revenant au bailleur doivent être indiquées sur le bail ou faire l'objet d'une déclaration spéciale ajoutée au bas de l'acte avant son enregistrement.

Ci-après un modèle de bail à cheptel.

Entre les soussignés, M..... (NOMS ET PRÉNOMS) propriétaire, demeurant à....., d'une part,

Et M..... (NOMS, PRÉNOMS) cultivateur (OU ÉLEVEUR, OU NOURRISSEUR), demeurant à....., d'autre part ;

M..... donne à titre de cheptel simple, à M..... pour..... années, à partir de ce jour, le fonds de bétail (OU LES ANIMAUX) ci-après désigné (INDIQUER LE NOMBRE, L'ORIGINE, LA MARQUE DES ANIMAUX), le tout d'une valeur de.....

Le présent bail est fait aux charges et conditions suivantes : (SPÉCIFIER ICI TOUTES LES CONDITIONS CONCERNANT L'ENTRETIEN DES BESTIAUX, LEUR TONTE, LES PERTES, L'ESTIMATION EN FIN DU BAIL AU PARTAGE DES CROÎTS PENDANT LE BAIL, ETC., STIPULATIONS QUI DONNERONT LIEU A AUTANT D'ARTICLES SPÉCIAUX SOIGNEUSEMENT NUMÉROTÉS).

ART... — Le bail est fait aux clauses et conditions sus-exprimées, et en outre, moyennant le prix annuel de...., payable en deux termes égaux à Pâques et à la Saint-Michel, excepté la dernière année dont le bail serait exigible pour le jour de la Saint-Jean qui précédera la sortie.

ART... — Le payement se fera au domicile du bailleur, en espèces d'or ou d'argent. Les contributions de toute nature générales ou locales seront à la charge du preneur.

ART... — Toutes contestations relatives au présent bail entre le propriétaire et le fermier seront soumises en premier ressort à des arbitres, dont chacun désignera le sien, ceux-ci, en cas de désaccord s'en adjoindront un autre.

Art... — *Dans le cas où le premier laisserait passer deux termes sans payement, le bail sera résilié de droit sur la demande du bailleur.*

Art... — *Le présent bail, reconnu par-devant notaire, aux frais du preneur, qui sera tenu d'en délivrer une grosse exécutoire au bailleur, et tous frais, droits et amendes seront à la charge du preneur seul.*

Fait double à..... le..... (DATE).......
mois et an que dessus.

(APRÈS LECTURE.)

SIGNATURES.

Le cheptel à moitié est régi par les articles 1818 à 1820, du code civil.

Le cheptel donné au fermier l'est également par les articles 1821 à 1826.

Le cheptel est rarement profitable au cultivateur, car il paye toujours le troupeau un prix trop élevé. Il faut pour pouvoir s'y retirer que le profit du bailleur ne dépasse pas l'intérêt de l'argent qu'eût coûté l'achat du troupeau, sans quoi le fermier en est pour ses peines et son labeur. Il est rare de voir le métayer s'enrichir et se retirer des affaires. Bien que ne risquant rien, puisque les profits et pertes sont supportés par deux, il ne peut profiter d'aucune bonne occasion ; il végète toujours dans une médiocre aisance, tout en faisant l'affaire du propriétaire.

Construction de la ferme. — Parlons maintenant de la construction de la ferme, de son emplacement au point de

vue de l'hygiène, car tout propriétaire bâtissant une ferme,
ou toute personne la louant ne doivent avoir en vue que
leur santé personnelle, celle des gens qu'ils occupent, celle des
animaux nécessaires à leur exploitation. Le choix du terrain
où s'élèvera la ferme, si on la construit, doit être fait aussi
minutieusement que nous l'avons indiqué pour la construction d'une habitation particulière (chap. II, p. 8). Nous
engageons donc vivement toutes les personnes susceptibles
de louer une ferme à ne rien sacrifier sous ce rapport, car
la santé, pour le cultivateur, c'est la première richesse ;
elle lui est indispensable pour mener à bien les multiples
travaux que le rude métier d'agriculteur réclame de lui et
du personnel le secondant.

Les fermes à louer ne manquent malheureusement
pas en France : il n'y a que l'embarras du choix ; que le dé-
volu se porte donc de préférence sur celles qui, par la salubrité de leur situation, présentent toutes les garanties
nécessaires à la santé, quand bien même certains aménage-
ments intérieurs ne répondraient pas entièrement à tous les
désirs. La gaieté, la bonne humeur que donne le bien-être
sauront y suppléer.

Les bâtiments constituant la ferme, construits en forme
de carré ou rectangle, doivent se trouver situés autant que
possible au milieu des terres qui en dépendent, dans l'endroit le plus accessible pour tous les transports, afin d'éviter
les frais onéreux que finit toujours par occasionner un
accès pénible et difficile.

L'extérieur des murs de la ferme ne doit présenter
aucune ouverture au rez-de-chaussée, si ce n'est celle de la
porte d'entrée, et le moins possible au premier étage, tout
étant réservé pour l'intérieur de la cour. La surveillance
s'exerce mieux : personne ne peut entrer une fois la porte
fermée, à moins d'escalade : rien ne peut sortir au dehors

sans être soumis au contrôle de tous ; il est impossible aussi de s'échapper ou de se soustraire au travail sans être aperçu et rappelé à l'ordre même par ses égaux. L'œil du maître se fait mieux sentir sur tous les points à la fois sans avoir besoin de quitter l'endroit où il se trouve.

La cuisine, servant de salle à manger, est la pièce la plus importante de l'habitation ; celle où tout le monde se réunit et se tient le plus habituellement ; aussi doit-elle être vaste et spacieuse, parfaitement éclairée et aérée.

Les chambres à coucher et le bureau du fermier viennent s'adosser du côté de la cheminée, contre le mur de refend les séparant de la cuisine, ce qui leur enlève toute trace d'humidité. Ces pièces reçoivent un plancher les rendant encore plus saines.

Les écuries, les étables, les granges, les remises, les hangars, le cellier, le fournil, etc., font suite aux bâtiments principaux servant de logement au fermier et à sa famille.

Chaque serviteur a sa couche parmi les animaux confiés à ses soins : c'est ainsi que les valets d'écurie, de charrue, couchent à l'écurie ; le berger au milieu de ses moutons, le vacher dans la vacherie, etc., les servantes et filles de basse-cour dans le fournil et la buanderie.

Une chose sur laquelle nous attirons tout particulièrement l'attention des fermiers, c'est sur le séjour en plein air du *purin*, qu'il est préférable, à tous les points de vue, de recueillir dans une citerne spéciale placée le plus loin possible de l'habitation, ce qui, tout en supprimant les émanations désagréables et malsaines, évite la perte de la matière fertilisante occasionnée par l'évaporation et le séjour prolongé sous l'action directe de l'air et du soleil.

Pour ce qui est de la construction des étables, il faut que les bestiaux s'y trouvent à l'abri du froid aussi bien que de la grande chaleur. Elles doivent donc, par conséquent, avoir des ouvertures faciles à *boucher*, en temps de froid, placées plutôt au nord qu'à toute autre exposition.

Le sol sera établi légèrement en pente pour faciliter l'écoulement des urines que l'on dirigera toutes vers la citerne à purin. Il sera dur et imperméable, de manière que les urines ne puissent s'y perdre et incommoder les animaux par leur odeur.

La partie destinée à la conservation des denrées se composera de caves, de celliers, dont un contiendra le pressoir, le vin, le cidre, la bière ; l'huile, dans les pays où se cultive l'olivier ; enfin toutes les boissons destinées, soit à la consommation, soit à la vente.

Le cellier sera placé le plus loin possible du four, de la fosse à fumier ou de la citerne à purin, car il redoute la chaleur de l'un et les gaz délétères de l'autre, toujours nuisibles aux boissons.

De vastes granges et greniers serviront à resserrer les récoltes : au rez-de-chaussée, les blés, les avoines, les foins, etc., sur les planchers du premier, les grains de toute espèce : le tout éclairé par des jours venant du nord.

La laiterie occupera une place particulière, à l'abri des influences de la température.

Les volailles de toute espèce trouveront, dans les espaces restés libres, des asiles les mettant parfaitement à l'abri et leur permettant d'accomplir en toute tranquillité l'œuvre de la reproduction.

Ceci dit, occupons-nous de quelques-unes des constructions qui, groupées autour de l'habitation du cultivateur, constituent ce que l'on appelle les dépendances de la ferme, n'ayant plus à parler de celle-ci, en ayant longuement entretenu nos lecteurs (chap. III.)

L'écurie vient d'abord en première ligne : elle doit, dans la ferme, occuper une place assez rapprochée de l'habitation principale. Son emplacement joue un rôle important sur la santé des chevaux : sa situation doit donc se trouver dans les meilleures conditions. Ce qu'il faut éviter surtout, ce sont les terrains bas et humides, les chevaux y contractent un grand nombre de maladies. On ne doit jamais l'adosser contre un sol plus élevé, donnant toujours de l'humidité, ni la construire près d'un marais ou d'une forêt.

L'écurie, pour être placée dans de bonnes conditions, sera bâtie sur un endroit bien exposé, recevant son jour par des ouvertures pratiquées au midi ou au levant. A défaut de cette exposition, on se contentera du couchant ; mais jamais de celle du nord rendant l'écurie froide et glaciale. Les chevaux se plaisent mieux au midi ; leur poil devient fin et luisant ; ils y sont gais et rarement malades. Les meilleurs murs sont ceux en briques avec plafonds reposant sur fers à T formant voûte. C'est du reste le mode le plus économique, craignant le moins les incendies, et n'offrant aucun abri aux souris et aux rats.

Plus une écurie reçoit de lumière, mieux cela vaut ; c'est dans l'écurie ou au-dessus de la sellerie que se place le lit du garçon.

On doit tenir l'écurie dans le plus grand état de propreté, c'est la santé des chevaux.

La litière est relevée et secouée tous les matins ; la menue paille, imprégnée d'urine et de crottin, s'enlève tous les jours ; le sol en est également balayé, souvent lavé et sablé ou aspergé d'une légère couche de chaux vive en poudre pour l'assainir.

On doit reblanchir l'écurie tous les ans : laver à fond, à l'eau chaude, additionnée de sel de soude, les râteliers, les crèches et les séparations des stalles. Maintenue dans un tel état de propreté, les maladies contagieuses ou épidémiques ne sont pas à redouter.

Parmi les nombreux plans que nous avons eu à examiner, concernant ce genre de construction, ceux de M. Langlois, publiés par la maison Monrocq frères, nous ont encore paru les plus pratiques.

Le dessin que nous reproduisons (fig. 148) tiré de tce *Album*, est celui d'une écurie destinée à contenir quatre chevaux. Son plan, ses coupes et son élevation, ont été étudiés avec les mêmes soins que son aménagement intérieur.

Cette écurie, dit l'auteur, sera construite en moellon ordinaire du pays, et sa décoration faite avec du mortier teinté : la couverture en ardoise ou en tuile. Elle satisfait à toutes les prescriptions de l'hygiène.

Son plan de terre (fig. 149) indique ses dimensions intérieures et celle de chacune des séparations mobiles servant de *bas-flanc*; celle de l'auge et du râtelier; celle des deux ventilateurs ou cheminées d'appel d'air servant à son aération; puis la place que devra occuper la rigole destinée à l'écoulement des urines. On peut les évaluer de 1500 à 1800 litres par cheval et par année ; enfin, l'emplacement qu'occupera la trappe donnant intérieurement accès au grenier.

La coupe (fig. 150) montre la disposition intérieure du râtelier, de l'auge et du bas-flanc; l'intérieur de la cheminée d'appel d'air, les solives supportant le plancher, et séparant l'écurie du grenier ; puis le pavage en grès de l'écurie, sur sol ferme, pavage qui, en cas d'humidité, reposera sur un lit de cailloux et béton. La surface de maçonnerie se composera, dit l'auteur du projet, de :

Maçonnerie		$130^{m3},650$
Charpente		$1^{m3},500$
Cailloux		9^{m3}
Béton		3^{m3}
Couverture	Surface	64^{m2}
Pavage	—	30^{m2}
Plancher	—	30^{m2}

Ce genre de bâtisse peut, suivant les localités, s'établir

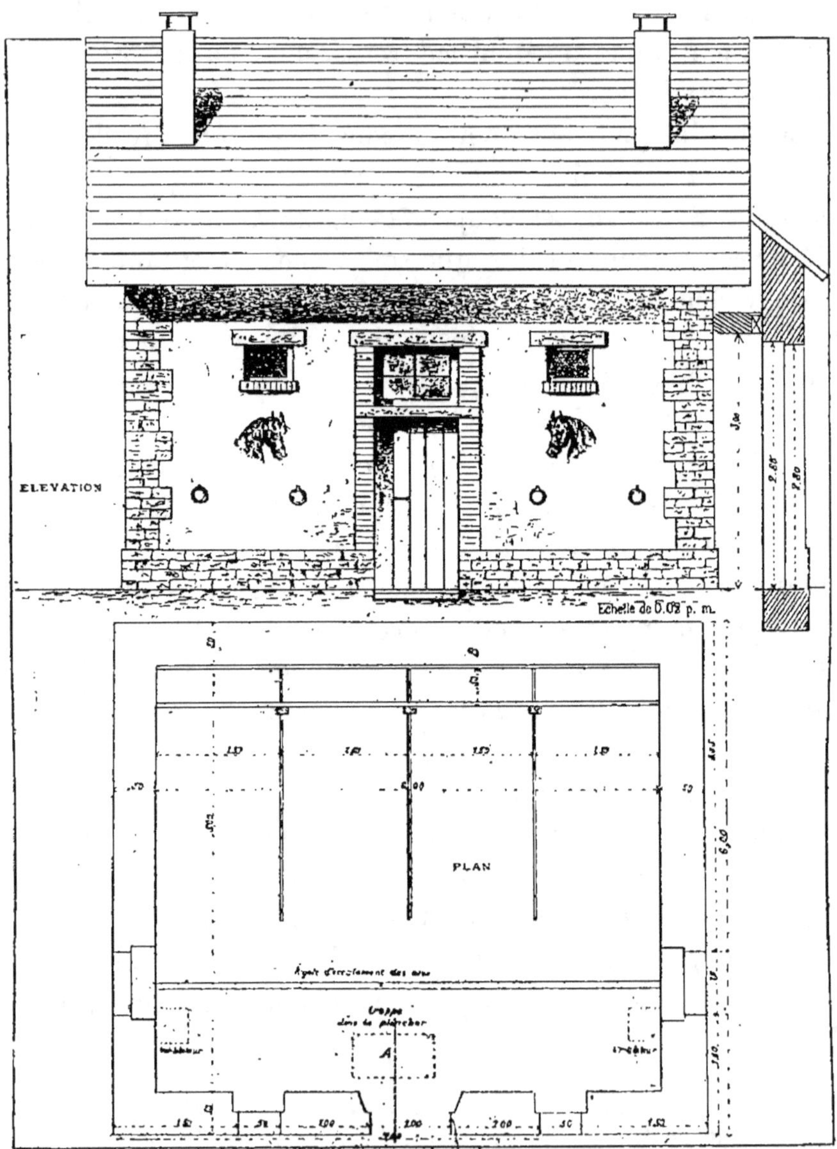

Fig. 148, 149.

moyennant la somme de 1200 à 1500 francs. De la construction de l'écurie si nous passons à celle de l'*étable*, nous

pourrons dire que dans sa plus grande simplicité, sauf la
disposition des râteliers et des boxes, elle est identiquement
semblable à celle de l'écurie.

Il nous paraît inutile de parler plus longuement du loge-

Fig. 150.

ment des autres animaux tels que moutons, cochons, etc. :
ayant indiqué la source de nos emprunts, nos lecteurs n'auront
qu'à recourir eux-mêmes à l'ouvrage.

Laiterie. — Une laiterie complète se compose d'une cave
à lait, d'une chambre à beurre et d'une chambre à fromages.
La forme extérieure qu'on lui donne n'a qu'une importance

bien secondaire; mais ce qui en fait apprécier toute la

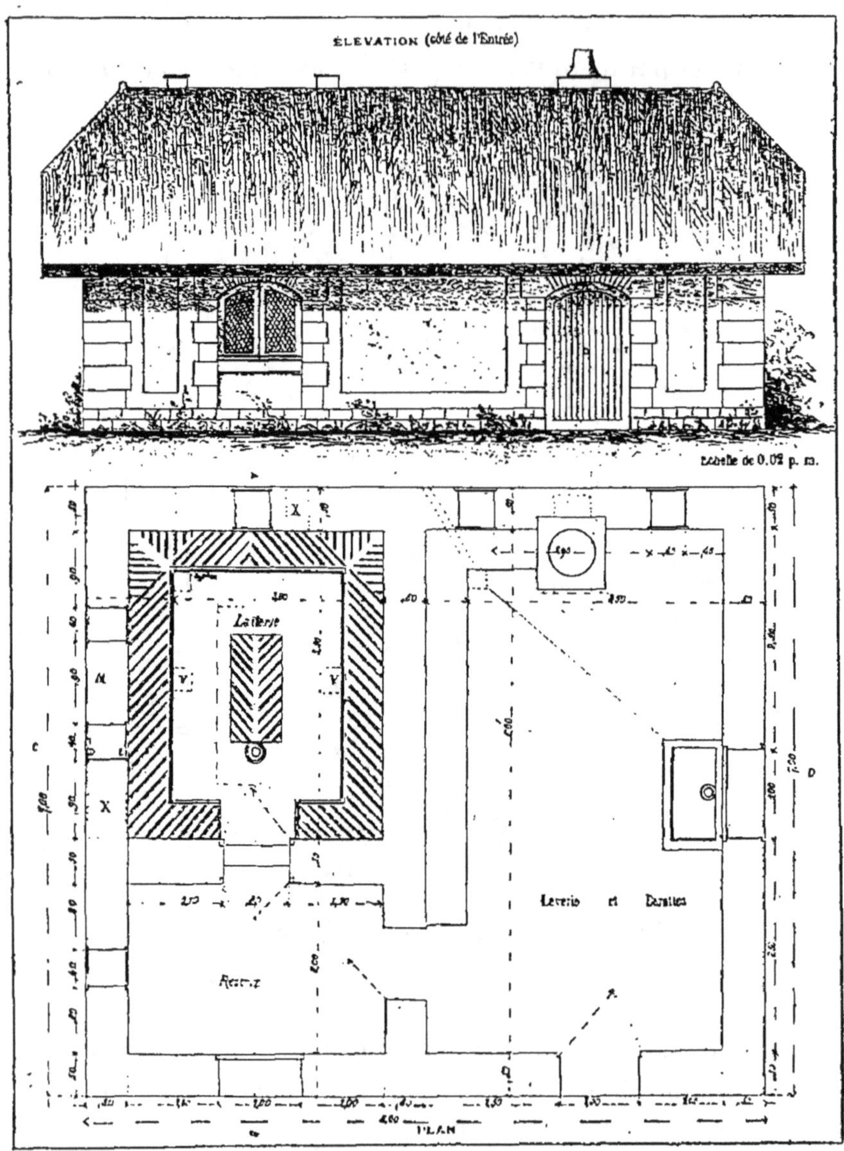

Fig. 151, 152.

valeur, c'est son aménagement intérieur. La voici repro-
duite sous ses différents aspects, construite pour contenir

le produit de vingt vaches à beurre. Elle s'élève au nord, sur un terrain parfaitement sec, en contre-bas de 50 à 75 centimètres du sol : son aspect indique la force, la solidité et

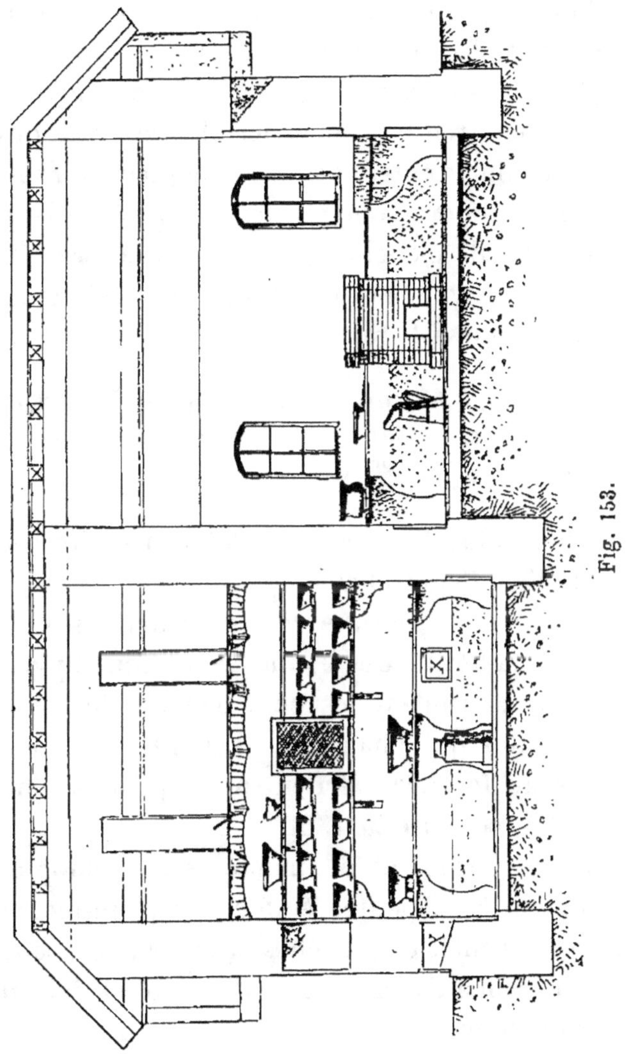

Fig. 153.

l'impénétrabilité ; aussi est-elle à l'abri des influences de la température (fig. 151).

Son plan de terre (fig. 152) montre suffisamment les

espaces réservés à chacune des opérations qui s'y pratiquent : laverie, réserve et laiterie proprement dite. La coupe (fig. 153) fait voir l'emplacement affecté à chaque chose.

Un poêle en règle la température intérieure : un siphon inodore, servant d'écoulement aux eaux de lavage et autres, se trouve placé dans la partie la plus basse de la laiterie. Aux figures que nous reproduisons ici d'après son ouvrage, M. Langlois a joint d'autres dessins complémentaires montrant le siphon inodore sous plusieurs aspects. Divers modèles de hourdis de planchers, de châssis de croisées avec grillage en toile et volets intérieurs ; il complète le métrage et le cubage du tout et l'évalue ainsi :

Maçonnerie...	Surface	140^{m2}	Dallage ciment...	surface	33^{m2}
—	Cubes	70^{m3}	Couverture......	—	72^{m2}
Charpente....	—	2^{m3}			

Dans certaines localités on pourrait construire cette laiterie pour 1500 à 2000 francs.

Le **poulailler** n'est pas une des constructions les moins importantes de la ferme. Des bonnes conditions hygiéniques qu'il présente, dépendent le rendement de la ponte et la santé des volailles qui l'habitent. Les revenus quotidiens qu'il procure au fermier méritent donc qu'on s'attache sérieusement à sa construction.

Une foule de formes et de manières sont adoptées : les uns ressemblent à de petites étables de plain-pied avec le sol ; d'autres, exécutés en planches ou en briques, sont élevés sur piliers les isolant complètement du sol et laissant l'air circuler tout autour.

Quelques-uns, enfin, sont de véritables volières en fil de fer dont un des côtés vient reposer contre un mur.

Loin de critiquer aucune de ces manières d'établir un poulailler (car elles présentent toutes certains avantages

qu'on ne saurait nier), nous croyons qu'il est préférable, lorsque l'emplacement le permet, de le construire au milieu
de la cour, ou tout au moins sur un des côtés, et de lui
donner une importance telle qu'il puisse être habitable au
plus grand nombre d'espèces de volailles possibles. Le pou-

Fig. 151.

lailler que représente la figure 154 nous semble réunir
toutes ces conditions sans enfreindre, le moins du monde, les
prescriptions hygiéniques que réclame impérieusement la
santé de cette agglomération de volailles.

Sa façade principale, placée à l'abri des vents du nord et
de l'ouest, convient parfaitement à une grande exploitation;

il trouve aussi sa place dans une cour toute spéciale, consacrée à la volaille, et répond à toutes les conditions exigées.

Le moellon ordinaire, crépi de mortier teinté, en forme les matériaux principaux. Au rez-de-chaussée sont placés

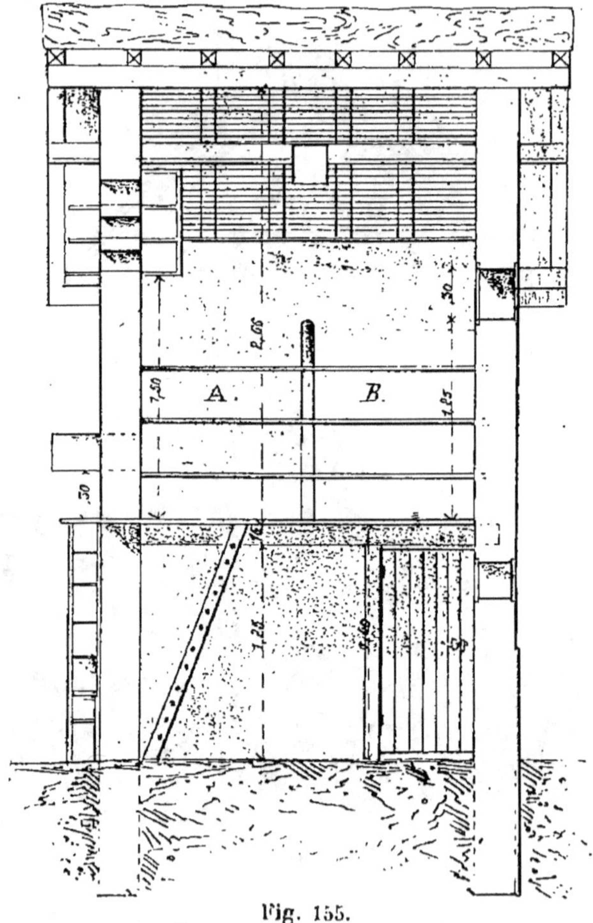

Fig. 155.

les oies et les canards; au-dessus les poules; enfin, à la partie supérieure, les pigeons. Un auvent **A**, fixé sur le côté, sert d'abri aux volailles et les garantit de la pluie et du soleil; une petite cabane **B**, placée du côté opposé, sert de cage pour les lapins. Une échelle tient lieu d'escalier et sert aux poules pour se rendre au poulailler par une petite trappe C, que l'on referme tous les soirs. Derrière la porte se trouve placée une autre échelle pour le service intérieur (fig. 155). Dans la chambre A est établi le juchoir, sur un plan oblique, de manière que la fiente des poules se trouvant sur les barreaux supérieurs de ces échelles ne puisse tomber sur celles échelonnées au-dessous. Ces juchoirs doivent être mobiles et reposer sur des chevrons permettant de les retirer à volonté pour leur nettoyage. Leur forme arrondie présente environ 5 à 6 centimètres de diamètre. Un autre système de juchoir, tout différent de celui que nous venons de décrire, est le juchoir à barres horizontales parallèles formant claie, se relevant au moyen de charnières, pour faciliter le nettoyage du dessous. Toutes les places étant les mêmes, il évite, disent les connaisseurs, les batailles entre poules que suscite souvent l'occupation des rangs élevés du système oblique.

Le compartiment B est réservé pour la chambre de ponte, dans laquelle se trouvent disposées plusieurs rangées de paniers peu profonds, accrochés contre les murs. Son obscurité la fait d'autant plus rechercher par les pondeuses qu'elles y sont moins dérangées par les allées et venues des autres poules. L'aération s'y fait par deux cheminées correspondant à chacune des deux pièces du rez-de-chaussée où se trouvent renfermés les canards et les oies. On calcule, que dans 1 mètre carré on peut loger de 8 à 10 poules, 7 ou 8 canards et 5 ou 6 oies.

Voici le métrage et le cubage du poulailler ci-dessus, dont il est facile d'établir le prix de revient suivant les matériaux employés dans le pays.

Maçonnerie........................	surface	30^{m2}
—	cube	$7^{m3},500$
Charpente........................		1 stère.
Couverture........................		15 mètres.

Le **cellier** est une partie importante des bâtiments d'exploitation : il fait l'office de cave et renferme le pressoir, les cuves, les paniers, etc. Son exposition est en plein nord, ses murs sont percés d'ouvertures petites et étroites, disposées de manière à pouvoir y établir facilement un courant d'air. Il est souvent en contre-bas du sol, mais il ne doit présenter aucune trace d'humidité. Ses murs, très épais du côté du midi, empêchent la chaleur de s'y faire sentir. Son ameublement consiste uniquement en chantiers, futailles et foudres. Le plafond, en forme de voûte, est quelquefois surmonté d'une laverie pour la vaisselle de la ferme ou de chambres et de magasins de débarras.

Four. — L'usage du four est maintenant abandonné à la campagne, chacun porte son grain au boulanger et en reçoit du pain en échange ; d'ici à quelques années il n'en sera plus question dans aucune ferme.

Pompes. — **Puits.** — **Citernes.** — **Mare.** — La question de l'eau dans une ferme présente une grande importance tant au point de vue des usages domestiques que pour l'abreuvement des bestiaux. Il la faut abondante et de bonne qualité.

Une ferme privée d'eau, perd une grande partie de sa valeur locative.

Il y a plusieurs manières de se procurer l'eau : soit à l'aide d'une pompe, soit par un puits, une citerne ou une mare.

L'eau de pompe, lorsqu'elle provient d'une source, est d'une fraîcheur et d'une limpidité que ne possède pas l'eau de rivière, mais ses propriétés hygiéniques sont subordonnées à la nature des terrains qu'elle traverse.

L'eau de rivière, moins chargée de matières salines, contient par contre, en plus ou moins grande quantité, selon la rapidité de son courant, une foule de matières organiques provenant de la décomposition des matières végétales et animales des êtres qui y naissent, y vivent, y meurent et s'y décomposent.

Puits (1). — L'eau provenant des puits a généralement un goût fade et insipide que lui communique le sol crayeux dans lequel elle séjourne. Sa température froide, sa privation d'air et de lumière, la rendent, à sa sortie du puits, nuisible aux plantes et aux animaux; aussi est-il prudent de la tirer un peu à l'avance des besoins qu'on en a.

L'eau de pluie (2) recueillie dans des vases, après le

(1) *Puits.* — LÉGISLATION. — Il est loisible à tout propriétaire de faire creuser un puits sur son fonds ou terrain, à tel endroit qu'il lui plaît, aussi profond, aussi large qu'il lui convient, sans s'inquiéter si ce puits fera ou non tarir les puits voisins.

— Lorsqu'on fait construire un puits près d'un mur mitoyen, on est forcé de laisser entre le puits et le mur la distance prescrite par les *règlements et usages locaux et de faire les ouvrages nécessaires pour éviter de nuire au voisin.*

— Si le puits est établi près d'une propriété voisine, mais hors de voisinage de toute construction, il suffit qu'il soit établi de manière à maintenir les terres et à éviter les éboulements et infiltrations.

— Tout puits creusé dans un champ ou un terrain non clos, doit être entouré d'un mur en maçonnerie ou en terre d'un mètre au moins d'élévation, dans l'intérêt de la sécurité des citoyens. Ces puits, ainsi que les puits construits dans les lieux publics, doivent être couverts.

— On ne pourrait convertir en cloaque un puits qui ne serait pas à deux mètres au moins des héritages voisins, ni y faire écouler les eaux ménagères, ni celles des fumiers, des cours et des toits.

(2) *Eaux pluviales.* Code civil, ART. 640. — Bien qu'appartenant à tout le monde, elles deviennent la propriété de celui qui les a reçues sur son fonds, et qui, dès lors, peut les y retenir, mais sans rien faire pour les déverser d'une manière nuisible, sur les fonds voisins, le propriétaire d'un fonds inférieur n'étant tenu de recevoir les eaux pluviales des fonds supérieurs qu'autant qu'elles en découlent naturellement.

ART. 641. — Celui qui a une source dans son fonds peut en user à volonté sauf le droit que le propriétaire du fonds inférieur pourrait avoir acquis par titre ou par prescription.

ART. 643. — Le propriétaire de la source ne peut en changer le cours, fort de la première averse ayant purifié l'atmosphère, est préférable à toutes les autres ; elle est d'un précieux secours pour les habitations privées de pompes ou de puits, même pour les besoins domestiques : aussi ne doit-on perdre aucune occasion de la recevoir dans des tonnes et dans la citerne, en organisant autour des toitures tout un système de tuyaux l'y conduisant. On ne touchera à cette précieuse réserve, subvenant aux besoins des jours de sécheresse, qu'après

lorsqu'il fournit aux habitants d'une commune, village ou hameau l'eau qui leur est nécessaire ; mais si les habitants n'en ont pas acquis ou prescrit l'usage, le propriétaire peut réclamer une indemnité, laquelle est réglée par des experts.

Art. 644. — Celui dont la propriété borde une eau courante, autre que celle qui est déclarée dépendance du domaine public peut s'en servir à son passage pour l'irrigation de ses propriétés. Celui dont cette eau traverse l'héritage, peut même en user dans l'intervalle qu'elle y parcourt, mais à la charge de la rendre à la sortie de son fonds, à son cours ordinaire.

Art. 645. — S'il s'élève une contestation entre les propriétaires auxquels ces eaux peuvent être utiles, les tribunaux, en prononçant, doivent concilier l'intérêt de l'agriculture avec le respect dû à la propriété, et, dans tous les cas, les règlements particuliers et locaux à l'usage des eaux doivent être observés.

Citernes. — On ne peut établir une citerne, même sur son terrain, sans se conformer aux prescriptions réglementaires, c'est-à-dire, qu'aucune infiltration d'eau ne puisse pénétrer chez les voisins, autrement ces derniers seraient en droit d'obliger le constructeur à faire des travaux empêchant les infiltrations. Si on ne peut y parvenir, on a le droit de la faire combler et réclamer des dommages et intérêts pour le préjudice causé.

— Celui qui recueille des eaux de pluie dans une citerne en est le propriétaire, et peut empêcher de venir y puiser à moins que cette faculté ait été accordée à titre de possession. Une tolérance, même de longue date, serait insuffisante.

En cas d'incendie, le propriétaire de la citerne ne peut se refuser à y laisser puiser de l'eau. S'il s'y refuse, le maire ou le chef des pompiers peuvent la faire ouvrir d'autorité, et le refus de secours requis constaté entraîne la condamnation du coupable à une amende de 6 à 10 francs. (Code pénal, art. 475.)

avoir épuisé toute l'eau qu'il est possible de se procurer dans les alentours.

Filtres des campagnes. — Dans le cours de nos voyages nous avons eu souvent l'occasion de voir dans certaines fermes des filtres économiques d'une grande simplicité de construction, donnant d'excellente eau, sans pour cela exiger un grand entretien.

Fig. 156.

Ces filtres étaient formés d'un tonneau défoncé par le haut et ayant reçu au quart environ de leur hauteur, un double fond 1 percé de trous (fig. 156), sur lequel on déposait alternativement plusieurs couches de charbon de bois, de sable et de gravier 2, le tout recouvert d'un morceau de laine 3. On verse l'eau par le haut, et, traversant toutes les couches du filtre, elle arrive claire et limpide comme de l'eau de roche dans la partie inférieure munie d'un robinet. Lorsque ce filtre ne fonctionne plus on le nettoie en remplaçant les matériaux par de nouveaux filtrants.

Citernes. — Le béton, le caillou, la chaux hydraulique, les briques et le ciment sont les matières employées dans la construction des citernes, que l'on voûte pour prévenir l'évaporation de l'eau. Une grande propreté doit régner dans tous les conduits qui l'alimentent. Elle-même sera nettoyée à fond tous les ans et dégagée des dépôts qui s'y seront formés, des insectes ou animaux qui y ont pris naissance.

On profite de cette occasion pour étendre au fond une couche de sable et de la poudre de charbon de bois, afin de purifier cette immense masse d'eau provenant des toits. Ces substances s'emparent alors des gaz en décomposition provenant de toutes les matières qui s'y déversent.

Mare (1). — L'eau de mare n'est bonne que pour les bestiaux et ne doit s'employer qu'à cet usage. Elle sert d'abord d'abreuvoir aux chevaux et aux vaches qui viennent s'y désaltérer et s'y baigner. Les canards et les oies y barbottent à leur plus grande satisfaction, et au mieux pour la salubrité de cette eau provenant de l'écoulement des pluies tombées sur les terrains en pente et de celle fournie par les toitures.

L'eau de la mare sera maintenue dans le plus grand état de propreté ; aussi est-il bon de l'entourer de murs pour éviter l'écoulement du jus de fumier.

On ne doit, sous aucun prétexte, y jeter aucun détritus, aucune eau ménagère, de quelque nature qu'elle soit, car l'eau ainsi corrompue répandrait une odeur infecte, nuisible aux hommes et aux animaux.

L'eau d'une mare s'assainit encore, quand faire se peut, en la poissonnant d'anguilles et de tanches, se nourrissant exclusivement des animalcules invisibles y fourmillant et s'y

____

(1) *Mare.* — LÉGISLATION. — On ne peut établir une mare que sur son propre terrain, demeurant responsable des dégâts qu'elle pourra occasionner, soit par suite de l'éboulement des terres ou d'inondations souterraines. On est tenu de faire les travaux nécessaires pour prévenir des inconvénients.

On ne peut également inonder les terrains inférieurs en y déversant le trop-plein de la mare.

Le propriétaire est seul maître de l'eau de sa mare sauf les droits acquis ou autrement.

A défaut de curage par le propriétaire, et lorsque la mare répand des exhalaisons fétides, le maire peut la faire curer d'office aux frais du propriétaire. Si celui-ci refuse de le faire lui-même dans les délais qui sont prescrits, si la mare même après ce travail demeurait insalubre, il peut en ordonner la suppression dans l'intérêt public.

En cas d'incendie le propriétaire d'une mare est tenu de laisser prendre de l'eau à la première réquisition qui lui est faite, faute de quoi il se rendrait passible d'une amende variant de 6 à 10 francs. (Art. 475 du code pénal.)

multipliant avec une prodigieuse rapidité. Il faut alors, pour
éviter qu'elle ne vienne à se dessécher, la creuser profondément et en paver ou bétonner le fond, tout en le recouvrant
de quelques centimètres d'argile, dans lequel se bourberont
les anguilles. On l'alimente constamment en y faisant déverser
l'eau des tuyaux de drainage des champs placés au-dessus de
son niveau ; on obtient ainsi une espèce de réservoir d'eau
courante se conservant toujours pure. Quelques arbres, placés autour de la mare, la protègent des rayons directs du
soleil et de l'évaporation qu'ils occasionneraient. Parmi ces
arbres, il faut éviter le frêne, que la cantharide affectionne :
la présence de ces insectes, dans l'eau absorbée par les
animaux, pourrait produire chez eux de graves désordres
intérieurs.

Filtre pour l'eau du bétail. — Ce système de filtre est
obtenu au moyen de la pression de l'eau ; il ressemble
celui décrit plus haut. Voici
comment on l'établit : le tonneau défoncé par le haut, on
en perce le fond 1 d'une
grande quantité de trous,
(fig. 157), puis on y verse
une couche de gros gravier :
sur ce gravier on place un
lit de sable ; sur le sable, du
charbon de bois concassé, puis
encore du sable 2 jusqu'au
premier tiers environ de la
hauteur. On recouvre le tout

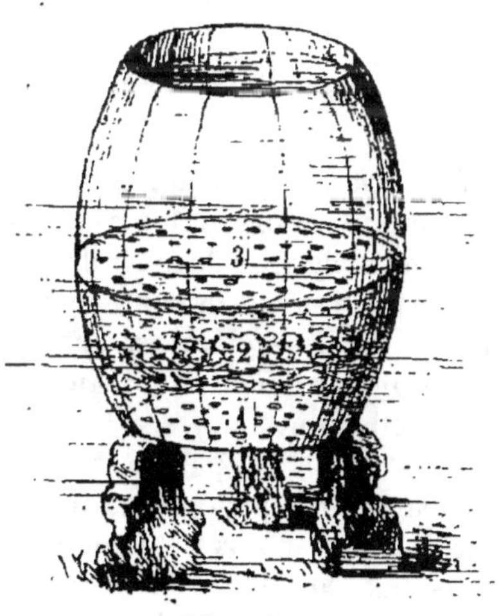

Fig. 157.

avec le dessus que l'on a enlevé et auquel on a percé des
trous 3. Ainsi préparé on place le tonneau aux trois quarts
dans la mare en ayant soin de réserver au-dessous un intervalle suffisant entre lui et le fond. L'eau, traversant toutes

les couches filtrantes, y laisse ses impuretés et arrive limpide et pure à la partie supérieure, où les bestiaux viennent la boire : elle se renouvelle d'elle-même automatiquement.

Clôtures diverses (1). — On peut diviser les clôtures en deux espèces bien distinctes l'une de l'autre : 1° en clôtures naturelles ; 2° en clôtures artificielles. Elles sont toutes deux des obstacles matériels mettant les récoltes à l'abri des maraudeurs, des bestiaux et des animaux destructeurs, tels que chevaux, vaches, lièvres et lapins.

Les **clôtures naturelles** sont les haies vives, formées par l'épine blanche ou noire, le cornouiller, le genêt, le sureau, le houx et autres arbustes s'enlaçant ou se palissadant facilement et dont on retire profit par les fagots qu'on en obtient.

On a souvent remarqué qu'au moyen des enclos l'art triomphe de la nature ; que des terres d'un produit inférieur, exposées à l'air, devenaient, une fois closes, d'une valeur supérieure aux autres.

(1) *Enclos.* Code pénal, ART. 391. — Est réputé *parc* ou *enclos*, tout terrain environné de fossés, de pieux, de claies, de planches, de haies vives ou sèches, ou de murs de quelque espèce de matériaux que ce soit, quelles que soient la hauteur, la profondeur, la vétusté, la dégradation de ces diverses clôtures, quand il n'y aurait pas de portes fermant à clef ou autrement, ou quand la porte serait à claire-voie et ouverte habituellement.

ART. 392. — Les parcs mobiles destinés à contenir du bétail dans la campagne, de quelque matière qu'ils soient faits, sont aussi réputés enclos ; et lorsqu'ils tiennent aux cabanes mobiles ou autres abris destinés aux gardiens, ils sont réputés dépendant de maisons habitées.

ART. 393. — Est qualifié *effraction* tout forcement, rupture, dégradation, démolition, enlèvement de murs, toits, planchers, portes, fenêtres, serrures, cadenas ou autres ustensiles ou instruments servant à fermer ou empêcher le passage, et de toute espèce de clôture, quelle qu'elle soit.

ART. 397. — Est qualifiée *escalade* toute entrée dans un parc ou enclos, exécutée par-dessus les murs ou toute autre clôture, délits qui seront punis par la réclusion.

Le fumier produit deux fois plus d'effet dans un enclos chaud et à l'abri qu'en champ ouvert à tous les vents.

Pour ce qui est des foins et des pâturages, on ne peut établir de comparaison, tellement ils sont supérieurs en qualité.

Les haies vives, plantées d'arbres, servent aussi d'abri naturel aux bestiaux contre la pluie et l'ardeur du soleil.

Le **fossé**, clôture peu dispendieuse, ne s'établit que dans les terres marécageuses ou dans les fondrières : il facilite le desséchement des terres. C'est le seul utile pour les terrains abondant d'eau. Si ces clôtures ne garantissent point l'herbe du soleil et des vents, leur situation basse et l'humidité de leur sol y suppléent amplement.

Les **clôtures artificielles** sont les barrières rustiques (fig. 158). Les clôtures en bois et en planches, maintenant

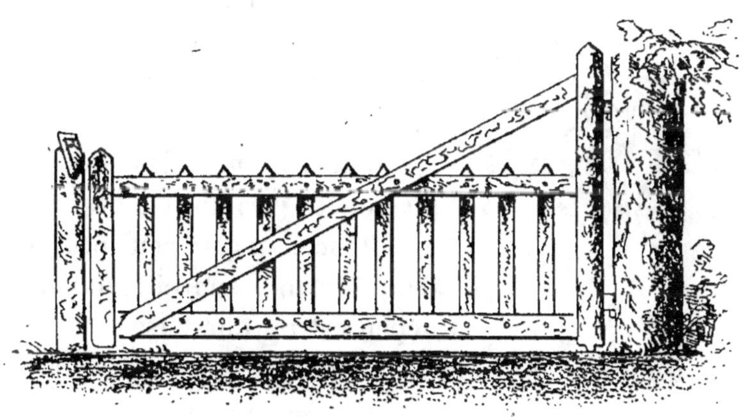

Fig. 158.

condamnées par l'entretien dispendieux qu'elles réclament, sont remplacées avec avantage par celles en fer galvanisé, dites clôtures de chasse, d'un placement facile, pour la construction des parcs mobiles et les clôtures de jardins (fig. 159 et 160).

Elles protègent les récoltes de la redoutable dévastation

que leur font subir les lapins et le gros gibier. On

Fig. 159.

emploie encore le fer à T, le fer rond pour la construction des chenils, pour les grilles de grandes et de petites portes, et les dormants les accompagnant (fig. 161 et 162).

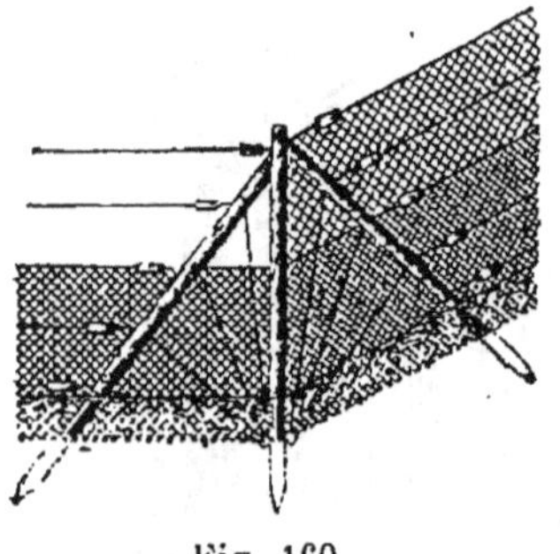

Fig. 160.

Viennent enfin les murs en pierre, les véritables clôtures par excellence, mais peu pratiques dans certains endroits, ou d'une dépense trop onéreuse.

Pour terminer ce chapitre, nous ne dirons qu'un mot en

Fig. 161.

Fig. 162.

faveur des ronces artificielles. Leur extrême bon marché,

18 francs les 100 mètres, les ont fait adopter pour enclore toutes les pâtures, pour protéger les vignes, les vergers, les jardins de tout larcin imprévu, que l'occasion fait commettre aux animaux.

La fabrication de ces épines (fig. 163), consiste seulement en deux fils d'acier tordus et serrés ensemble, rete-

Fig. 163.

nant de distance en distance des pointes très aiguës, à biseau, formant épine. Elles ont l'avantage sur les autres de ne

Fig. 164.

faire que piquer l'animal au lieu de lacérer et de couper la peau par de larges écorchures.

Le respect des ronces s'impose de lui-même aux animaux domestiques qui sont tentés de violer au dedans comme au dehors ce cercle de fer vigilant qui les repousse toujours victorieusement.

Nous allions oublier les protecteurs métalliques des jeunes arbres (fig. 164), dont les greffes et les branches sont incessamment menacées par l'appétit insatiable et toujours renaissant des herbivores : chevaux, vaches, moutons, lapins, etc., en quête d'aliments tendres et friands. Leur prix modique de 1^{r},75 à 3 francs les rend d'une application pratique.

CHAPITRE XIV

Lorsque l'on crée une ferme de toutes pièces il faut pourvoir à l'aménagement intérieur qu'elle comporte.

La première des économies consiste à se borner à l'acquisition du strict nécessaire, évitant les doubles emplois, l'achat et l'agglomération d'une foule d'instruments dont le besoin, l'usage, la pratique et les avantages ne sont pas suffisamment établis. En culture comme en toute chose, le matériel représente un capital immobilisé ne s'amortissant à la longue que par l'usage qu'on en fait et le profit qu'on en retire. Il ne faut donc aucun objet inutile, aucun instrument qui ne soit en rapport avec l'étendue de terrain et l'importance de la ferme que l'on exploite.

Le matériel peut se diviser en deux catégories bien distinctes, savoir : le *matériel meublant*, le *matériel agricole*.

Prend-on une ferme à bail, que celle-ci ait été louée avec tout son matériel, le preneur doit, avant de s'y installer et de faire usage d'aucun des instruments, établir sur papier timbré un récolement d'inventaire, signé par le propriétaire et par lui, constatant l'état et la valeur que possède chaque chose au moment de son entrée en jouissance ; de cette manière il ne peut survenir, par la suite, aucune contestation.

Le matériel meublant d'une ferme consiste, pour la cuisine : en tables, chaises, bancs, horloge, balances, fourneaux, armoires, batterie de cuisine, vaisselle, etc., enfin tous les ustensiles nécessaires au ménage, que l'on possède généralement et que l'on n'a qu'à augmenter en raison du personnel que l'on occupe.

Des meubles indispensables des chambres à coucher nous n'en parlerons pas, chacun se les donne en rapport avec ses moyens et orne sa chambre suivant ses goûts.

Un coffre-fort, un revolver, un fusil même, y sont des objets indispensables, surtout lorsque l'habitation se trouve isolée au milieu des terres, des bois, ou un peu à l'écart du village.

Buanderie. — La pièce consacrée autrefois au fournil devient, maintenant que l'on ne fait plus le pain chez soi, la buanderie. Dans une maison ou une ferme importante on ne peut s'en passer. C'est là que se fait la lessive, là aussi que se trouve le fourneau ou la marmite servant à la cuisson des aliments destinés à la nourriture des bestiaux et des chiens ; là encore que s'exécutent et se resserrent une foule de préparations qui ne sauraient trouver un emplacement plus convenable sans compromettre la propreté des autres pièces où elles se feraient.

Son mobilier se compose d'un appareil tout spécial que l'on nomme *lessiveuse* (1), remplaçant avantageusement l'ancien système si long et si encombrant des immenses

____

(1) Ayant décrit tout au long les avantages de la lessiveuse dans un ouvrage antérieur portant pour titre : *le Livre de la femme d'intérieur*, nous y renvoyons notre lecteur. 1 vol. in-8, 440 pages, 280 gravures. Prix : 6 fr. cartonné 7 fr. Librairie H. Laurens, 6, rue de Tournon.

cuviers, dans lesquels se coulait la lessive, à travers les cendres, pendant de longs et interminables jours.

Plus de tout cela maintenant, rien qu'un simple appareil en fer galvanisé, dont le fonctionnement, d'une incontestable commodité, présente en même temps une grande simplicité et une véritable économie de temps, de combustible et de savon, car ce dernier, si dispendieux dans les anciennes lessives, est aujourd'hui complètement supprimé par ce nouveau système. Deux baquets et un petit cuvier pour rincer le linge, voilà tout ce qu'il faut. Quelques fils de fer galvanisés, tendus çà et là, servent à supporter le linge sale en attendant sa mise en lessive.

Laiterie. — Dans la laiterie se trouveront réunis des seaux en bois blanc, dits seaux à traire ; de grands vases en fer battu pour le transport du lait de l'étable à la laiterie.

Une pierre (ou évier) sera placée à demeure dans la pièce réservée aux lavages, ainsi qu'une fontaine, une chaudière, une table, un égouttoir, des balances, des passoires, des couloirs, des cuillers de bois, une planche à façonner le beurre, des moules ou cachets ornementés ; enfin les brosses, éponges, balais, torchons, nécessaires à la propreté et à la manipulation du beurre.

L'outil principal sera la *baratte* ; les systèmes variant à l'infini, nous en laissons le choix à la fermière, nous contentant de reproduire ici un des modèles les plus usités (fig. 165).

Un baquet ou une terrine en zinc sert aux lavages à l'eau froide ou chaude de tous les ustensiles que l'on met égoutter sur des supports

Fig. 165.

en fer galvanisé (fig. 166), remplaçant avantageusement les anciens égouttoirs ou claies en bois, toujours encombrants, se pourrissant rapidement au contact de l'humidité dans laquelle ils se trouvent constamment.

Le **poêle** ou **calorifère** (avec ouverture en dehors, pour éviter la fumée), servant à maintenir toujours la même température, (12 à 16 degrés) trouve aussi sa place dans le lavoir, et peut également servir à chauffer la laiterie proprement dite, dont le matériel se compose de terrines à

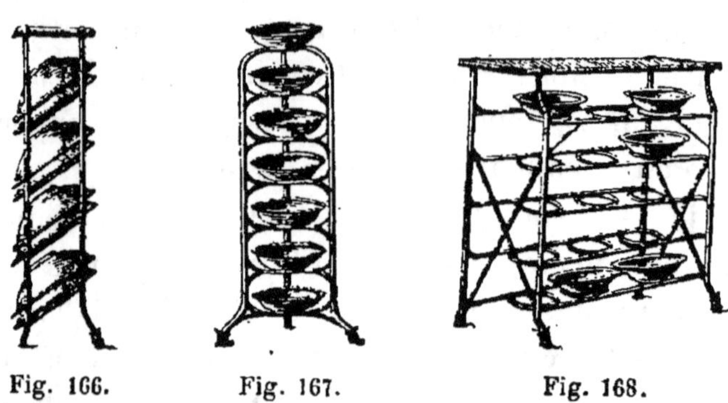

Fig. 166.   Fig. 167.   Fig. 168.

lait, d'un écrémeur, d'une crémière, de mesures, de cuillers pour la crème, d'un thermomètre et d'un lactomètre, instrument indiquant la richesse en crème et en beurre du lait. Des supports en fer galvanisés (fig. 167 et 168), s'y dressent çà et là pour recevoir les terrines contenant le lait à écrémer.

Dans la partie réservée à la fromagerie s'installeront des baquets dans lesquels tombera le petit-lait provenant des fromages.

Des planchettes ou supports pour recevoir les moules à fromage y seront déposés en nombre suffisant, ainsi que des clayettes et des cajets en paille de seigle ou en jonc que l'on peut fabriquer pendant les longues soirées d'hiver.

Écuries et étables. — Son mobilier se compose d'auges, de râteliers, de bas-flancs, d'un coffre à avoine, de porte-harnais et de lits superposés, pour les valets de charrue.

Le mobilier des étables est à peu près le même : à l'auge et au râtelier fixes viennent, pour les bergeries, se substituer le râtelier et la mangeoire mobile en fer galvanisé (fig. 169).

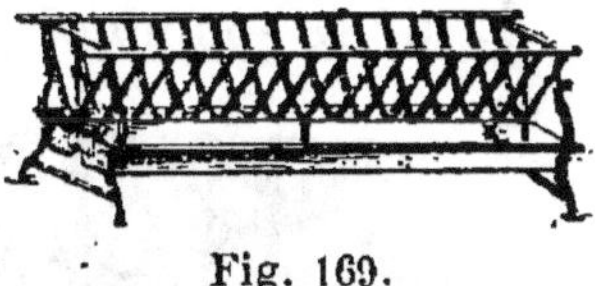

Fig. 169.

Cellier. — Dans le cellier s'installe le pressoir (fig. 170), dont le modèle ci-joint peut servir aussi bien à la fabrication du vin qu'à celle du cidre ; puis le *fouloir à vendanges*, instrument supprimant le piétinage des raisins

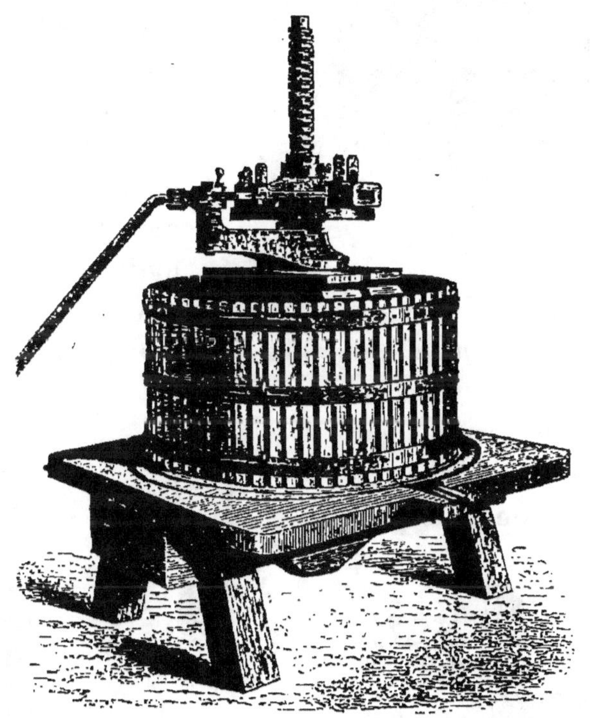

Fig. 170.

toujours incomplet et quelquefois même dangereux pour ceux qui l'exécutent (fig. 171). Nous accordons la préférence aux cylindres à cannelures demi-héliçoïdales sur ceux à cannelures horizontales et parallèles : ces derniers écrasent, cou-

pent et triturent moins le grain et lui font rendre par conséquent moins de jus.

Le gruge-pommes, est encore un outil indispensable pour
la fabrication du cidre.

Fig. 171.

Des chantiers, des
paniers, des brocs, des
cuves, etc., complè-
tent l'ameublement du
cellier.

Granges. — Malgré
l'introduction des ma-
chines à battre, le ma-
tériel de la grange n'a
guère subi de grandes
modifications : il y faut
toujours des fourches,
des râteaux, des tamis, des vans, des mesures, une bascule
(fig. 172). La romaine (fig. 173), ainsi qu'une foule d'autres
petits instruments rendent
de nombreux services dans
une ferme, tant pour net-
toyer les grains que pour

Fig. 172.

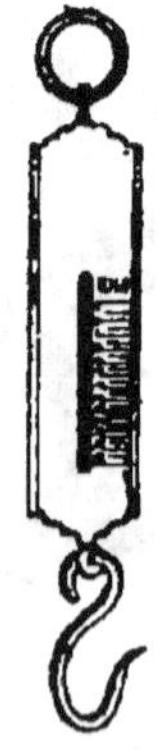

Fig. 173.

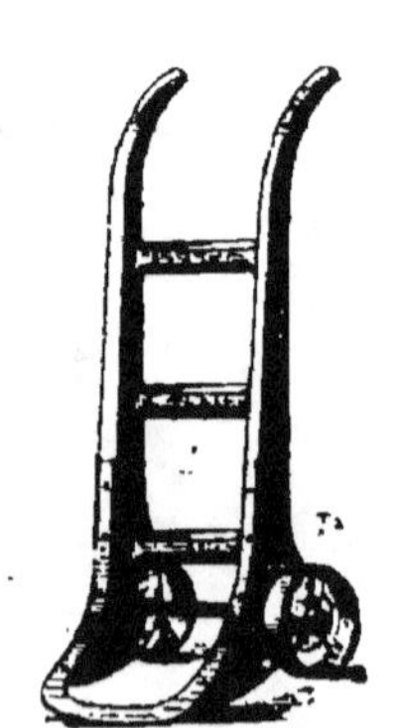

Fig. 174.

peser les animaux, la viande, les bottes de paille, les toisons
et autres produits.

Les brouettes ou **cabrouets à sacs** (fig. 174) sont encore d'une utilité incontestable pour le transport des grains dans les greniers ou dans les granges.

N'oublions pas les pièges à rats, ceux à souris et à mulots, de diverses formes, dont la présence dans les granges supplée maintes fois à la vigilance, ou à l'impossibilité matérielle de passer dans laquelle se trouvent les chats à cause de l'entassement des sacs.

Quant aux autres petits accessoires de la basse-cour, tels que : abreuvoir et auges pour les poules et autres volailles, pour les couveuses, poussinières, pelles, balais, etc., le besoin, au fur et à mesure qu'il s'en fera sentir, servira de guide à cet égard; il en est de même de tous les appareils d'agriculture que nous aurons l'occasion de décrire en traitant l'outillage de la ferme.

MATÉRIEL AGRICOLE.

Depuis quelques années une révolution complète s'est opérée dans le matériel agricole. Bientôt le souvenir des anciens outils de culture, inconnus des cultivateurs modernes, ne se retrouvera plus que dans les musées rétrospectifs. A l'emploi du bois a succédé le fer : aux bras de l'homme, la machine !

Le **brabant**, à cage en fer et versoir en acier, à un ou plusieurs fers (fig. 175), dont il serait ridicule d'ignorer le nom aujourd'hui, a supplanté l'ancienne charrue en bois (1).

Les **herses en fer**, de tous les modèles et de toutes provenances (fig. 176), à dents élastiques, ou à chaînons arti-

---

(1) Les figures reproduites sous les nᵒˢ 175 à 183 viennent du catalogue de la maison Th. Pilter, 24, rue Alibert, à Paris. Tous les agriculteurs connaissent cette maison qui, avec ses machines agricoles si perfectionnées, a fait faire de grands progrès à leur industrie. Les figures 170 et 171 sont de la maison Ollagnier de Tours.

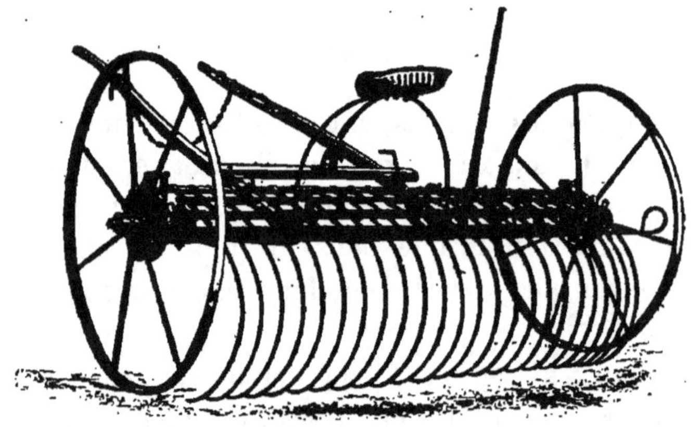

Fig. 175.

Fig. 176.

Fig. 177.

Fig. 179.

Fig. 180.

Fig. 178.

Fig. 181.

culés, se sont substituées à l'ancien triangle en bois qui, fort souvent, ne faisait qu'effleurer la surface de la terre sans y pénétrer.

Au **rouleau primitif** a succédé le rouleau en fonte, avec articulations, puis sont venues successivement les *faucheuses* (fig. 177), les *faneuses* (fig. 178) et les *moissonneuses mécaniques* (fig. 179), traînées par des chevaux, des bœufs ou des vaches, systèmes variant suivant chaque constructeur.

Le **râteau** lui-même est devenu un instrument automatique traîné par un cheval (fig. 180).

Les **semoirs mécaniques** (fig. 181) ont remplacé la main de l'homme, avec une régularité telle que les plus habiles semeurs ne peuvent lutter avec lui. Ils permettent d'obtenir

Fig. 182.

des résultats si précis, que le cultivateur peut prévoir à deux litres près, la quantité de semence ou d'engrais qu'il emploiera par hectare. En outre, la profondeur à laquelle le grain pénètre dans la terre, avec ces machines, met ses racines hors de l'atteinte des gelées.

Viennent ensuite les **machines à battre**, actionnées par la vapeur et celles mues par l'emploi du cheval, sur un plan

incliné (fig. 182 et 183), remplaçant le battage à la main.
Le hache-paille, les **aplatisseurs**, les **concasseurs**, etc.

Fig. 183.

pour graines, pois, fèves, féverolles et tourteaux, apportent encore à l'agriculture, avec une notable économie de temps, un travail propre et facilement digestible aux animaux.

Il nous resterait bien des instruments nouveaux à décrire, mais leur apparition dans les concours tenant en éveil tous les cultivateurs, ceux-ci ne manquent pas de les examiner attentivement et de suivre les résultats qu'ils donnent, surtout lorsqu'ils désirent en faire l'acquisition.

Ajoutons à cette nomenclature les *tombereaux* et *charrettes* pour charrois, puis toute la série des petits instruments dont l'emploi est presque journalier, tels que : pièges à taupes, meule, clef anglaise (fig. 184), étau, marteau, scie, ciseau, tourne-vis, rabot, limes, clous, etc., et nous aurons la liste à peu près complète de l'outillage nécessaire dans une ferme. Par mesure de prévoyance, il est bon dans les habitations isolées, où les secours en cas d'incendie sont souvent longs à arriver, de se précautionner d'un appareil

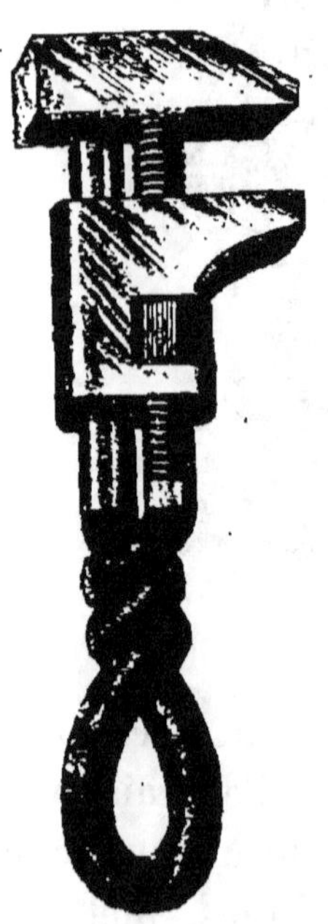

Fig. 184.

portatif dit *extincteur*. Son emploi, fait à propos, suffit souvent pour combattre et étouffer un incendie à son début.

Cet instrument, d'un double usage, peut également servir de projecteur insectivore pour l'agriculture et épargner une foule de désastres de toute nature.

Il ne faudrait pas croire, après la citation des nombreux instruments que nous venons de faire, que notre pensée soit portée vers le renouvellement complet du vieux matériel; non, telle n'est pas notre pensée.

Il faut en tout et avant tout être pratique, la force des choses y contraint même; aussi les cultivateurs n'hésiteront-ils pas, lorsque leurs vieux outils de travail seront hors de service, à les remplacer par de nouveaux, dont ils auront depuis longtemps apprécié l'avantage, la valeur et l'utilité.

DES DOMESTIQUES.

Le travail que nécessite l'exploitation d'une ferme oblige le cultivateur à s'entourer de tout un personnel aux soins duquel il est forcé de confier une grande partie de ses intérêts. De la probité, de l'activité, du savoir et de la bonne volonté de ses serviteurs dépend donc, à moins de force majeure, le plus ou moins de prospérité de ses affaires.

De tout temps l'argent a été le mobile des hommes : en maître intelligent, il faut savoir profiter de cet enseignement, et se bien persuader qu'il ne suffit pas, dans une grande industrie, aussi bien que dans une ferme, de s'attacher les serviteurs par un gain fixe, par des marques extérieures de bienveillance; mais qu'il faut encore surexciter leur amour-propre, leur ambition, en les intéressant pécuniairement à ses propres affaires, faisant de son intérêt le leur, c'est-à-dire, en allouant à chacun, sur le travail et les économies qu'ils réalisent, une petite rétribution les récompensant de leur ardeur au travail. Avec ce mode de procéder, les intérêts se trouvent liés réciproquement, chacun fait de son mieux pour augmenter son salaire. C'est en quelque sorte une association conventionnelle et facultative que fait naître cette rétribution fixée à l'avance entre le maître et le personnel qu'il occupe, sur toutes les récoltes et produits de la ferme et à laquelle tout le monde participe, depuis le valet de charrue, le garçon de ferme, le berger, jusqu'à la fille de basse-cour, etc. Car elle doit porter tant sur les bestiaux, veaux, vaches, moutons, agneaux, porcs, volailles engraissés et vendus, que sur le lait, le beurre, les œufs, la laine, le chanvre et tous les autres produits.

En procédant ainsi, tout le monde mettant du sien, le personnel, de l'avis de tous, pourra sans aucune opposition et sans rien faire souffrir, être réduit au strict nécessaire. De là pas d'encombrement, pas de bouches inutiles à nourrir, à payer, par conséquent augmentation des bénéfices pour le maître.

Au nombre des serviteurs à gages, il faut compter les laboureurs ou charretiers, les bergers, les vachers, les garçons et filles de cour, auxquels on adjoint, suivant les besoins, des journaliers que l'on doit employer de préférence à la tâche plutôt qu'à la journée. Malgré le système de gratification que nous préconisons ci-dessus, nous conseillons de ne pas tolérer le droit au berger d'entretenir à son compte des moutons dans le troupeau qu'il conduit, car, comme le dit un judicieux proverbe : *Mouton de berger ne meurt jamais.*

Attributions. — Comme nous venons de le faire remarquer, chacun a ses attributions bien marquées dans une ferme : tel qui fait un excellent laboureur ne serait qu'un très mauvais berger ; de même que la femme s'entendant parfaitement au service de la laiterie ne ferait qu'une très médiocre fille de basse-cour ; à chacun son rôle.

Ce qu'il faut pour la bonne direction d'un grand domaine,

une fois chacun à son poste, c'est l'unité du commandement, la bonne exécution des ordres reçus : aussi doit-on s'assurer le concours d'un serviteur dévoué, bien entendu et expérimenté, auquel on confie la direction, pour que chacun soit responsable de la besogne qui lui est dévolue.

Il faut que celui qui a l'habitude de faire une chose la fasse toujours ; le travail y gagne en rapidité, en perfection, et celui qui l'exécute se fait un point d'honneur de la conduire à bien tant il est persuadé que de lui seul dépend tout le succès.

Lorsque plusieurs serviteurs sont employés à la même besogne, le plus habile en devient le chef et en a la responsabilité.

Location et gages. — Les domestiques de fermes se louent à l'année, du 11 novembre jusqu'à la Saint-Martin suivante. On traite par écrit les conditions du louage, suivant les coutumes et usages du pays ; aussi est-il presque impossible de fixer, même approximativement, le chiffre des salaires ; cela dépend en grande partie du savoir-faire, de l'âge, de la constitution, des conditions que l'on fait, de l'importance de la ferme et du genre de travail ou de culture pour laquelle on réclame leurs services.

Il y a un très grand intérêt pour un cultivateur à conserver longtemps les mêmes serviteurs : pour cela il faut les prendre jeunes, se les attacher et leur rendre le séjour de la maison aussi agréable que possible.

Lorsqu'ils sont depuis plusieurs années à la maison ils finissent par connaître parfaitement la nature des terres qu'ils ont à cultiver, les avantages qu'ils peuvent en retirer, le lieu et l'endroit où se trouve telle ou telle pièce, les chemins y conduisant, ce qu'elle a contenu, ce qu'elle peut et ce qu'elle doit recevoir à nouveau au point de vue de la succession des récoltes ; ils deviennent enfin familiers avec tous les outils qui leur sont confiés, sachant par expérience leurs qualités et leurs défauts, et par cela même utilisant à profit les uns et se mettant en garde contre les autres. De la dignité, du savoir et de l'expérience du maître dépend envers lui le respect des serviteurs.

CHAPITRE XV

Le but que doit se proposer le fermier, en peuplant ses
étables d'animaux domestiques, est de pouvoir, tout en faisant produire les uns et en nourrissant les autres, arriver
à en tirer le plus de profit possible, soit qu'il les utilise
pour son service personnel, pour sa nourriture, soit comme
article de commerce : c'est ce que l'on appelle la *zootechnie
agricole*, mot sonore et ronflant qu'il est utile de consi-
gner ici.

Le profit que présente une ferme peut presque se calculer sur le nombre des bestiaux qu'elle contient, et qui sont
indispensables au cultivateur, pour obtenir les fumiers et
engrais nécessaires à la fertilisation de ses terres; pourvu
toutefois que les têtes de bétail n'excèdent pas les besoins,
les exigences et l'étendue des terres à cultiver.

Parmi les animaux d'une ferme, il est une distinction à
établir entre ceux qui, comme le cheval, le bœuf, le mulet
et l'âne, secondent les efforts de l'homme, partagent son
labeur, ce sont les *animaux de travail*, et ceux qui, de
même que le bœuf, le taureau, les vaches, le mouton, le
cochon, etc., et tous les autres petits animaux de la basse-
cour, ne fournissant aucun travail, prennent le nom d'*ani-*

maux de rapport, parce qu'ils apportent à la ferme non seulement leur fumier, leurs produits bruts ou travaillés, le lait, le beurre, le fromage, la viande, la laine, les œufs, etc., mais encore un excédent de profit par leur vente elle-même, après avoir été suffisamment engraissés.

Cette distinction établie, le cultivateur a donc tout intérêt à faire l'acquisition de bêtes de choix, d'espèces pures de race, pour peupler ses écuries et ses étables, car de la qualité des uns et des autres dépendent les avantages rémunérateurs de la ferme. Ces sujets sont également d'une vente plus facile lorsque l'on vient à s'en défaire, surtout s'ils ont été bien soignés.

Nous ferons remarquer toutefois qu'il faut apporter dans les achats, dans le choix des espèces et des races destinées à la reproduction, un esprit d'ordre et de méthode qui, sans cela, serait préjudiciable à ses intérêts, même en possédant les plus beaux sujets. Si, par exemple, dans une écurie ou une vacherie, composée d'animaux de petite taille, on introduisait des mâles d'une nature toute différente, c'est-à-dire grands et forts, dans l'espoir d'en obtenir de plus beaux produits, ce serait tout le contraire qui se produirait : l'accroissement disproportionné que prendrait le jeune sujet empêcherait sa mise bas, et, si elle réussissait, on n'aurait qu'un produit difforme et contrefait.

Il faut encore, avant de faire un achat, réfléchir si l'on est en mesure d'y faire face, une fois l'acquisition faite, non pas pour ce que coûtent les animaux par eux-mêmes, mais par rapport à l'abondance de nourriture qu'exige leur entretien, eu égard à l'importance de la ferme. Ce que nous disons ici pour les chevaux et les vaches s'applique également à tous les autres animaux.

Tel petit ménager, pouvant parfaitement se contenter d'un mulet ou d'un âne, aurait grand tort de se mettre en frais

pour l'achat d'un cheval qu'il serait forcé de nourrir fortement, quand il pourrait faire son travail avec un âne.

Les animaux destinés aux travaux pénibles, tels que les
labours et les charrois, etc., causent une forte dépense au
cultivateur, mais ils le dédommagent amplement par les services qu'ils lui rendent. Si l'on met en regard la somme du
travail qu'ils produisent, on peut l'évaluer, sans crainte de
se tromper, à la valeur d'environ vingt personnes.

On estime que le cheval, le bœuf et la vache, absorbent
annuellement le produit d'un hectare, et qu'ils rendent l'un
en travail, l'autre en lait, le double de ce qu'aurait rapporté
la vente de cet espace de terre cultivée en céréales.

Cheval. — De tous les animaux domestiques le cheval est
le plus parfait, le plus noble et le plus utile, celui qui rend le
plus de services au cultivateur : aussi intéresse-t-il tout
le monde.

Puissant et docile, il peut, s'il est bien entretenu, traîner
les plus lourds fardeaux. Il est regrettable, pour ne pas dire
honteux, de voir avec quelle coupable incurie quelques-uns
de ces nobles animaux sont traités et soignés par certains
petits cultivateurs, qui, ignorant même leurs propres intérêts,
les renferment, non dans des écuries, mais dans de véritables cloaques, bas de plafond, privés d'air et de lumière,
d'où s'échappent à chaque instant des odeurs nauséabondes
nuisant à la santé de l'animal et déterminant, par leur contact avec les autres, ces épidémies contagieuses décimant
si souvent les animaux des fermes les mieux tenues.

Il est temps qu'un semblable état de chose prenne fin : il
y va de l'intérêt général ; chacun, dans la mesure de ses
moyens, doit le combattre, et chercher à ouvrir les yeux aux
gens inconscients méconnaissant si sérieusement leur propre
intérêt au détriment de celui des autres.

Il n'est pas d'animal plus sujet aux maladies que le cheval, et il n'est pas de meilleur moyen de l'y soustraire que de lui procurer les soins et l'hygiène qui, pour lui, comme pour l'homme, sont nécessaires pour les éviter. Il ne faut pas surtout, lorsqu'il en est atteint, pour économiser quelques sous, le livrer aux connaissances bornées des maréchaux de campagne ou de ville; car l'empirisme a fait son temps. La crédulité, si souvent trompée par les fâcheux exemples qu'elle a donnés et donne encore de nos jours, doit disparaître une fois pour toutes devant la science et le progrès.

Nos villes et nos villages sont pourvus maintenant d'hommes capables, vétérinaires diplômés, qui sont là pour enrayer la maladie à son début et sauvegarder par là même l'intérêt du cultivateur... Qu'est-ce que le prix d'une visite en présence de la perte de toute une écurie, de tout un troupeau, faute d'avoir consulté un homme du métier ?...

Cependant, cela se voit encore tous les jours.

Si l'on veut que le cheval conserve la santé, pourquoi ne pas lui en procurer les moyens en le pourvoyant d'une écurie bien construite, éclairée et aérée convenablement, telle que nous l'avons décrite page 135.

Achat du cheval. — Le choix et l'achat d'un cheval ne sont pas les moindres soucis du cultivateur : il le veut bon, possédant les véritables qualités, répondant à l'usage auquel il le destine; mais ce choix est plus difficile à faire qu'on ne le pense; aussi est-il prudent, lorsque l'on ne s'y entend pas, de recourir au savoir d'hommes compétents et expérimentés, connaissant les ruses et les défauts qui accompagnent souvent le trafic.

Il est cependant certaines gens, souvent peu instruits, qui possèdent une intuition naturelle leur permettant d'apprécier à première vue ce qu'est un cheval; ils sont rares ceux-là; car il y a tant de choses à observer et à connaître, que l'on pourrait prendre pour des défauts ou des qualités certaines particularités de races qui, réunies dans un sujet, ne seraient nullement propres pour le service auquel on le destine.

Le cheval de trait est celui qui convient le mieux au cultivateur. Cette espèce se divise en trois catégories, savoir : le cheval de *gros trait*, celui de *moyen trait*, celui de *trait léger*.

Le cultivateur a avantage à employer celui de moyen trait, comme se prêtant le mieux aux charriages et aux

Fig. 185.

labours. Ces chevaux se rencontrent plus particulièrement dans les races boulonnaises, flamandes (fig. 185), poitevines, bretonnes, percheronnes.

Le cheval de trait, dont le boulonnais et le percheron sont les plus beaux types, a la tête un peu forte, l'encolure ramassée, il est pourvu d'une épaisse crinière. Le garrot est saillant; le dos et les reins courts, larges et bien musclés; les épaules charnues, la croupe double, le poitrail large, la peau d'une certaine épaisseur, abondamment recouverte de poils. Son tempérament est plutôt lymphatique que sanguin.

Ceci dit, passons en revue toutes les conditions que l'on doit rechercher dans l'achat d'un cheval.

Avant de rien entreprendre, il faut posséder assez d'empire sur soi-même pour ne laisser percer aucun de ses desseins, aucune de ses impressions. *Laisser tout dire et tout faire*, telle doit être la devise de l'acheteur. Tous les agissements des marchands et des compères ne doivent point le préoccuper, sauf le prix, car il n'est pas rare, pour dissimuler un vice de conformation, que le marchand lui-même annonce de suite un défaut insignifiant, pour détourner l'attention de l'acheteur; aussi faut-il se méfier de cette sincérité factice.

Visite à l'écurie. — Entrant dans l'écurie du marchand, ne soyez pas surpris de l'attitude fière et surexcitée des chevaux, et du brillant éclat de leurs yeux : tout cela provient des raclées de coups de fouet que leur administrent les garçons d'écurie lorsqu'ils y rentrent seuls. Les chevaux en attendent toujours de nouvelles et se tiennent sur le qui vive, voilà tout !

La taille du cheval ne peut s'y juger, trompé que l'on est par la pente donnée à l'écurie et qui fait paraître l'animal beaucoup plus grand qu'il n'est réellement. Au moment où le cheval en sort, c'est là qu'il faut ouvrir l'œil et s'assurer que, tout en caressant la queue, le palefrenier n'a pas introduit quelque chose dans l'anus pour la faire tenir haute, signe distinctif d'énergie chez un cheval.

EXAMEN DE LA TÊTE.

1° **La vue**. — Avant de quitter l'écurie, on passera en revue les yeux, entre l'obscurité relative et le grand jour, lorsque l'animal est à son passage sous la porte, pour s'assurer qu'ils sont bons, ce dont on s'aperçoit à la limpidité des humeurs renfermées dans l'œil et à la mobilité de la pupille qui, au contact du grand jour, subit un rétrécissement, que l'animal bouge ou cligne l'œil et en passant vivement la main devant lui. Si les yeux sont grands et bien ouverts, le regard franc, la vue nette, le cheval doit avoir bon caractère; si au contraire le regard est incertain et craintif, on peut le considérer comme peureux et ombrageux. Les naseaux bien ouverts dénotent la régularité et le bon fonctionnement des voies respiratoires. Les lèvres fermes sont d'un bon augure, celles pendantes et flasques dénotent un sujet épuisé et usé. Si la lèvre inférieure et la langue sont pendantes et molles, c'est un signe de vieillesse, de même que la présence de poils blancs dans les sourcils.

2° Les **oreilles** donnent également lieu à certaines observations relatives au caractère du cheval; aussi il est bon de ne pas oublier de vérifier leurs dispositions, car toutes les remarques se contrôlent mutuellement. Des oreilles d'une longueur démesurée, très mobiles, sont un indice de mauvais caractère; de même que lorsqu'elles sont couchées en avant elles annoncent un animal ombrageux; rejetées en arrière, il est méchant; portées en avant, l'une après l'autre, on peut en conclure que la vue est mauvaise ou que le caractère est capricieux. Si elles se dirigent alternativement du côté où vient le bruit, sans aucune précipitation, on se trouve en présence d'un animal intelligent.

3° La bouche. — **L'âge du cheval** se reconnaît ordinairement à l'examen des dents incisives; mais bien que les caractères qu'elles présentent soient un guide sûr pour un œil exercé, elles donnent lieu aux ruses et aux fourberies des maquignons.

Pour bien se rendre compte du travail qui s'opère dans l'évolution et l'usure de la dent du cheval suivant son âge, il nous semble utile de faire connaître la constitution d'une dent prise isolément.

Sa forme (fig. 187), relevée sur une incisive, est celle d'un cône, dont la partie intérieure (fig. 186) contient un cornet externe B et un cornet interne D, dont le cul-de-sac interne se trouve placé à la partie C. Au fur et à mesure que le cheval avance en âge, la partie supérieure de la dent, que l'on appelle le cornet dentaire externe, s'use et diminue en largeur et en profondeur, de sorte qu'arrivé à l'âge de sept ans, toutes les dents arrivent à l'arasement; c'est-à-dire qu'elles sont usées jusqu'au cul-de-sac du cornet externe.

Ce n'est qu'à l'âge de huit ans, que commence à apparaître, sur les dents incisives, le cul-de-sac du cornet interne, et qu'il se découvre entièrement sur toutes les autres à l'âge de neuf ans.

La bouche du cheval se compose de deux mâchoires, l'une supérieure, l'autre inférieure; dans chacune on rencontre les dents de deux ordres : les incisives qui servent à appréhender les aliments, et les mâchelières qui servent à les broyer; les premières occupent l'entrée de la bouche. Elles sont au nombre de six et dénommées, savoir : deux incisives, placées sur le milieu, que l'on nomme *pinces*; deux incisives ou mitoyennes, une de chaque côté; puis, dans le même ordre, deux latérales ou coins : enfin viennent les crochets, dont, ordinairement, les juments sont dépourvues.

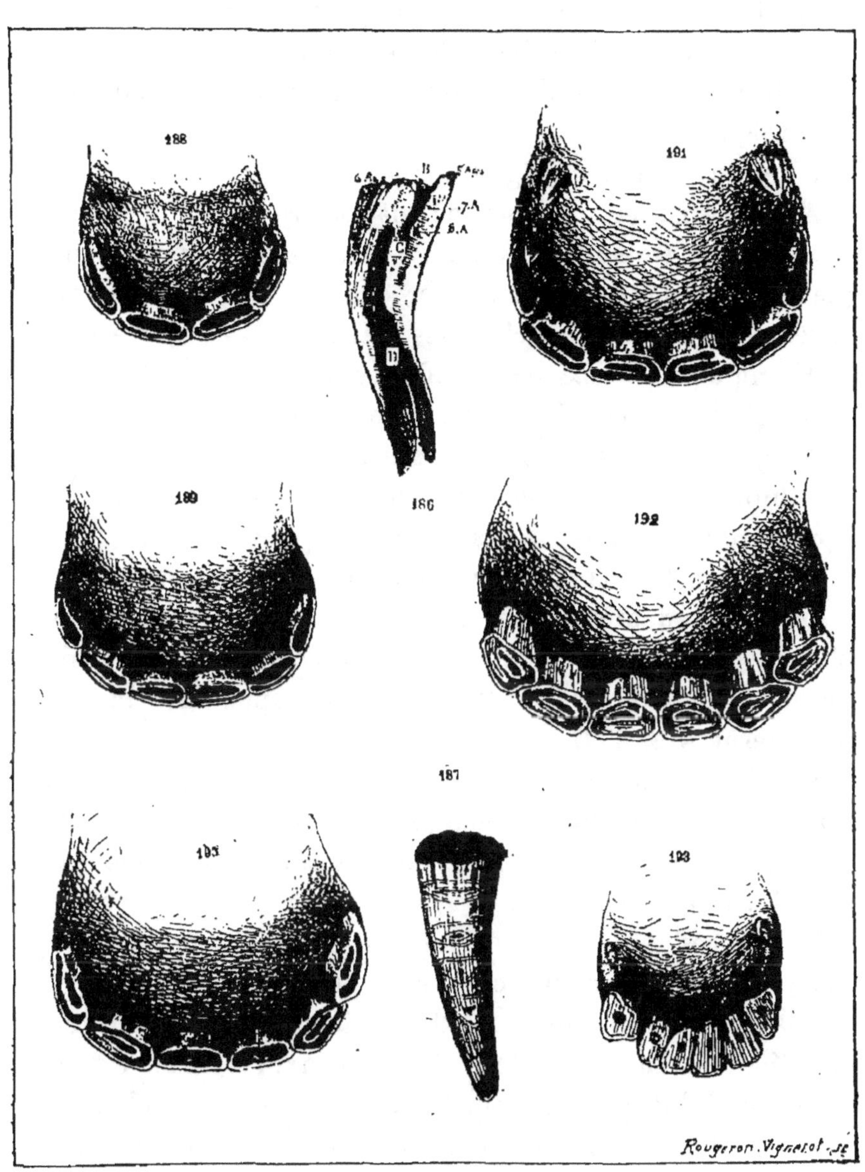

Fig. 186 à 193.

Sur les dents incisives seules on peut se livrer à un examen pour reconnaître l'âge d'un cheval.

A trois mois le poulain possède déjà quatre dents de lait (fig. 188);

A un an, il en a six (fig. 189);

A deux ans, les six dents de lait sont rasées;

De deux à trois ans, les deux pinces tombent pour faire place à deux autres persistantes; de trois à quatre, les mitoyennes et de quatre à cinq, les coins;

A cinq ans, il a six dents d'adultes (fig. 190);

A six ans, s'opère le rasement des coins;

A sept ans, toutes les dents sont rasées;

A huit ans, commence à se faire sentir le cul-de-sac du cornet interne sur les dents du milieu;

A neuf ans, le cornet apparaît sur toutes les dents (fig. 191);

De dix à quatorze ans, se montre successivement sur chacune d'elles l'étoile dentaire, point coloré en brun clair qui n'est que l'apparition de plus en plus apparente du cornet interne (fig. 192).

De dix-huit à vingt ans, la dent, au fur et à mesure de son usure, d'ovale qu'elle était primitivement, devient triangulaire d'abord pour s'aplatir sur les côtés dans l'âge caduc (fig. 193).

Malgré ces données, qui semblent précises, il faut encore se mettre en garde contre certains exploiteurs.

Ruses des maquignons. — Il semblerait qu'en matière de dentition, surtout pour celle des chevaux, l'art n'ait rien à faire, qu'il dût y rester complètement étranger; il n'en est rien cependant. Nos maquignons modernes en apprendraient long sur ce sujet, à notre ami Paul Eudel, le savant auteur du truquage et de la curiosité, à l'hôtel Drouot.

Lorsque l'appât du gain stimule l'homme, il le pousse, par des voies détournées, aux actions les plus viles, ingénicuses parfois, pour arriver à la fraude. La ruse intervient et prête, trop souvent, hélas! son concours à d'habiles trafiquants dont le talent pervers se fait sciemment le complice du vol, aidant par leur concours à tromper l'acheteur sur la marchandise qu'on lui offre, en procédant à des modifications aussi malhonnêtes qu'adroites, ayant pour but de vieillir ou de rajeunir l'animal suivant les besoins de la marchandise mise en vente. C'est ainsi que se pratique le vieillissement du trop jeune cheval, qui, plus il avance en âge et marche vers la plénitude de toutes ses facultés, atteint des prix plus rémunérateurs. Certains éleveurs, peu scrupuleux, nous ne citerons aucun pays, ont l'habitude, pour vieillir d'un an les jeunes chevaux, de leur arracher les dents de lait, afin de laisser croire qu'elles sont tombées naturellement, ce qui rapproche le sujet de l'âge de quatre ans : c'est ce qu'on appelle avancer l'âge — on facilite quelque peu par ce procédé la sortie des dents persistantes. Ils procèdent de même en ce qui concerne les dents caduques, pour qu'il en marque cinq. Mais l'art, docile à la main de l'homme, ne se fait pas entièrement son complice : il ne peut, malgré l'adresse que déploie celui qui l'expérimente, arriver à la perfection de la nature : l'œil exercé reconnaît vite la fraude en examinant l'usure des *pinces,* dont la fraîcheur et le bon état ne sont pas en rapport avec le reste; puis par l'inflammation et l'irrégularité de la cicatrice produite par cet arrachage prématuré, qui achève de démasquer la fraude.

Un autre témoin accusateur vient encore dénoncer la manœuvre, ce sont les dents similaires restées à la mâchoire supérieure, que l'opérateur a négligé d'enlever, persuadé que l'examen de la dentition ne portera que sur la mâchoire inférieure, ce qui est l'habitude.

Pour le rajeunissement du cheval on procède autrement: Comme après huit ans toutes les dents sont rasées, on rétablit artificiellement le cornet dentaire au moyen d'un creusement au burin. Il y a, c'est honteux de l'avouer pour l'art, des spécialistes qui excellent dans ce genre de gravure et sont de véritables artistes. Après avoir creusé et élargi le cornet dentaire, ils le noircissent intérieurement pour obtenir l'aspect d'une mâchoire de sept ans, mais la nature prévoyante, plus honnête qu'eux, révèle de suite la fourberie par l'absence de l'émail dentaire formant un ourlet intérieur saillant, existant toujours au rebord du cornet dentaire. Si cette particularité passait inaperçue, la forme de la table de la dent, qui passé neuf ans, est devenue arrondie au lieu d'oblongue, serait là pour indiquer le moyen frauduleux employé.

Un dernier indice, plus concluant encore que les deux ci-dessus, consiste dans le refus presque complet qu'oppose le cheval à se laisser explorer la bouche, redoutant que la même opération ne recommence. La dernière marque caractéristique permettant encore de reconnaître un vieux cheval d'un jeune est, chez ceux de couleur foncée, la présence de poils blancs sur les sourcils, ainsi que le creux prononcé des salières.

Avertis sur ce point, acheteurs, ouvrez l'œil ! Divulguez hardiment la fraude lorsque vous vous en apercevez, pour démasquer le marchand assez peu consciencieux pour se servir de semblables procédés.

Mise en place. — L'âge reconnu on procède à la présentation ou mise en place du sujet. S'éloignant alors de quelques mètres du cheval on l'examine sur toutes ses faces, dans toutes ses positions, pour savoir s'il se pose d'aplomb (fig. 194) et si son ensemble est bien proportionné.

L'aplomb normal des jambes de devant doit suivre la direction indiquée par la verticale (fig. 194) A, représenté par la ligne pointillée 2. Si le sabot dépasse cette ligne, comme dans la figure B, le cheval est dit porté sur lui, si au contraire il s'en éloigne par trop il est alors porté sous lui (fig. C).

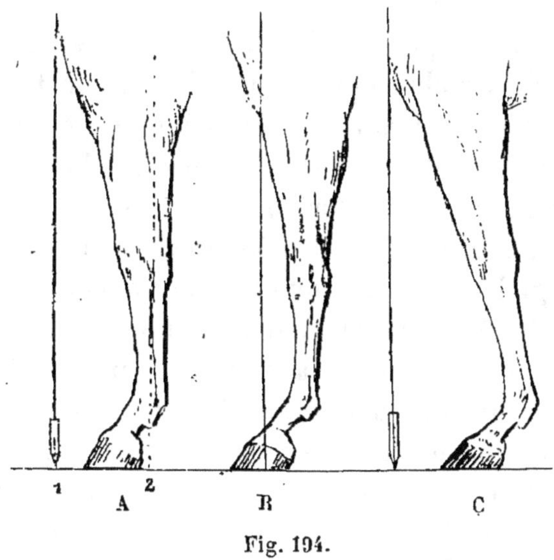

Fig. 194.

Encolure. — Dans les chevaux, les encolures courtes et épaisses sont le propre de beaucoup de races de gros trait. Les ganaches doivent être larges pour loger facilement le larynx, ce qui donne de la facilité dans les mouvements de la tête et de l'encolure. Une pression de la gorge faisant tousser le cheval permet d'apprécier la poitrine : si la toux est sonore et vibrante, elle indique la santé ; si au contraire elle est faible, avortée et sifflante, il y a prédisposition à la *pousse*.

Garrot. — Contrairement aux chevaux de selle, les chevaux de trait ont le garrot épais et bas.

Reins. — L'exploration du dos et des reins sert à se rendre compte de la force de l'animal. Il faut qu'ils soient courts et larges ; une pincée faite avec l'extrémité des doigts doit procurer un léger affaissement de la colonne vertébrale, ce qui est un signe évident de bonne santé ; s'il se produit un mouvement brusque et fortement accentué, avec flexion des membres inférieurs, on a devant soi un animal faible ou souffrant des reins.

Queue. — Cet appendice du cheval est sujet quelquefois à un genre de fraudes dont il est facile de constater l'existence, soit en l'examinant de près, soit en tirant dessus.

Lorsqu'en voulant soulever la queue d'un cheval il oppose de la résistance et la tient fortement collée contre les fesses, on peut en conclure qu'il a de l'énergie ; si au contraire elle est molle, qu'il se la laisse soulever sans aucune résistance, c'est que lui-même est naturellement mou.

L'anus, chez le jeune cheval en bonne santé, est fortement serré, bien couronné, tandis que chez le vieux cheval, il est flasque et renfoncé. En examinant les chevaux blancs il faut voir s'il ne se trouve pas des traces de tumeurs à la queue, elles sont incurables et ne font qu'accroître avec les années. Ce serait donc faire une mauvaise affaire que de se rendre acquéreur de chevaux atteints de cette infirmité.

Ventre. — Cette partie, dans le cheval de trait, sans être exagérée, est généralement pleine, sans pour cela être volumineuse.

Poitrail. — Plus le poitrail présente de largeur, plus le cheval résiste à la fatigue ; plus il est étroit, plus sa respiration est courte, à moins que l'étroitesse ne soit compensée par la hauteur. Les traces de sétons indiquent une ancienne maladie de poitrine.

Extrémités. — Si la finesse des articulations est une qualité fort appréciée chez les chevaux de selle, il n'en est pas de même pour les chevaux de trait ; elles doivent au contraire présenter de la solidité et de l'ampleur.

En passant les mains le long des jambes on cherchera à se rendre compte si elles ne recèlent pas d'effort de *tendons ;* s'il n'existe pas de *mollettes* autour des boulets (fig. 195, D), de *formes* autour des paturons ; de *suros* le long des canons.

Le sabot enfin sera haut, lisse et régulier de corne, ni plat, ni comble. Un léger coup sur le sabot, ne provoquant aucun mouvement de sensibilité, indique un pied sain, ce qui est indispensable, car, comme dit le proverbe : *Pas de pied, pas de cheval.* La docilité avec laquelle l'animal se prête à la vérification du sabot est aussi un indice de son caractère.

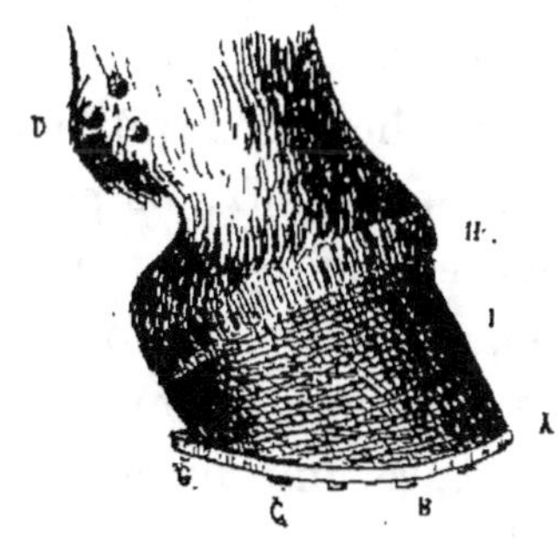

Fig. 195.

Remontant aux genoux, il faut s'assurer si le cheval n'a pas été couronné, et si, pour dissimuler cet accident, on ne s'est pas servi de quelque artifice particulier, car le couronnement est un signe de faiblesse des membres antérieurs. Serait-il accidentel, il entraîne toujours une grande dépréciation sur la valeur de l'animal. Les genoux doivent être secs, accusés régulièrement dans leurs saillies osseuses, puis symétriques de chaque côté.

Le jarret doit être exempt de *jardes* et de *capelets*, et surtout de jardons et de tumeurs synoviales.

Il ne reste plus maintenant, pour achever de juger l'animal, qu'à vérifier ses allures, au pas, au trot, au galop. Dans cette épreuve finale, il doit constamment porter la tête haute, la croupe ferme, avoir des mouvements d'épaule souples et dégagés, des battues uniformes. On le fait ensuite reculer pour s'assurer qu'il se prête facilement et de bonne grâce à ce mouvement. Enfin, ramené au lieu de départ, on explore le flanc pour établir l'état de l'haleine. Un peu d'avoine présentée au cheval, à son retour à l'écurie, montre s'il a de l'appétit ; en s'approchant de lui lorsqu'il mange, on sait s'il a le vice de mordre, ou de ruer.

La couleur de la robe varie à l'infini et prend une foule de noms particuliers suivant les nuances et les taches qui l'accompagnent; elle n'est pas toujours indifférente à la qualité de l'animal.

Les chevaux bruns sont généralement les plus vifs et les plus courageux, ils possèdent plus de fond. Ceux dont la robe est noire ont quelquefois le caractère sombre et ombrageux. Les alezans ont de l'ardeur, du feu, mais ils sont d'un caractère emporté et colère. Les chevaux blancs, au contraire, ont un tempérament calme et doux.

Après ces épreuves, plus longues à décrire théoriquement qu'à mettre en pratique, on conclut oui ou non le marché; s'il se fait, le prix débattu et arrêté, on passe un écrit dans lequel on établit ses réserves, stipulant ce dont on a pu s'assurer d'une manière positive.

La loi secondant la bonne foi de l'acheteur, a établi en sa faveur certains cas particuliers dénommés *vices rédhibitoires* (1) qui, en cas d'existence constatée sur la chose vendue, sont de nature à faire annuler la vente. Ces cas, pour le cheval, l'âne ou le mulet sont les suivants : la fluxion périodique des yeux, la morve, le farcin, l'immobilité, l'emphysème pulmonaire, le cornage chronique, le tic avec ou sans usure des dents, les boiteries anciennes intermittentes.

Nourriture du cheval. — Un animal, quel qu'il soit, cheval, bœuf, âne ou mulet, susceptible de fournir toute la somme de travail qu'on est en droit d'en attendre et d'exiger de lui, a besoin de force et de résistance : cette force et cette résistance, il les trouve dans la nourriture saine, abondante et régulière qu'on lui donne. La base de l'alimentation des animaux de trait est l'herbe de prairies à l'état

(1) Loi de 1884.

vert, le foin, qui n'est autre que l'herbe séchée, et les fourrages artificiels, ainsi que les graines fourragères et la paille.

Le foin et l'avoine forment la base essentielle de l'alimentation des chevaux; on y adjoint, comme complément et pour varier la nourriture, les autres substances alimentaires que nous venons d'énumérer.

Foin. — Tous les foins ne possèdent pas les mêmes qualités nutritives; il existe une différence bien marquée entre eux. Le foin récolté dans les prairies naturelles, c'est-à-dire le foin des graminées, est de tous le meilleur, le plus riche, et le plus succulent; il perd, en séchant, les trois quarts de son poids.

Le foin récolté dans les prairies artificielles, c'est-à-dire dans celles créées par la main de l'homme, se compose de variétés cultivées, telles que trèfle, luzerne, sainfoin, etc. Bien récolté, il est nutritif, leste suffisamment l'estomac, bien que contenant moins de principes aromatiques et stimulants. Donné avec discernement, il entretient la santé des animaux et l'intégrité des fonctions digestives. Il en est de même du foin artificiel qu'il convient d'alterner ou de mélanger au fourrage naturel. Le foin nouveau est plus nutritif que celui qui est desséché.

Le bon foin doit posséder une odeur aromatique prononcée; son goût doit être agréable et légèrement sucré. Aussitôt que le foin sent le moisi, il faut le rejeter comme nuisible à la santé des animaux, et quoi qu'on fasse, pour lui redonner de l'odeur et du goût, il n'en contiendra pas moins les germes dangereux de la moisissure.

Avoine. — Il y a trois sortes d'avoines pouvant s'employer pour la nourriture du cheval : la blanche, la grise et la noire. La meilleure n'est pas toujours la plus lourde, le poids peut provenir de l'épaisseur de l'enveloppe et non de

la quantité de farine; c'est le volume de l'amande décorti-
quée qui donne la mesure.

Il faut donc rechercher celle dont l'écorce est mince et
lisse, le grain bien rempli, glissant aisément entre les doigts
et ayant, en le croquant, une légère saveur de noisette.

L'avoine blanche contient moins de principes excitants
que la noire; elle est tout aussi nourrissante. L'avoine est
deux fois plus nutritive que le foin, mais elle ne saurait
constituer à elle seule l'alimentation du cheval, étant trop
échauffante.

L'avoine devient nuisible aux animaux lorsqu'elle contient trop de graviers, de plâtras et de terre; lorsqu'elle est
moisie ou altérée par un commencement de germination;
que les chats y ont déposé leurs excréments et que les souris, non contentes d'en avoir vidé ou grignoté les graines y
ont laissées par leurs excréments les traces de leur passage.
Lorsque l'on achète, il faut donc voir et sentir.

La **paille** est la tige provenant des graminées telles que le
blé, le seigle, l'orge, l'avoine. Celle du blé est un complément
dans l'alimentation du cheval, comme appoint et comme dis-
traction; ce qui en reste sert comme litière. Un cheval mangeant de la paille sera un bon cheval, s'il faut en croire le dic-
ton, car on dit : *cheval de paille, cheval de bataille ! cheval de
foin, cheval de rien!* ce qu'il y a de certain, c'est que le
cheval qui aime la paille prouve un bon appétit, mais foin
et paille ne doivent pas constituer un régime exclusif.

La paille mouillée est mauvaise : elle l'est encore étant
trop vieille, ou lorsqu'elle contient de mauvaises herbes;
qu'il s'y est formé du rouge, espèce de végétation microscopique, très nuisible à la santé des animaux.

Le **son**, produit par l'écorce du grain de blé, séparé de la
farine par la mouture et le blutage, est par lui-même un
aliment peu nutritif, ne possédant de principe succulent

que par le peu de farine qu'il retient ; ce qui est insignifiant aujourd'hui, avec les procédés perfectionnés de mouture que l'on possède. On est donc forcé, pour le rendre assimilable, d'y ajouter de la farine d'orge. On l'emploie uni à l'eau plutôt comme barbotage, pour le cheval, que comme nourriture.

Le son farineux se reconnaît à la poussière blanche qu'il laisse sur la main lorsqu'on l'y enfonce. Plus elle ressort blanche, plus il contient de farine. Il constitue néanmoins une bonne variante dans le régime.

La **carotte**, très rafraîchissante dit-on, ne peut être employée seule et constituer une nourriture, ce n'est qu'un appoint apporté à l'ordinaire, comme le sont les féveroles et les autres graminées. On doit la couper par morceaux assez menus ; il est utile de concasser, de broyer ou d'aplatir les graines, pour les vieux chevaux dont les dents usées ne réduisent plus bien les substances.

ORDINAIRE DU CHEVAL DE TRAVAIL.

Dans certaines fermes où le cheval, en raison du travail qu'on lui impose, a besoin d'être soutenu, l'alimentation se compose, à chaque repas, et pour chaque cheval, du mélange suivant.

Avoine : au moins 6 kilos ; paille : 5 kilos ; foin ou fourrage : 5 kilos ; son ou carottes : une fois par semaine, dans des proportions variables. Cette ration devra être augmentée d'un tiers au moins suivant le travail.

Repas. — Le nombre des repas est de trois par jour, à des heures bien réglées, le matin, en été, avant le travail ; à midi, et le soir, une fois la journée terminée : ce dernier repas doit être le plus substantiel. Le repas du matin a lieu trois heures au moins avant le travail. Lorsque les jours sont devenus courts, le premier repas se fait plus tard ; mais pour que le cheval ne sorte pas à jeun, on lui donne de bonne heure les trois quarts de son foin, et l'avoine avant le départ. Pour le cheval qui travaille, l'avoine est de rigueur à chaque repas, mais on ne la lui sert qu'après avoir bu.

Boisson. — En été le cheval peut, sans aucun inconvénient, boire deux ou trois fois par jour ; en hiver une seule fois lui suffit. Il faut éviter que l'eau soit froide, glaciale, même en été ; pour cela, on la sort du puits au moins une heure avant la rentrée à l'écurie ; déposée là, elle ne tarde pas à prendre sa température.

Température. — On ne laissera boire le cheval que s'il est bien ressuyé et n'est plus en sueur, on évitera qu'il boive à jeun, ou avec l'estomac trop rempli. Il est préférable de le faire boire en plusieurs fois plutôt que d'un seul trait, surtout s'il est à jeun ou après un travail pénible.

DES SOINS A DONNER AU CHEVAL.

Les soins, la propreté et l'entretien sont, pour l'animal, comme ils le sont pour l'homme, une des principales conditions de son hygiène ; sa santé réside dans leur application constante et journalière.

Il est donc nécessaire, pour qu'un cheval se porte bien, de l'étriller, *de le brosser* tous les jours ; de laver, peigner la crinière et la queue de temps en temps pour éviter que la vermine ne s'en empare, de le tondre, même lorsque le poil d'hiver a fait sa pousse et qu'il est trop abondant, afin d'empêcher que l'excès de sueur qu'il provoque ne devienne une cause de refroidissement ou une diminution de sa vigueur et de son appétit.

Dans la tonte des chevaux de labour et de trait on conserve le poil du paturon pour éviter les crevasses. Un lavage à l'eau et au savon, ainsi qu'un bouchonnage vigoureux, sont le complément indispensable de cette toilette.

Le **pansage** quotidien, c'est la propreté du cheval; il a pour but de débarrasser la peau des corps étrangers, poussière, crasse ou crottes, qui s'y forment ou s'y fixent, et empêchent la transpiration de s'accomplir régulièrement en venant s'opposer au rejet de certaines sécrétions devenues nuisibles et qui ont besoin d'être éliminées par évaporation. Le pansage se fait, lorsque le temps le permet, hors de l'écurie, le cheval attaché simplement à un anneau.

L'étrille ne sert que pour enlever la crasse fixée sur la peau à la base des poils. Elle ne doit pas s'employer pour la tête, les hanches, l'épine dorsale, le fourreau, les mamelles, la face interne des cuisses, les avant-bras et les parties inférieures des membres, pour lesquels est exclusivement réservé l'usage de la brosse.

Il nous semble inutile de décrire ici la manière de s'y prendre pour étriller un cheval, elle est connue de tous ceux auxquels ce soin est confié. Une chose sur laquelle nous devons attirer l'attention, que l'on néglige souvent, par ignorance ou par paresse, ce sont les petits soins accessoires, tels que passer la brosse légèrement mouillée sur le toupet, la crinière et la queue avant de l'avoir peignée ; de laver à l'éponge humide les naseaux, les yeux, le fourreau et l'anus du cheval, de graisser les pieds, tout en examinant l'état de la ferrure, soins que nous ne rappelons ici que pour les remettre en mémoire.

Retour à l'écurie. — Un cheval ne doit jamais rentrer à l'écurie étant en sueur. On évite cela en ralentissant un peu le travail ou son allure au fur et à mesure que l'on se rapproche du point d'arrivée. Les harnais s'enlèvent avant de rentrer dans l'écurie, et ce n'est qu'après en avoir débarrassé le cheval qu'il doit y pénétrer. On s'empare alors d'un bou-.

chon de paille pris à la litière et l'on en frotte vigoureusement l'encolure, la poitrine, le ventre, les flancs, puis on
place sur le dos quelques brins de paille que l'on recouvre
d'une couverture; cela s'appelle *bouchonner* le cheval.

On ne se sert du couteau de chaleur, longue lame d'acier
flexible, que pour enlever la sueur, lorsque le poil est long.
Son usage est presque inconnu dans les fermes, et ne sert
que dans les grandes écuries de luxe.

Bains. — Le bain est pour le cheval, comme il l'est pour
l'homme, un puissant moyen d'hygiène, lorsqu'il est pris
dans des conditions favorables, c'est-à-dire l'été, quand l'eau
est à une température convenable, ni glaciale ni froide, et
que le sujet lui-même n'est pas en sueur. Après un travail
pénible et fatigant, le bain délasse et rafraîchit le corps; il
tonifie les membres et les articulations inférieures.

Au sortir du bain le cheval sera bien bouchonné et enve-
loppé dans une bonne couverture, le mettant à l'abri des
courants d'air de l'écurie. Tous ces soins peuvent paraître
superflus ou exagérés aux personnes étrangères à la vie des
animaux, mais de leur stricte application dépendent l'ardeur
et la santé.

Si le chien est l'ami de l'homme et du cheval, le cheval
lui aussi est l'ami de l'homme; il n'est pas insensible aux
soins que celui-ci lui prodigue : il s'attache à celui qui le panse,
lui donne sa nourriture, lui prépare sa litière. Si ses caresses
ne sont pas apparentes (elles seraient du reste trop rustiques eu égard à sa force), il sait par sa docilité, son obéissance au commandement de son maître, prouver qu'il en
apprécie l'importance. Que d'exemples nous pourrions citer
de l'attachement du cheval envers celui qui lui prodigue
ses soins.

DES ACCIDENTS PRODUITS PAR LE FERRAGE.

Le fer est la chaussure du cheval, chaussure que lui nécessite le terrain sur lequel il marche, et la marche forcée qu'on lui impose. Au maréchal incombe la tâche de le mettre en place, mais pour le poser il nécessite toute une série d'opérations qui, plus ou moins habilement exécutées, peuvent occasionner au cheval certains accidents du pied, le faisant boiter par la suite ou lui causant de véritables maladies du sabot, ce qui est alors fort grave.

La **brûlure de la sole** provient de la présentation trop prolongée du fer rouge sur le sabot au moment où on l'applique sur le pied. Sur l'instant on ne s'aperçoit de rien, mais le lendemain le cheval boite, il faut alors le déferrer. Le mal apparaît sous forme de rougeur, avec suintement séreux. Quelques jours de repos suffisent pour guérir ce genre de blessure, lorsque le contact du fer chaud n'a pas été prolongé outre mesure.

La **piqûre** est due au clou servant à fixer le fer au sabot : elle se produit par une mauvaise direction donnée ou prise par le clou, par sa déviation ou sa division dans la corne, si le fer employé à la confection du clou est de nature pailleuse, ou si le clou, au lieu de sortir en dehors de la corne, attrape en passant des parties vives. La douleur qu'en éprouve le cheval, les mouvements désordonnés auxquels il se livre, font de suite reconnaître à l'ouvrier la cause du mal; il n'a, dans cette circonstance, qu'à l'enlever tout de suite en s'abstenant d'en replacer un dans cet endroit. Si le fait passe inaperçu, le cheval boite au bout de quelques jours, il se forme alors un abcès sous-corné qu'il est important de soigner le plus vite possible.

Le plus habile ouvrier peut, sans que cela provienne de

sa faute, piquer un cheval, cela dépend quelquefois comme nous venons de le dire, de la qualité du fer employé dans la confection du clou ou des mouvements du cheval.

Le **pied-serré** est un clou portant entre la corne et la partie vive ; il fait boiter le cheval. On y remédie en enlevant ce clou, le cheval alors cesse de boiter.

Le **clou de rue** n'est autre chose qu'un clou ou autre objet pointu que le cheval attrape en marchant, qui se fixe dans la corne et le fait boiter.

Cet accident est parfois fort grave, surtout lorsque le clou de rue est pénétrant. Dans ce cas il n'y a pas à hésiter, les soins du vétérinaire sont indispensables. Le trop grand amincissement de la sole, par le parage, prédispose le pied aux blessures du clou de rue et autres.

Ferrure à glace en temps de neige. — La neige, on le sait, se botte aux pieds des chevaux avec une extrême facilité et leur occasionne des glissades ou des chutes parfois dangereuses. Il est un moyen bien simple d'éviter la formation de ces bottes en faisant ajuster au pied du cheval une plaque de cuir (bonne ou mauvaise, peu importe) se maintenant sous le sabot par les clous du fer. On l'huile ou on la goudronne le plus fortement possible, et la neige, n'adhérant pas à l'huile, ne se pelote plus sous les pieds du cheval.

ÉLEVAGE.

L'élevage est pour le cultivateur une source de profits ; mais il ne peut se faire avec avantage et chance de succès que dans les pays d'herbage. Un éleveur bien entendu s'arrange toujours de manière à faire naître le poulain vers le printemps, au moment où les pâturages se couvrent d'une nouvelle herbe, car le poulain, quelque temps après sa naissance, réclame impérieusement l'herbe tendre de la pâture.

Pour ce mode d'élevage, il faut écuries ou hangars, attenant aux pâtures, suffisamment grandes pour que la poulinière et sa progéniture s'y trouvent à l'aise lors du mauvais temps; des râteliers et mangeoires d'inégales hauteurs y sont installés dans les coins, un pour la mère, les autres, placés plus bas, pour les poulains.

Fig. 196.

Le choix des sujets destinés à la reproduction est d'une grande importance pour la valeur des produits que l'on en attend : c'est une grave erreur de croire qu'une bête vieille et fatiguée puisse donner de beaux produits, quand bien même elle serait d'excellente race. Il est indispensable que les deux producteurs soient bien constitués et en parfaite santé. La jument devra même être un peu. plus grande que l'étalon et n'avoir pas moins de trois à quatre ans.

Généralement le poulain tient du père du côté de la tête et des jambes, pour le reste du corps il ressemble à la mère.

L'État, par l'intermédiaire des haras, entretient des étalons de choix, dont, moyennant une certaine redevance, il met les services à la disposition des cultivateurs : on n'a pour cela qu'à s'adresser aux dépôts ou stations établis dans les villes, et là, des palefreniers compétents, en voyant l'animal qu'on leur présente, et que l'on désire faire saillir, donnent tous les renseignements nécessaires ; ils indiquent même le genre et la race d'étalon pouvant convenir à l'animal. Le prix de la monte est exigible à la première saillie ; elle peut être renouvelée deux ou trois fois, si besoin est, à quelques jours d'intervalle et sans aucuns frais. Outre les étalons des haras, il y a aussi des propriétaires qui font parcourir les villes avec des étalons approuvés ou autorisés. Du reste tous les étalons livrés au public sont contrôlés et marqués à l'encolure.

L'époque de la monte commence en décembre pour se terminer en juin. Avant de présenter une jument à l'étalon, il est prudent de la faire déferrer des pieds de derrière, afin d'éviter les suites de coups de pied. Pour les juments difficiles, si l'on craint quelque accident, on les entrave. C'est l'affaire de l'étalonnier qui doit mettre son cheval à l'abri de tout danger.

GESTATION ET MISE BAS.

Le fait de l'accouplement des animaux ne produit pas toujours de résultats, tous ne sont pas féconds. On compte environ 50 naissances sur 100 saillies. On ne peut guère s'apercevoir qu'une jument est pleine avant le cinquième mois de la conception ; il se produit parfois des mouvements saccadés dans la région des flancs de la mère, qui l'indiquent, surtout lorsqu'elle boit : ces secousses sont occasionnées par la sensation du froid qu'éprouve le jeune sujet. Ce n'est qu'à partir du septième mois qu'il faut modérer le travail de la jument et la ménager, car elle commence à devenir lourde. Au huitième mois, on doit lui éviter tout travail fatigant, les mouvements brusques ou violents. Les chocs sont susceptibles de provoquer l'avortement.

Arrivée aux six dernières semaines de la grossesse, il faut cesser le travail et se contenter de la promener le plus souvent possible ou la mettre en liberté dans un box.

L'approche de la mise bas s'annonce par des gouttelettes de lait apparaissant à l'extrémité des mamelons ou par une humeur filante suintant de la vulve, 24 ou 48 heures avant la parturition : c'est alors que l'on procède au déferrage des pieds de derrière et qu'on installe la jument dans une écurie préparée à cet effet. Il n'y a plus qu'à attendre la venue du poulain, qui, quelques heures après sa naissance, recherchera sa mère et surtout sa mamelle.

On ne sera pas étonné des proportions que prend l'élevage, lorsque l'on saura que la statistique constate qu'il est abattu annuellement à la Villette, rien que pour Paris, 11 000 chevaux qu'il faut remplacer : annuellement quelle hécatombe, grand Dieu! On a bien raison de dire que Paris est l'enfer des chevaux.

Le **bœuf**, d'une nature courageuse et persévérante, rend d'immenses services au cultivateur, que celui-ci l'emploie au charriage ou aux labours (fig. 197). D'un tempérament plus calme que le cheval, il ne se fatigue pas aussi vite, ne se rebute devant aucun obstacle; sa force de traction paraît s'augmenter en raison même des difficultés à vaincre. On commence à le faire travailler dès l'âge de deux à trois ans jusqu'à huit ans, puis on l'engraisse comme viande pour la boucherie.

Le bœuf n'est pas insensible aux bons traitements; il se prend facilement d'amitié pour le maître qui sait lui épargner l'aiguillon. Une caresse agit plus sur lui que les mauvais traitements; il semble affectionner le chant de son

Fig. 197.

conducteur et régler sa marche sur la cadence des airs champêtres.

Comme les bœufs sont toujours accouplés au travail, ils se prennent d'une amitié telle que la séparation de l'un des deux se fait sentir.

Pour que le tirage des bœufs soit régulier, il est important de les prendre de même race, de même taille et de même force.

Leur mode d'attelage consiste dans le joug ou le collier, mais ce dernier semble préférable, le tirage se fait plus régulièrement et dans une position naturelle; attelés ainsi,

ils résistent mieux à un plus long travail. Dans le choix
d'un bœuf de labour il faut rechercher les qualités suivantes : une grosseur raisonnable ; un poil luisant et court ;
une tête forte et courte ; un front large, les oreilles grandes
et velues ; des cornes luisantes et recourbées quoique fortes
à leur base, de gros yeux noirs, le mufle gras et aplati, les
naseaux largement ouverts, les dents blanches et égales, les
lèvres noires, la poitrine développée. Le garrot sera épais,
la croupe longue et forte, les cuisses et les épaules doivent
laisser ressortir la puissance des muscles, les jarrets et les
avant-bras seront larges, le fanon allant jusqu'au genou ;
une queue garnie de poils fins et soyeux, l'ongle court
et large. Comme pour le cheval, l'âge du bœuf se reconnaît aux dents, puis aux cornes. Les dents mâchelières sont
au nombre de 24, 12 à chaque mâchoire : les dents incisives
sont implantées sur le bord extérieur de la mâchoire inférieure. A l'âge de six mois les incisives intermédiaires
tombent et sont remplacées par deux autres plus larges et
moins blanches ; à dix-huit mois, c'est le tour des mitoyennes ; à trois ans, toutes les dents de lait sont tombées.
Vers la fin de la quatrième année, il se forme à la base des
cornes un bourrelet qui, chaque année, poussé par une autre,
s'éloigne du crâne de manière qu'il est aisé de se rendre
compte de l'âge par le nombre des bourrelets.

Bien que le bœuf soit courageux, sobre et facile à nourrir, il ne faut pas en profiter pour abuser de sa force ; on
doit au contraire régler parfaitement ses heures de travail,
lui éviter toute fatigue, toute peine inutile et augmenter sa
nourriture en raison de ce qu'on exige de lui.

L'été, la journée du bœuf peut commencer à la pointe du
jour, pour cesser à 9 heures, avec repos jusqu'à 3 heures,
et reprendre alors jusqu'à la fin de la journée. En hiver,
on la fait commencer à 9 heures du matin pour poursuivre

sans interruption jusqu'à 5 heures du soir. Les mêmes soins que l'on prodigue au cheval sont nécessaires au bœuf qui travaille ; ils entretiennent sa vigueur et son appétit. On devra donc l'étriller au moins trois fois par semaine, le laver lorsqu'il est sale, lui passer tous les jours l'éponge mouillée sur les naseaux, les yeux, les jambes et la queue.

L'étrille, pour le bœuf, est remplacée par la brosse métallique lui procurant une certaine satisfaction.

La nourriture du bœuf au travail se compose de foin haché ou non, de racines et de graminées concassées, ou de farine de ces graines ajoutées à leur breuvage. On compte généralement de 18 à 20 kilos de nourriture sèche par animal. Au repos, on diminue la ration, ne leur en donnant que de 12 à 13 kilos pour les maintenir en bon état.

Lorsqu'on élève seulement les bœufs pour l'engrais, afin de les vendre comme viande de boucherie, nous conseillons d'adopter le régime suivant : pulpe de betterave, 40 kilos ; tourteau de lin ou d'œillette grossièrement broyé, 4 kilos ; foin et paille parfaitement nettoyés, puis hachés sur une longueur de 2 à 3 centimètres, 3 kilos ; le tout légèrement humecté d'eau salée et macéré ensemble pendant 12 ou 24 heures. Cette quantité sert pour trois repas.

Le taureau peut également s'utiliser comme le bœuf pour le charriage et le labour ; il devient alors très doux ; mais il est toujours prudent de lui faire passer un anneau entre les deux naseaux pour pouvoir s'en rendre maître au besoin. Utilisé pour la reproduction, il est en pleine puberté à l'âge de deux ans, mais il est plus avantageux d'attendre sa troisième année ; il se conserve ainsi plus longtemps. Dès l'âge de neuf ans il devient impropre à la reproduction et souvent méchant ; il faut alors le réformer, d'autant plus que cette méchanceté est susceptible de devenir héréditaire. On l'engraisse alors comme viande pour la boucherie.

Veut-on savoir ce qu'il se tue annuellement de bœufs et de taureaux aux abattoirs de la Villette? le chiffre en est énorme, il atteint 180 000 têtes.

L'âne est le cheval du pauvre (fig. 198). Son usage tend à disparaître, les chevaux de petite taille sont appelés de

Fig. 198.

jour en jour à le remplacer. Chaque matin, il apporte à dos à la ville les produits des endroits circonvoisins : lait, beurre, œufs, légumes, etc.

Sa force de résistance est limitée à son poids et à sa taille; il peut supporter de grands fardeaux à dos. Ne coûtant presque rien à nourrir, il se contente de tout ce que les autres animaux ne trouvent pas à leur goût, chardon et autres plantes. Il ne demande presque pas de soins, et si, comme le dit le proverbe, *la patience est la vertu des ânes*, on peut dire qu'il la possède au superlatif. Bon, patient, endurant, il s'attache à son maître, le sent de loin, le reconnaît parmi les

13

autres personnes et l'accueille avec satisfaction et joie, par un chant d'allégresse peu harmonieux qui lui est tout particulier, écorchant un tant soit peu les oreilles délicates; ce qui ne l'a pas exempté, malgré toutes ces précieuses qualités, d'être le sujet d'une foule de quolibets passés en proverbes, tels que : *L'âne de la communauté est toujours le plus mal bâti. — On ne saurait faire boire un âne qui n'a pas soif. — Votre âne n'est qu'une bête. — Têtu comme un âne,* etc., et tant d'autres, ce qui ne l'empêche pas d'avoir bon pied bon œil, et de le faire préférer au cheval dans des circonstances inaccessibles à ce dernier, que la sûreté de son pied lui permet de franchir sans accident.

D'ordinaire les pieds sont bons, les yeux le sont également : son regard est doux et sympathique, son odorat très développé et son oreille aussi sûre que son cornet a de développement.

Entêté! il l'est à l'excès! surtout lorsqu'on le tourmente; alors il baisse les oreilles et refuse de marcher ou de faire ce que l'on exige de lui. Rebelle dans son obstination, il ferait le désespoir de ceux qui en font usage et qui le recherchent, s'il ne jouissait du privilège d'être rarement malade.

Le mulet est le produit de l'accouplement de la jument avec l'âne. Ce croisement s'obtient particulièrement, dans le Poitou, avec de forts baudets et des juments boulonnaises ou autres : ces mulets de forte stature s'exportent jusqu'en Espagne.

Les mulets de provenance africaine sont plus fins, plus légers et plus petits; ils se ressentent des juments barbes qui les engendrent. Dans l'une et l'autre race ils conservent toujours les caractères particuliers du père et de la mère. La grosse tête et les longues oreilles du père, le corps proportionné, la taille élevée, les membres secs et les sabots de la mère.

Ayant les mêmes qualités que l'âne, le mulet est d'une sûreté de pied remarquable. Il est solide, résistant à la fatigue et aux privations ; son appétit se satisfait avec des aliments grossiers ; c'est un précieux auxiliaire au travail pour les contrées arides et montagneuses.

CHAPITRE XVI

Le prix auquel les cultivateurs livrent au boucher le bétail qu'ils élèvent semble une véritable anomalie avec celui que ceux-ci le vendent aux consommateurs : aussi serions-nous tout disposé à les détourner de l'élevage, s'ils ne devaient retrouver dans les profits que leur présente la vache laitière, une rémunération réellement avantageuse dans la vente de ses produits. La vie à bon marché, tant réclamée par nos législateurs, le cultivateur nous la donne ; mais le boucher, par son âpreté au gain, nous la retire. Pourquoi cet écart entre le prix de revient et celui de vente ? Là est le mystère. Il ne se tue cependant pas moins de 48 000 vaches par an, aux abattoirs de la Villette, et 190 000 veaux : par conséquent la viande ne manque pas.

Nous ne parlerons donc ici de la vache que sous son rapport lactifère.

Parmi les sujets propres à cette industrie se rencontrent les vaches flamandes, hollandaises et bretonnes. L'allure de ces animaux est pesante, leur démarche lente, leur regard inquiet et scrutateur (fig. 199).

On doit rechercher chez la vache certaines qualités re-

quises pour qu'elle soit bonne laitière ; il est donc essentiel
de la bien choisir ; pour cela il n'y a qu'à s'en rapporter aux
caractères généraux tracés de main de maître par un homme
du métier : un pâtre de Libourne, appelé *Guénon*, qui a
donné son nom à la méthode dont il est l'auteur. En voici les
principales données, portant particulièrement sur le pis de
la vache. Il s'est attaché aux écussons formés par les poils

Fig. 199.

remontant vers la vulve. « La peau du pis et celle qui l'accompagne, dit-il, seront recouvertes de poils couchés dans
un sens déterminé : plus ces poils seront multipliés et s'éta-
leront en remontant du bas vers le haut, sans être inter-
rompus par d'autres, plus les vaches donneront de lait :
d'où il résulte que les écussons formés de petites bandes
étroites, échancrées et interrompues, constituent les mauvaises laitières ; tandis que les larges écussons, bien suivis,
sont la caractéristique des bonnes. Sont exceptés les poils
formant ovales, se trouvant en dessous et de chaque côté du

pis dont la présence affirme l'abondance. Un pis recouvert d'un suint d'un jaune nankin, annonce un lait riche, tandis que la couleur blanchâtre indique un lait pauvre. »

Ces remarques justifient-elles ces dires ? Il faut le croire... puisque les maquignons s'en sont émus, au point que depuis que ces judicieuses observations ont été formulées, ils se livrent à une foule de machinations déshonnêtes dont nous allons tout à l'heure entretenir nos lecteurs.

Complétant ces indications premières, nous joindrons celles données par un autre spécialiste, un vétérinaire du Pas-de-Calais, feu M. Lemaire, qui, de son côté, dit que « les pis doivent être sillonnés de veines saillantes aboutissant à la fontaine, que les trayons doivent être bien percés, volumineux et bien écartés les uns des autres ; la mamelle doit se prolonger haut par derrière et sous le ventre jusqu'au nombril. Si nous revenons à la tête (1), elle sera, ajoute-t-il, très accentuée et expressive ; les yeux saillants et pleins de vie, un peu hagards même, les cornes minces et effilées, claires et luisantes ; les oreilles fines et mobiles. »

Une peau jaunâtre indique une bonne qualité de lait. L'encolure très fine, l'épaule courte et oblique ; le fanon presque nul, la poitrine vaste, les flancs larges et spacieux et le ventre volumineux sont encore d'un bon présage. Plus les reins sont larges, plus longue sera la durée de la lactation ; les hanches larges, la croupe puissante, la queue fine et très longue, les jambes courtes et grêles avec tendons bien dessinés, complètent les caractères de la bonne vache laitière.

En rassemblant tous ces éléments on n'obtiendra certes pas un portrait bien gracieux, mais, comme dit le proverbe, *il ne faut pas toujours se fier à l'apparence :* sur ce point, il a parfaitement raison.

(1) La vache normande a la tête plus large et plus carrée que la vache hollandaise ; la flamande l'a plus longue et plus effilée.

L'achat de bêtes dans de telles conditions est onéreux pour le cultivateur, car elles coûtent fort cher et ne fourmillent pas sur les marchés : lorsqu'elles s'y présentent elles sont tout de suite enlevées. Aussi conseillons-nous aux personnes peu habituées à se rendre compte, *de visu*, des qualités d'un animal, à s'en rapporter à des commissionnaires honorables, connaissant tous les trucs des marchands, qui se chargeront, moyennant une commission peu élevée, à faire pour elles cette acquisition au mieux de leurs intérêts.

Ruses des maquignons. — Comme pour le cheval, la vache laitière, en raison de son prix élevé, est devenue l'objet de nombreuses fraudes.

Certains maquignons, pour dérouter la sagacité des acheteurs, rasent les poils se trouvant sur le périnée et le pis des vaches, de même que les écussons et les épis, afin qu'il soit impossible de distinguer les marques caractéristiques des bonnes ou des mauvaises. Ils rognent et taillent les cornes trop longues, les effilent à l'aide du couteau et de la lime. Ils savent encore, par des moyens factices, donner aux pis des vaches ayant vêlé une dimension anormale, et une foule d'autres manœuvres auxquelles ils se livrent, mais qui ne peuvent tromper que l'acheteur inexpérimenté.

L'âge d'une vache se reconnaît aux mêmes caractères que ceux indiqués précédemment pour le bœuf.

Sa nourriture et les soins qu'elle exige sont à peu de chose près les mêmes que ceux du bœuf. Nous dirons seulement que certains aliments ont la propriété d'augmenter la quantité, la qualité et le goût du lait.

L'hiver, le foin, le trèfle, la luzerne, récoltés dans de bonnes conditions, additionnés de pommes de terres cuites, de carottes, de tourteaux de lin et de graines concassées communiquent au lait un goût et une richesse que ne sauraient leur donner la pulpe, le choux et le navet.

L'été, le fourrage vert est de rigueur, surtout lorsque la pâture ne fournit pas une nourriture assez copieuse.

Les aliments cuits sont de beaucoup préférables aux crus, ils s'assimilent mieux, sont d'une digestion plus facile.

Le lait acquiert une saveur agréable en mélangeant aux aliments quelques plantes aromatiques telles que : le thym, la sauge, le fenouil, les baies de genièvre, etc.

Nous ne nous appesantirons pas sur la manière de traire les vaches ; elle est suffisamment connue des filles de ferme employées à cette besogne pour qu'il nous soit nécessaire d'en parler ; je suppose même, avec raison, que personne, parmi mes lecteurs, ne leur envie cette charge.

Dès que le lait vient à tarir chez une vache, et qu'elle n'a pu être fécondée, il faut l'engraisser pour la boucherie : dans ce cas l'alimentation dont nous avons parlé pour le bœuf (p. 200) devient indispensable.

La loi de 1884 a supprimé les vices rédhibitoires pour la vache. La phtisie seule donne lieu à des recours. Les autres vices sont soumis au droit commun (1).

Veau. — Ce n'est guère que vers l'âge de trois ans que la vache devrait être livrée au taureau, mais comme la génisse le demande plus tôt, on la livre pour en tirer plus vite parti, étant pleine. On ne saurait être trop sévère sur le choix du sujet, car il ne faut pas s'imaginer qu'une mauvaise laitière puisse donner un produit dont on pourra tirer bon usage.

Nous ne vous entretiendrons ni de la gestation ni du vêlage, ces soins et cette opération sont entièrement dans les attributions du vétérinaire. Nous n'allons nous occuper ici que du veau, dont l'élevage bien compris est encore une source de bénéfices pour la ferme.

(1) Voir p. 186 les articles de la loi concernant les cas rédhibitoires.

Le **veau** peut s'engraisser de deux manières différentes : naturellement, à la mamelle ; artificiellement, en l'allaitant avec les produits de la mère. Le premier mode semble préférable au second et paraît rentrer dans l'ordre des choses. L'animal trouve avec le lait, pris au pis de la mère, tous les éléments nécessaires : même température, même constitution. Le premier lait contient en outre des substances purgatives et laxatives que ne peut donner un breuvage préparé à l'avance. Il est donc nécessaire d'éviter, sous prétexte de purger la mère, de lui donner à boire son premier lait ; il ne convient qu'à son veau dont il débarrasse les intestins et chasse les excréments visqueux susceptibles de lui nuire s'ils n'étaient évacués. Sa propre bave, qu'il avale également en tétant est un correctif puissant, lui étant également nécessaire. L'allaitement doit se faire plusieurs fois par jour ; puis, entre chaque repas, le veau restera enfermé sur une moelleuse litière, dans une étable bien chaude, muni d'une muselière pour éviter qu'il n'ingère les substances qui l'entourent et qu'il est porté à saisir par désœuvrement. Cet engraissement dure de six semaines à deux mois.

Dès que le veau cesse de téter et qu'il veut boire, on l'éloigne de sa mère et on lui donne du lait. Au bout de trois à quatre semaines on peut y joindre des pommes de terre cuites et du tourteau broyé, allant graduellement ainsi jusqu'à la huitième semaine, époque à laquelle il peut, sans inconvénient, commencer à prendre la même nourriture que les autres vaches.

Désire-t-on faire des élèves, on doit choisir parmi les veaux les plus beaux, ceux qui ont été mis au monde par une vache devenue mère entre quatre et dix ans au plus. Les premiers veaux, avant cet âge, de même que ceux provenant d'une vache vieille, sont d'une constitution généralement faible.

Le sevrage se pratique graduellement à partir de l'âge de deux à trois mois : pendant tout le temps de la croissance, la plus grande propreté est de rigueur. La litière souvent renouvelée ne suffit pas, il faut encore bouchonner le veau tous les jours et lui faire prendre l'air pour entretenir sa santé.

Aussitôt qu'il a atteint l'âge de dix-huit mois à deux ans, il est temps de procéder à la castration.

Des soins, beaucoup de soins et une grande douceur sont, comme on le voit, les conditions indispensables à l'élevage des veaux. Lorsque le veau est destiné pour la boucherie, on ne peut le vendre qu'un mois après sa venue ; autrement on s'exposerait à encourir les suites toujours désagréables de l'intervention de la police (1) ; à cet âge, il commence à être en chair, mais il n'est pas gras ; il est préférable de l'engraisser un mois encore avant de le vendre, non seulement il devient plus recherché mais sa viande est plus fine.

Le porc est toujours le bienvenu dans le saloir de la ferme : il est aussi un produit rémunérateur pour celui qui l'engraisse et trouve toujours acquéreur. Paris absorbe à lui seul 170 000 porcs par an. Le choix de la race n'est pas indifférent, il n'en coûte du reste pas plus à soigner et à nourrir une race de choix qu'un vulgaire cochon. Le sujet étant supérieur, le produit de la vente en est plus élevé. Le verrat sera court et ramassé ; la truie, elle, présentera un corps plus allongé, une tête fine, de grandes oreilles pendantes un groin aplati, de petits yeux, des jambes courtes et grasses et de longues tétines. Le verrat se châtre avant de l'engraisser, sa chair devient alors propre à l'alimentation : pour les porcelets, l'opération se fait dans les trois ou quatre premières semaines de leur naissance et réussit mieux

(1) Voir l'article du code.

qu'à un âge plus avancé. La truie peut porter dès sa première année, et avoir deux portées par an. Elle cesse d'être féconde au bout de six ans ; on attend ordinairement cet âge pour l'engraisser.

Le porc recherche la chaleur : aussi les étables doivent-elle être exposées au midi. Nous disons les étables parce qu'il est urgent de séparer les sexes, et de ne mettre ensemble que des sujets du même âge.

La pomme de terre, la carotte et la betterave cuites, le gland vert ou desséché, les eaux grasses, la farine délayée, sont les aliments qui conviendront le mieux aux porcs, ainsi que les fourrages verts et les orties cuites.

On engraisse les cochons en les maintenant continuellement à l'étable, dans une tranquillité et une obscurité presque complètes. Il faut également satisfaire amplement leur appétit en variant constamment leur nourriture pour l'entretenir et l'exciter. Les pommes de terre cuites, auxquelles on adjoint de l'orge concassé et du son, le tout mélangé ensemble, forment une bonne alimentation que l'on varie plus tard par l'adjonction d'eaux grasses, de farine d'orge et de seigle. Vers la fin de l'engrais, on ne donne plus à boire, mais, pour stimuler l'appétit, on remplace le breuvage par deux ou trois poignées d'avoine, saupoudrée d'une dissolution de sel dans très peu d'eau pour la faire gonfler.

L'engraissement demande de deux à trois mois, mais aussitôt que le porc a atteint le degré voulu et semble diminuer d'appétit, il faut se hâter de le tuer ou de le vendre ; c'est le moment favorable.

L'engraissement animal se fait avec la viande de cheval, crue ou cuite ; l'on obtient aussi de cette manière de très beaux résultats : le régime exclusif de cette substance est loin de donner une chair et un gras qui soient fort appréciés.

Le bouc et la chèvre font également partie des bêtes à

poils. Un bon bouc sera vigoureux et alerte, sans être brutal. Sa tête, petite, sera garnie d'une barbe longue et touffue, le cou fort en chair, les cuisses grosses, les jambes trapues et nerveuses. Pour obtenir de beaux produits il ne faut l'employer à la reproduction qu'à l'âge de deux ans, quoiqu'il soit en état de le faire bien avant ce laps de temps. Sa puissance de reproduction ne dure que jusqu'à quatre à cinq ans, suivant qu'il a commencé plus ou moins tôt. Un seul bouc suffit pour les exigences d'un troupeau de 150 chèvres environ.

Au moment du travail, il est nécessaire, pour le soutenir, de lui donner quelques poignées d'avoine à chaque repas, et un peu de vin. Sa viande, extrêmement coriace, n'est bonne que cuite, pour l'engraissement des porcs : cependant lorsqu'il a été castré, elle acquiert les mêmes qualités que la viande du mouton, dans son jeune âge.

La **chèvre** présente dans son ensemble les mêmes caractères que le bouc; elle doit en plus, pour être bonne laitière, posséder de grosses mamelles et de longs pis dont la grosseur la force souvent à écarter les jambes en marchant. Elle s'accommode parfaitement de toute sorte de nourriture; mais, d'un caractère vif et capricieux, elle préfère choisir elle-même ses aliments; brouter la bruyère, le thym et le serpolet dans les endroits arides et escarpés; ce qui ne l'empêche pas, quand l'occasion s'en présente, d'imiter l'âne de la fable du bon La Fontaine, et de tondre çà et là de la *largeur de sa langue* les blés, les vignes, les vergers et les haies qu'elle rencontre sur son passage (1).

La limite d'âge pour la portée d'une chèvre dure jusqu'à sa huitième année : cette portée est de cinq mois.

Par de bons traitements et des soins assidus, la chèvre

______

(1) *Chèvre* (législation) : code civil, art. 1385; code pénal, art. 471 et 474; code forestier, art. 78 et 199.

est susceptible de reconnaissance et d'attachement; elle conserve ce caractère doux et enjoué qui, dès son jeune âge, la fait rechercher pour l'amusement des enfants.

Son lait est précieux pour les personnes lymphatiques et mal venantes; il sert aussi à la fabrication des fromages, c'est là son plus grand usage.

BÊTES A LAINE.

Le bélier, doux et paisible d'ordinaire, devient méchant et même dangereux au moment du rut; aussi faut-il s'en méfier, car le moindre coup de corne peut déterminer une blessure grave et quelquefois mortelle. Il est propre à la reproduction dès l'âge de 15 mois, mais sa durée n'excède pas sa cinquième année. Un bon bélier aura la tête forte, le nez aplati, les naseaux courts et étroits, le front large et élevé, de grands yeux noirs et vifs, de grandes oreilles couvertes de poils; les cornes fortes et vrillées; l'encolure large, la queue forte et fournie à sa racine. La laine recouvrant la peau sera de bonne qualité, répartie également sur toute la surface du corps. Il n'y a aucun inconvénient, en temps ordinaire, à laisser les béliers séjourner au milieu du troupeau, mais dès qu'approche l'époque de la monte il faut les séparer et les préparer, par une nourriture substantielle, avoine, orge, pois concassés, au rude labeur auquel ils vont se livrer, car ils mangent peu pendant le temps de la monte et ne reprennent des forces qu'après ce temps, par le régime fortifiant et rafraîchissant auquel on les soumet de nouveau. Une trentaine de brebis suffisent pour un bélier, si l'on veut obtenir de beaux produits, quoiqu'il puisse amplement en satisfaire davantage; mais il est important de le ménager.

Mouton. — De beaux et bons béliers ne sont pas seuls nécessaires pour la reproduction, il faut encore que les mères destinées à l'agnelage soient des sujets de premier choix, en parfaite santé (fig. 200).

Le pâturage est la nourriture qui leur convient le mieux, surtout dans les endroits secs et un peu en pente, les terrains humides leur sont contraires, de même que l'herbe encore imprégnée de la rosée du matin. Pour les moutons qui ne séjournent qu'une partie de l'année dehors, on les nourrit l'hiver à l'étable avec des fourrages récoltés exprès pour eux, foin naturel, luzerne, trèfle, paille, racines de légumes, son, grain et tourteaux, etc., que l'on asperge de sel, car les aliments imprégnés de cette substance sont très digestifs : ce qui fait que les prairies inondées par l'eau de la mer fournissent d'excellents moutons, dits de *pré salé*, dont la viande est très recherchée des gourmets.

On calcule qu'un mouton, rien que par la vente de sa toison, indemnise le cultivateur du prix de revient que lui coûte sa nourriture, et que l'agnelage de deux années le rembourse du capital et des frais d'entretien que lui a coûté le sujet. Les laines étrangères qui alimentent nos fabriques ont changé cet état de choses qui décourage les producteurs.

Élevés à l'engrais, à l'âge de trois ou quatre ans seulement, soit à l'herbe et l'air libre, ou à l'herbe, mêlée de grains, ou encore uniquement au grain et dans la bergerie, ils deviennent bons pour la vente au bout de six semaines à deux mois.

La nourriture de ces derniers doit se composer outre le foin et les racines, de tourteaux, de vesces ou de résidus de distillerie. Nos Parisiens, friands de la viande de mouton, en absorbent tous les ans 1 600 000... Quel Gargantua que ce Paris !

Les **brebis** peuvent s'accoupler dès l'âge de deux ans. Elles portent environ cinq mois.

Si on veut les vendre on s'arrange de manière que les agneaux de primeur viennent en décembre; si au contraire

on les destine à l'élevage, on ne commencera la monte qu'en
octobre.

Trois semaines environ après la mise bas, la brebis

Fig. 200.

rentre de nouveau en rut, et ce moment est très favorable
pour la fécondité.

L'approche de la mise bas demande de la surveillance
et une nourriture réconfortante. Les signes précurseurs de

la mise bas s'annoncent par le gonflement des parties génitales et du pis, ainsi que la présence du lait.

Les bergers sont en général des gens très experts sur ces sortes de choses; leur expérience se trouve rarement mise en défaut pour tout ce qui concerne l'alimentation, l'entretien et les soins à donner au troupeau. Aussi est-il préférable de s'en rapporter entièrement à eux, surtout lorsqu'ils sont stimulés par l'appât d'un petit bénéfice sur la vente des agneaux.

Agneaux (1). — Aussitôt nés, les agneaux tètent leur mère, et à l'âge d'un mois ils peuvent recevoir déjà quelques com-

Fig. 201.

posts préparés avec de la farine et du tourteau. Une dizaine de jours après on ajoute un peu de foin doux à leur ordinaire sans pour cela les priver de leur mère.

(1) Agneau, voir l'art. 547 du code.

Trois mois après on peut sans inconvénient les conduire au pâturage tout en continuant leur provende en grains et farineux jusqu'à l'époque du sevrage, qui se fait vers le quatrième ou cinquième mois.

Les jeunes agneaux redoutant le froid et l'humidité, il est préférable de les retenir à la bergerie pendant que les mères sont au pâturage. Lorsqu'ils sont en état d'y aller, on les y conduit séparément avec leurs mères.

On doit placer quelques moellons de craie dans la bergerie, les agneaux s'amusent à les lécher; le carbonate de chaux qu'ils absorbent ainsi sert à la croissance et au développement des os.

L'agneau mâle se châtre de bonne heure, environ trois ou quatre jours après sa naissance, ce qui évite l'hémorragie. Il vaut mieux faire cette opération plutôt par un temps froid que par une journée chaude. L'animal castré, nous l'avons dit, se prête mieux à l'engraissement et sa viande devient meilleure.

Chien. — Le chien est le compagnon inséparable du berger et du troupeau. Il aime son maître autant qu'il le craint. Soumis et attentif à ses moindres ordres, il fait manœuvrer le troupeau comme un véritable régiment, l'arrête aux endroits qui lui sont assignés; le ramasse en peloton serré pour le faire défiler ensuite sur une longue file. Attentif au moindre commandement du berger, il inflige une correction à la brebis insoumise aux mots de *avant! arrière! côtoie! va! reviens! saisis!* termes dont il comprend admirablement le sens et les effets.

Son éducation, lorsqu'il est jeune, est un véritable métier de patience que le berger a seul le temps et les capacités de pratiquer. Il est secondé dans cette besogne par le père ou la mère du jeune chien, dont il observe et imite les agissements. Leur alimentation se compose uniquement de pain trempé dans la graisse ou de vieux fonds de pot-au-feu ; on leur donne cette soupe deux fois par jour.

Le chien, comme les autres animaux, a besoin d'être entretenu dans le plus grand état de propreté, pour éviter qu'il ne soit envahi par la vermine ; sa litière rechangée de temps à autre et sa niche souvent lavée. Une alimentation saine, un breuvage de bonne qualité sont des attentions que l'on ne doit pas refuser à son courage et à son dévouement. Lorsqu'on inflige une correction à un chien, il ne faut pas le faire trop rudement ni à faux, mais lui faire simplement sentir qu'il a commis une faute, le tenir sous la menace d'une nouvelle correction s'il recommence.

Chaque fois qu'il fait bien il est bon de l'encourager par une petite douceur, une caresse, une flatterie, dont il se montre toujours joyeux et reconnaissant.

CHAPITRE XVII

Du grec ἐπιζῶον, dérive le mot épizootie, se composant de ἐπί, voulant dire *sur*, et ζῶον, *animal*.

L'épizootie désigne donc toute maladie contagieuse sévissant et s'étendant sur un grand nombre d'animaux à la fois.

Le plus généralement l'épizootie prend naissance de l'insalubrité des écuries, des étables, des bergeries, dans lesquelles séjournent les animaux ; de l'état d'abandon et du manque de soins dans lequel on les laisse, de leur séjour trop prolongé à une température froide et humide ; elle s'engendre aussi par l'usage d'une alimentation malsaine. Il convient de reconnaître que son apparition comme son extension est due au caractère contagieux, qui le plus souvent en constitue l'essence.

En présence de l'épizootie il n'y a guère que des moyens préventifs à employer pour enrayer et pour circonscrire la maladie, *l'empêcher*, en se propageant, de faire de nouvelles victimes.

C'est par l'abatage des animaux contaminés, leur enfouissement à une grande profondeur, le tout recouvert d'un lit de chaux, qu'on lutte contre son développement lorsque tout moyen de traitement échoue.

Tous les endroits où l'animal contaminé aura passé ou

séjourné seront l'objet des mêmes soins et des mêmes précautions d'assainissement que ceux employés pour détruire les foyers d'infection.

Aussitôt qu'un de ces cas se présente, il est de l'intérêt, nous dirons plus, du devoir d'un cultivateur d'en prévenir immédiatement le maire de sa commune, qui en réfère à l'autorité supérieure pour les moyens à appliquer.

Un animal vient-il à tomber malade ? il est toujours prudent de l'isoler des autres, de purifier son auge, son râtelier, de désinfecter sa litière et la place qu'il occupait à l'étable Si la maladie est contagieuse, les personnes qui s'occupent de ces animaux doivent soigneusement éviter le contact avec les autres, ne point toucher à leur nourriture, ni même aux harnais. Dans leur propre intérêt, elles se laveront les mains avec du vinaigre et changeront de vêtements une fois le pansage terminé. Quant aux produits provenant de l'animal, même légèrement atteint de la contagion, tels que la viande, le lait, la peau, si on l'abat, ils peuvent présenter de sérieux dangers; aussi vaut-il mieux en faire le sacrifice que de s'exposer, soi ou les siens, aux terribles conséquences que cet usage peut entraîner. Le mieux, en pareille occurrence, est de s'en référer aux lumières de qui de droit.

Parmi les maladies contagieuses la loi range, chez les ruminants : le *typhus contagieux* ou *peste bovine*, la péripneumonie, la tuberculose dans l'espèce bovine; la *clavelée* et la *gale* chez les moutons et les chèvres; la *fièvre aphteuse*; la *morve*, le *farcin*, la *dourine*, chez les chevaux et les ânes; le rouget et la pneumo-entérite infectieuse dans l'espèce porcine; la rage et le charbon.

Nous ne saurions trop attirer l'attention des cultivateurs sur la sagesse de la loi concernant les épizooties, car c'est une loi protectrice de la propriété.

Nous nous étonnons qu'après les désastres ruineux parfois occasionnés dans certaines régions, il y ait encore bon nombre de cultivateurs assez peu clairvoyants ou mal intentionnés pour chercher à l'éluder ou à entraver les effets d'une loi toute de protection. Qu'il nous soit permis de leur rappeler qu'il y va non seulement de leur intérêt personnel, dans sa prompte exécution, mais encore de l'intérêt de toute une commune, d'un département tout entier, à la voir appliquer dès le début dans toute sa rigueur; car, s'il est possible de constater l'apparition de la maladie, de la localiser et d'atteindre son foyer, il est souvent difficile une fois répandue, d'en apprécier, même approximativement, les ravages qu'elle causera, la perte première immense qui en résulterait pour tout un département par l'interdiction des marchés et la circulation des animaux pour un seul cas non déclaré en temps voulu.

Ils n'en mouraient pas tous, mais tous étaient frappés,

dit La Fontaine. Donc point d'incurie à cet égard : que chacun se fasse son propre défenseur et le protecteur des autres ; il faut songer que l'État, pour sauvegarder le bien général s'impose de lourds sacrifices, et que sa loi, dans ce cas, est une véritable loi protectrice créée en vue du bien-être et de la sécurité de tous. Pour que personne n'en ignore, nous donnons ici le texte précis de la loi sur les épizooties.

Extrait de la loi du 21 juillet 1881 sur la police sanitaire des animaux.

ART. 1er. —Les maladies réputées contagieuses sont celles citées ci-dessus.

ART. 3. — Tout propriétaire, toute personne ayant à quelque titre que ce soit, la charge des soins ou la garde d'un animal atteint ou soupçonné d'être atteint d'une maladie contagieuse, dans les cas prévus par les articles 1 et 2, est tenu d'en faire sur-le-champ la déclaration au maire de la commune où se trouve cet animal.

. . . .

Sont également tenus de faire cette déclaration tous les vétérinaires qui seraient appelés à les soigner.

L'animal atteint ou soupçonné d'être atteint de l'une des maladies spécifiées dans l'article 1er devra être immédiatement, et avant même que l'autorité administrative ait répondu à l'avertissement, séquestré, séparé et maintenu isolé, autant que possible, des autres animaux susceptibles de contracter cette maladie.

Il est interdit de le transporter avant que le vétérinaire délégué par l'administration l'ait examiné. La même interdiction est applicable à l'enfouissement, à moins que le maire, en cas d'urgence, n'en ait donné l'autorisation spéciale.

. . . .

Art. 12. — L'exercice de la **médecine** vétérinaire, dans les maladies contagieuses, est interdit à **quiconque** n'est pas pourvu du diplôme de vétérinaire.

Art. 13. — La **vente ou la mise en vente** des animaux atteints ou soupçonnés d'être atteints de maladies contagieuses est interdite.

Le propriétaire ne peut s'en dessaisir que dans les conditions déterminées par les règlements d'administration publique prévus par l'art. 5.

Art. 14. — La chair des animaux morts de maladies contagieuses quelles qu'elles soient, ou abattus comme atteints de peste bovine, de la morve, du farcin, du charbon et de la rage, ne peut être livrée à la consommation.

Les cadavres ou débris des animaux morts de la peste et du charbon, ou ayant été abattus comme étant atteints de ces maladies, devront être enfouis avec la peau tailladée, à moins qu'ils ne soient envoyés à un atelier d'équarrissage régulièrement autorisé.

Indemnités.

TITRE II.

Art. 17. — Il est alloué aux propriétaires des animaux abattus pour cause de peste bovine, en vertu de l'article 7, une indemnité des trois quarts de leur valeur avant la maladie.

Il est alloué aux propriétaires d'animaux abattus pour cause de péripneumonie contagieuse **ou morts** par suite de l'inoculation, en vertu de l'article 9, une indemnité ainsi réglée:

La moitié de leur valeur avant la maladie, s'ils ne sont pas reconnus atteints;

Les trois quarts, s'ils ont seulement été contaminés ;

La totalité, s'ils sont morts des suites de l'inoculation de la péripneumonie contagieuse.

L'indemnité à accorder ne peut dépasser la somme de 400 francs pour la moitié de la valeur de l'animal ; celle de 600 francs pour les trois quarts, et celle de 800 francs pour la totalité de sa valeur.

Art. 23. — Il n'est alloué aucune indemnité aux propriétaires des animaux abattus par suite de maladies contagieuses, autres que la peste bovine et la péripneumomie contagieuse dans les conditions spéciales indiquées dans l'article 9.

Pénalités.

TITRE IV.

Art. 30. — Sont passibles d'un emprisonnement de six jours à deux mois et d'une amende de 16 à 400 francs : Ceux qui négligent de faire les déclarations exigées par la loi en vue de prévenir ou de combattre les maladies épizootiques.

Art. 31. — Sont passibles d'un emprisonnement de deux mois à six mois et d'une amende de 100 à 1000 francs ;

Ceux qui, au mépris des défenses de l'administration, laissent leurs animaux infectés communiquer avec d'autres.

Art. 32. — Sont passibles d'un emprisonnement de six mois à trois ans et d'une amende de 100 à 2000 francs.

Ceux qui vendent ou mettent en vente de la viande provenant d'animaux morts de maladies contagieuses quelles qu'elles soient.

Art. 36. — L'article 463 du code pénal est applicable dans tous les cas prévus par les articles du présent titre.

Dispositions générales.

TITRE V.

Art. 37. — Les frais d'abatage, d'enfouissement, de transport, de quarantaine, de désinfection, ainsi que tous les autres frais auxquels peut donner lieu l'exécution des mesures prescrites en vertu de la loi, sont à la charge des propriétaires et conducteurs d'animaux. En cas de refus des propriétaires ou conducteurs d'animaux de se conformer aux injonctions de l'autorité administrative, il y est pourvu d'office et à leur compte.

Extraits de l'arrêté relatif à la désinfection dans les cas de maladies contagieuses des animaux.

Loi du 21 juillet 1881.

CHAPITRE Ier

Objets à désinfecter.

La désinfection doit s'appliquer à tout ce qui peut recéler les germes de la contagion et notamment :

1° Aux locaux qui ont été habités par les animaux malades et à tout ce qui peut en provenir : fumiers, purins, litières, pailles, fourrages, ustensiles et objets divers qui ont pu être souillés par ces animaux ;

2° Aux ruisseaux, rigoles et conduits servant à l'écoulement des déjections liquides ; aux fosses à purin et aux lieux de dépôt des fumiers ;

3° Aux cours, enclos, herbages et pâtures où ont stationné les animaux malades ;

4° Aux rues, routes et chemins qui ont été parcourus par les animaux malades ou par les véhicules chargés de leurs cadavres ou de leurs fumiers ;

5° Aux véhicules qui ont servi au transport des animaux atteints ou soupçonnés d'être atteints de maladies contagieuses ou de leurs cadavres, et des fumiers provenant des locaux, cours, enclos ou herbages déclarés infectés ;

6° Aux cadavres et à leurs débris ;

7° Aux fossés d'enfouissement ;

8° Aux personnes qui, par suite de leurs rapports avec les animaux malades, avec leurs cadavres ou débris de cadavres, leurs fumiers, peuvent devenir les agents de la transmission des maladies contagieuses.

CHAPITRE II

Agents désinfectants.

ART. 3. — Les agents désinfectants sont les suivants :

1° Le feu. — Destruction des éponges, couvertures et vêtements en mauvais état, licols, cordes d'attache, mauvaises boiseries, mangeoires et râteliers de peu de valeur, etc., etc.

Les objets en fer, tels que : pelles, fourches, chaînes d'attache, mors et anneaux de contention des taureaux, etc., etc., sont passés au feu.

Le procédé dit « du flambage » est employé, lorsque les circonstances le permettent, pour les murs, boiseries, mangeoires, séparations, planchers, etc.

2° Eau bouillante. — Les couvertures, vêtements et autres objets auxquels ce moyen de désinfection peut être appliqué sont placés dans un récipient et arrosés d'eau bouillante jusqu'à ce qu'ils en soient recouverts ; après essorage ; l'opération est renouvelée encore une fois.

3° Vapeur d'eau surchauffée. — La vapeur d'eau surchauffée à 120 degrés peut être employée pour la désinfection des surfaces et des objets sur lesquels il est impossible de la faire arriver en jet continu.

4° Chlorure de chaux. — Le chlorure de chaux se répand en poudre sur le sol et dans les rigoles d'écoulement des déjections ; on le mélange avec les fumiers et avec les liquides. Délayé dans dix fois son poids d'eau, le chlorure de chaux est employé pour les lavages et les arrosements.

On emploie pour les mêmes usages :

5° Le chlorure de zinc, en solution, à raison de 20 grammes par litre d'eau (2 p. 100).

6° Le sulfate et le nitrosulfate de zinc, en solution dans la même proportion ;

7° L'acide phénique dans la même proportion ;

8° Le bichlorure de mercure (sublimé corrosif) à raison de 1 gramme par litre d'eau (1 p. 1000) est employé dans le cas de morve, particulièrement pour le lavage du fond des mangeoires et de la partie des murs faisant face à la tête des animaux. Ce désinfectant, en raison de sa nature toxique, ne doit être employé que sous la direction d'un vétérinaire.

9 L'acide sulfurique, étendu d'eau dans la proportion de 20 grammes d'acide par litre d'eau (2 p. 100), doit être employé pour la désinfection des fumiers et litières et des matières de balayage, et pour le lavage des rigoles et des sols en terre, etc., etc.

10° L'essence de térébenthine, délayée dans la proportion de 250 grammes d'essence par litre d'eau, doit être employée pour le lavage dans le cas de charbon.

11° L'huile lourde de gaz, mélangée avec le goudron dans la proportion d'une partie d'huile lourde contre dix parties de goudron, est employée comme enduit.

12° Le chlore gazeux est employé en fumigations dans les espaces hermétiquement clos.

13° L'acide sulfureux s'emploie pour le même usage.

CHAPITRE III

Art. 4. — Les opérations de désinfection, en ce qui concerne les locaux, doivent être adaptées à la nature des maladies contagieuses; Elles ont lieu conformément aux prescriptions du chapitre iv de la présente loi.

Art. 5. — La désinfection des cours, enclos, herbages et pâtures consiste :

1º Dans l'enlèvement des déjections qui sont mises en tas, arrosées avec un liquide désinfectant, puis enfouies;

2º Dans le lavage à grande eau des cours et l'arrosage avec un liquide désinfectant des places où se trouvaient les déjections;

3º Pour les pâturages, herbages et enclos, dans l'arrosage avec un liquide désinfectant des places où se trouvaient les déjections.

Art. 6. — Le fumier extrait des locaux infectés et celui qui a pu être souillé de matières contagieuses sont arrosés abondamment avec un des liquides désignés à l'article 3 et recouverts ensuite d'une couche de terre.

Art. 7. — Les ruisseaux, rigoles et conduits d'écoulement des purins sont lavés à grande eau et arrosés avec un liquide désinfectant.

Art. 9. — La désinfection des fosses à purin se fait en y versant une dissolution de sulfate de zinc ou de nitrosulfate de zinc représentant en quantité un deux centièmes de la contenance des fosses.

Art. 10. — Les voitures, après déchargement, sont grattées, balayées, puis lavées à grande eau, et, après qu'elles se sont ressuyées, arrosées avec un liquide désinfectant.

Les pelles, balais et brouettes sont traités de la même manière.

Art. 12. — Toute personne qui a été en contact, soit avec des animaux atteints de maladies contagieuses, soit avec leurs cadavres, leurs débris, leurs fumiers, et dont les vêtements, les chaussures, les mains peuvent être souillés de matières contagieuses, est tenue de se soumettre aux mesures de désinfection suivantes :

1º Lavage et savonnage des mains et des bras, immédiatement après chaque contact avec les animaux malades, leurs cadavres ou débris, leurs fumiers, etc.;

2º Lavage des chaussures.

Les eaux de lavage sont versées dans la fosse à purin ou désinfectées directement par l'addition de la proportion convenable de sulfate de zinc ;

3º Lavage et lessivage des vêtements de toile. Fumigation au chlore, dans un endroit clos, des vêtements de laine et autres objets qui ne pourraient être lavés sans être altérés.

Art. 13. Avant le chargement pour le transport à la fosse d'enfouissement ou à l'atelier d'équarrissage, les cadavres sont désinfectés par le lavage, avec un liquide désinfectant, des orifices : bouche, cavités nasales, yeux, anus, organes génitaux, ainsi que les parties du corps souillées par les matières excrémentitielles, puis par le saupoudrage des mêmes parties avec du chlorure de chaux.

Art. 14. Dans tous les cas où la vente des peaux provenant d'animaux atteints de maladies contagieuses est permise, après désinfection, la désinfection a lieu par l'immersion complète dans la solution de sulfate de zinc à 2 p. 100.

CHAPITRE XVIII

A la campagne, on donne le nom de basse-cour à la partie centrale formant cour et circonscrite par les bâtiments de la ferme, c'est-à-dire entourée par la maison, les écuries, les étables, les granges, les remises, etc.

Plus une basse-cour est grande, mieux cela vaut pour les volailles destinées à y être élevées et à reproduire : elles s'y plaisent et y trouvent facilement ce qui leur est nécessaire.

Laissant de côté les petites basses-cours des ménagères chez lesquelles la volaille rencontre dans le verger une compensation, nous ne nous occuperons que de la disposition de celles des grandes fermes devant réunir certaines dispositions particulières que nous allons noter rapidement en passant.

Une mare entourée de murs, ombragée par quelques arbres, est de rigueur, pour abreuver et baigner les bestiaux ; puis pour les oies, les canards et toute la gent ailée allant à l'eau pour y barboter.

Les poules trouvent sous ces arbres, près de ces murs, un abri contre le soleil, le vent et la pluie.

Un espace assez étendu sera converti en pelouse ou gazon, plaisant énormément à la volaille parce qu'elle y rencontre une foule de petits insectes dont elle fait sa nourriture. De distance en distance, des tas de sable ou de cendre, dans lesquels elles aiment à se vautrer, serviront au dégraissage de leurs plumes.

Pour les poules et jeunes poulets, des auges seront indispensables pour satisfaire leur soif sans crainte de les voir se noyer. Une ménagère intelligente et active trouve journellement, dans la vente des produits de sa basse-cour, une somme de profits qui ne laissent pas que d'apporter à la maison une réduction considérable des frais généraux, et même un certain bien-être dans les moments où la culture, gênée par une crise agricole, ne rapporte que peu ou point d'argent. On a calculé que 100 têtes de volailles, prises dans une forte race, engraissées au moyen d'une alimentation raisonnée et suivie, pouvaient donner, au bout de dix mois, de 300 à 400 kilogrammes de viande, ce que pèse un gros bœuf, se vendant cher, dont la viande est moins fine et moins recherchée, et cela, espèces sonnantes. C'est en effet par des sommes considérables que se chiffrent annuellement les ventes produites par la basse-cour, tant en dindons, oies, pintades, canards, chapons, poules, poulets, pigeons, lapins, cochons, qu'en œufs, dont une bonne poule peut pondre une centaine par an; en lait, crème, beurre, fromage, etc.; car il n'est pas jusqu'au plus petit animal qui n'entre en ligne de compte dans cet apport annuel sous quelque forme que ce soit. La vente du lait, du beurre et des fromages, pour les fermes situées à proximité des villes, est encore un bénéfice presque net, déduction faite des gages de ceux qui s'occupent de leur fabrication, de leur vente. La direction et les soins de la basse-cour sont confiés à une fille spéciale, à laquelle on donne le nom de *fille de basse-cour*. Il est fort difficile de rencontrer une fille bien entendue pour ces fonctions, et quand on en possède une, laborieuse et honnête, il faut y tenir, savoir la récompenser de ses peines, en plus du salaire régulier qu'on lui doit.

La fille de basse-cour est, pour la volaille, ce qu'est le berger pour ses moutons : elle en a la garde, la responsabilité, et l'entretien de sa santé.

Il faut un tempérament de fer à une telle fille ; qu'elle aime véritablement son métier et ses nourrissons, pour pouvoir tous les jours, par beau ou mauvais temps, été comme hiver, se lever constamment avant le jour, afin d'ouvrir la porte du poulailler et donner la liberté à ses hôtes, dont le chant matinal annonce à pleine voix le lever de l'aurore. Il faut en plus une prodigieuse mémoire pour se souvenir et se rappeler, au moment voulu, des nombreux soins et des multiples préceptes qu'exigent l'alimentation, la ponte, la mise en couvée, l'incubation et l'élevage des jeunes poulets ; de même que les remèdes spéciaux à appliquer suivant le cas des nombreuses maladies qui surgissent et affectent ce petit monde emplumé, dont elle est tout à la fois la mère nourricière et le médecin.

Les bâtiments de la basse-cour, affectés spécialement aux volailles, sont : le poulailler, la canardière, le colombier et les cages à lapins, dont nous avons décrit la construction chapitre XIII, page 142 ; viennent encore une foule d'autres appareils spéciaux, tels que les paniers à couver, la chaperonnière, l'épinette (fig. 202), la poussinière (fig. 203), les couveuses et gaveuses artificielles, de toutes formes et de tous systèmes, indispensables à l'élevage en grand de la volaille, dont on nous saura gré de reproduire ici quelques systèmes particuliers (1).

(1) Pour l'illustration de cette partie nous nous sommes adressé à M. Philippe fils, aviculteur à Houdan (Seine-et-Oise), dont les appareils perfectionnés et les produits jouissent, dans toute la France et à l'étranger, de la plus grande renommée.

Puisque nous venons de prononcer le mot incubation, il est nécessaire de dire à nos lecteurs que depuis quelques

Fig. 202.

années la production naturelle n'étant plus en rapport avec la consommation journalière, les éleveurs ont dû, pour

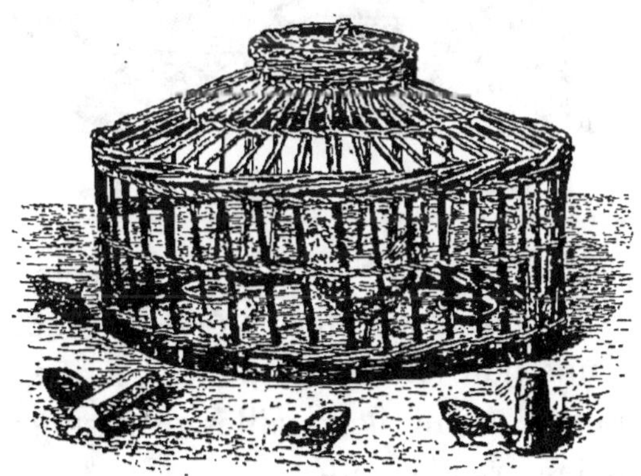

Fig. 203.

subvenir aux nombreuses commandes qui leur étaient faites, chercher, par des moyens artificiels, à remplacer les poules couveuses trop peu nombreuses, par certains appareils devant maintenir les œufs dans un degré de chaleur conforme à celui de la mère couveuse.

Aussitôt une foule d'instruments firent leur apparition dans le domaine de l'élevage ; on les appela appareils d'incubation automatique, parce que le degré de chaleur nécessaire à l'éclosion s'entretenait par lui-même au moyen de différentes combinaisons particulières. Ces appareils eurent alors un grand succès ; leur vogue n'est même pas près de se ralentir lorsque l'on songe aux précieux avantages qui en

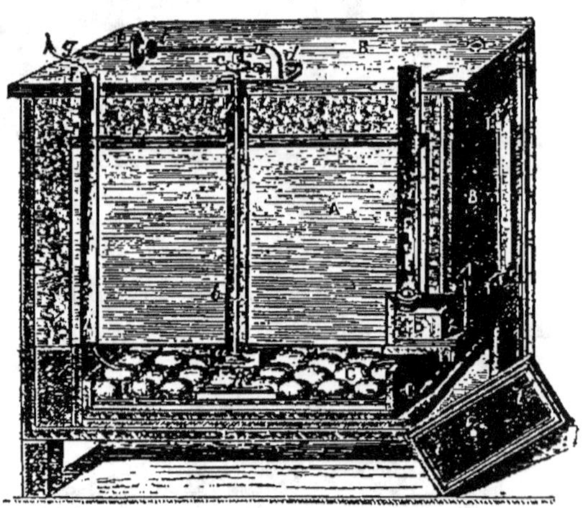

Fig. 204.

résultent ; à la facilité de pouvoir faire éclore à jour et à heure fixes autant d'œufs que l'on désire, et de pouvoir, par le moyen d'une nourriture raisonnée et suivie, arriver à élever et engraisser autant de volailles qu'en exigent les besoins journaliers des grandes villes.

Si l'Amérique, avec ses incubateurs contenant jusqu'à 3 000 œufs, produit annuellement pour 3 milliards de volailles, chez nous, le canton de Houdan, à lui seul, vend annuellement pour 7 à 8 millions de poulets gras, âgés de 4 à 5 mois, on peut juger par là ce que doit être la pro-

duction, en défalquant les sujets conservés pour la reproduction et ceux qui succombent dans les premiers mois.
Jamais pondeuses, aussi assidues qu'elles
soient, ne sauraient subvenir à un tel chiffre.

Les meilleurs appareils d'incubation, ceux
auxquels il faut donner la préférence doivent
se rapprocher le plus possible du type engen-
dreur, c'est-à-dire la poule ; par conséquent
être chauffés au-dessus et maintenus constamment à une même chaleur de 40 degrés.

Fig. 205.

C'est ce que M. Philippe a su obtenir pour sa couveuse artificielle la Houdanaise (fig. 204).

Indépendamment de cela, il est nécessaire, pour assurer la
réussite, que les œufs soient fécondés, ce dont on s'assure le
quatrième ou le cinquième jour de la mise en boîte ou en
tiroir, en les examinant
par transparence à la lu-
mière d'une bougie. Si
le germe embryonnaire
apparaît sous la forme
d'une araignée d'un rouge
sanguin (fig. 205), c'est
que l'œuf est bon, qu'il
est en voie de formation ;
dans le cas contraire,
s'il présente une surface
entièrement transparente
et limpide, c'est que
l'œuf n'a pas été fécondé,
— il faut alors le mettre

Fig. 206.

au rebut, — et n'est bon que pour la nourriture des poulets.

Le mire-œuf, construit par M. Philippe, rend par son
utilité ce travail aussi expéditif que facile (fig. 206).

Lorsque les œufs sont trop vieux pondus, ils ne peuvent servir à la reproduction ; pour être bons ils ne doivent pas avoir plus de quatre jours en été et plus de huit jours en hiver. On a remarqué que l'œuf provenant d'une ponte récente, donnait une éclosion régulière.

La durée de l'incubation naturelle pour la poule est de vingt et un à vingt-trois jours, elle demande juste le même laps de temps avec l'emploi des couveuses artificielles ; seulement, au lieu d'obtenir 10, 12 ou 15 petits poulets, ce qui est beaucoup, on en obtient 25, 50, 100, 200, 250 d'un seul coup, ce qui fait une énorme différence et un grand avantage pour l'éleveur.

La couveuse automatique, à chaleur moite, a l'immense avantage d'être toujours prête à fonctionner et permet d'obtenir, en tous temps, sans connaissances particulières, un

Fig. 207.

aussi grand monbre de poulets que l'on veut ; même pendant les époques où les poules ne couvent point, on peut donc avoir en sa possession des élèves au moment où ils sont rares et se vendent par conséquent fort cher. Avec cette couveuse artificielle, le vingt et unième jour de la mise des œufs en tiroir, l'eau constamment entretenue à une température de 40 degrés, les poulets éclosent comme ils le font sous leur mère : il n'y a plus alors qu'à les placer sous l'éleveuse artificielle à parc mobile (fig. 207) dont les prix varient suivant le nombre de poulets que l'on désire élever : elles coûtent de 34 à 95 francs pour 50 ou 200 poulets. L'éleveuse est le complément obligé de la couveuse, car, faire éclore ne suffit pas, *il faut élever*.

Le nombre des couveuses automatiques est tellement grand, leurs systèmes si variés, que nous n'en finirions pas s'il nous fallait les citer toutes les unes après les autres. Les meilleures, à en croire les ronflants prospectus que nous recevons, sont toujours les nouvelles; mais il nous semble préférable, pour un objet si sérieux de s'en tenir à celles qui, depuis de longues années, ont fait leurs preuves.

Truquage des volailles. — Le truquage que nous avons vu établi sur une grande échelle pour les gros animaux n'est pas moins pratiqué avec art sur les volailles.

Certains marchands font des *malaiss* ou des *cochinchinoises* en grattant le bec d'une vulgaire poule, et en le teignant avec quelques gouttes d'acide nitrique.

Le noir s'obtient avec l'acide tannique et le sulfate de fer. Le poli se donne ensuite au brunissoir.

Crête. — Rien ne se prête mieux au truquage que la crête ; la greffe animale réussit à merveille : de deux crêtes fendues et greffées ensemble on en fait une magnifique qui, au bout de quinze jours, est parfaitement reprise. Le truquage porte sur toutes les parties du sujet : le bec, la crête, le plumage, les pattes, la ponte même, car rien n'échappe à la sagacité des faussaires, si ce n'est la prison qu'ils méritent si justement et dont ils sont rarement gratifiés.

Du choix des volailles. — Parmi les volailles devant peupler une basse-cour, toutes ne possèdent pas les mêmes aptitudes.

Les unes sont estimées par rapport à leur précocité, les autres pour leur rusticité, la délicatesse de leur chair, leur taille volumineuse, leur ponte abondante, leur progression à l'incubation, enfin pour leurs qualités naturelles : autant de choses auxquelles le cultivateur fera bien de réfléchir avant de faire son choix, pour ne pas peupler sa basse-cour de bouches inutiles.

Le choix des races n'est pas indifférent ; les sujets doivent être d'une extrême pureté si l'on veut obtenir une belle et bonne progéniture.

Parmi les différentes races de poules, celles dites de *luxe*, ne satisfont guère que la vue, sans augmenter les revenus ; aussi conseillons-nous d'en abandonner l'élevage aux amateurs ; tandis que celles dites d'*utilité*, comme la gauloise, la flèche, la bresse, le houdan, le crèvecœur, la cochinchine et la campine, sont des bêtes de rapport possédant des qualités particulières à leur espèce, ce qui les fait rechercher, les unes pour la ponte, les autres pour l'incubation, l'engraissement et la qualité de leur chair.

L'air, l'espace, la nourriture, sont les trois conditions essentielles pour engraisser la volaille ; aussi les poulaillers ne sont-ils jamais trop hauts ni trop larges, car c'est dans l'air que la volaille puise une grande partie de son alimentation, ce qui ne dispense pas pour cela de leur fournir une nourriture abondante et de l'eau à discrétion.

Le régime alimentaire auquel on soumet les poules influe considérablement sur leur élevage ; aussi doit-on varier souvent leur nourriture ; celle des pondeuses différera de celle des volailles à l'engrais et des bêtes destinées à l'élevage. A l'état libre, la poule, bien qu'elle soit granivore devient *omnivore* et se nourrit de tout ce qu'elle trouve, depuis le grain qu'elle cherche à la surface de la terre, jusqu'à celui que, par instinct, elle extrait de l'intérieur; les fruits, les baies des haies, les jeunes pousses fourragères, les insectes, les vers, la viande et le pain, lorsqu'elle en trouve, n'échappent pas à sa voracité.

Dès qu'on veut soumettre une volaille à l'élevage, il faut, en lui enlevant cette nourriture, qu'elle trouve si abondamment dans les cours des fermes, les vergers et les jardins où elle

Fig. 208.

s'introduit en véritable maraudeuse, la lui rendre sous une autre forme, avec la même prodigalité et la même variété qu'elle la rencontre à l'état libre. Dès le premier âge, le pain réduit en miettes, le millet et les œufs durs forment la base de l'alimentation; puis, un peu plus tard, on remplace le grain par du petit blé provenant des criblures. Lorsque les poulets ont quitté leur mère, on ajoute à cela quelques poignées de bon grain, des carottes coupées par petits morceaux, de la salade ou des jeunes pousses de luzerne; il n'y a rien d'absolu en cela, mais ce qu'il faut surtout c'est leur distribuer la pitance le matin, à midi et le soir, à la même place et à des heures fixes que leur estomac ne leur laisse pas oublier d'une seule minute. La régularité est donc une des premières conditions de l'élevage. Il faut également que ce soit toujours la même personne qui s'occupe d'eux (fig. 208).

Une fois le sujet arrivé à l'âge de trois à six mois, on modère un peu la nourriture, la variant soit par des pommes de terre cuites et un peu d'avoine, soit par des pâtées de farine de maïs, ce qui les pousse à l'engraissement et complète l'accroissement que leur a donné l'usage du blé. Cette alimentation forme les os et les muscles. Nourris un peu plus fortement, pendant une quinzaine de jours, ils sont bons pour la vente, sous le nom de *poulets de grains*, à moins qu'on ne veuille poursuivre leur complet engraissement.

Engraissement. — L'engraissement des jeunes chapons et poulardes, pour les personnes ne se livrant pas en grand à cette industrie, se fait en soumettant les sujets à un régime particulier. On les prend alors à l'âge de trois mois et demi environ, lorsqu'ils sont arrivés au point où nous venons de parler, et bons comme poulets de grains; on les enferme pendant quelques jours dans un endroit obscur, les laissant en liberté : là ils trouvent le calme et la tranquillité. Une fois faits à ce nouveau genre de vie, l'épinette que nous avons représentée (fig. 202) devient l'étroite et obscure prison dans laquelle ils séjournent : on leur fournit une pâtée abondante, jusqu'au moment fatal où, passant de vie à trépas, ils viendront, présentés sur la table des gourmets, déchiquetés à belles dents, disparaître pour toujours dans ce vaste tombeau que l'on nomme la bouche et l'estomac. Dans les fermes où l'élevage se fait en grand, on a recours soit à l'engraissement à la main, à l'aide de l'entonnoir, soit à l'engraissement mécanique dont nous donnons un aperçu (fig. 209), par la reproduction de la gaveuse Philippe, appareil à compression, réalisant une économie de temps et la précision mathématique indispensable dans la répartition des aliments donnés à chaque sujet.

La nourriture des pondeuses, pour les entretenir en bon état et leur permettre de donner le maximum d'œufs que comporte leur race, se composera de bon grain, orge, maïs, avoine, blé noir, auxquels on ajoutera des plantes herbacées, des pommes de terre cuites, orties cuites, laitue, etc., ajoutés au grain, afin de varier le plus possible. Il est

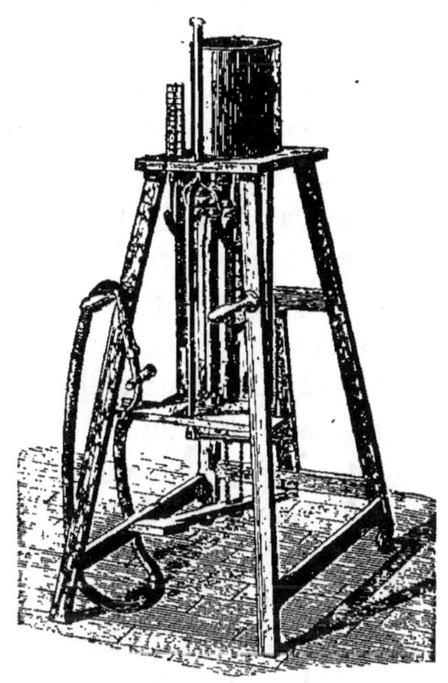

Fig. 209.

préférable de forcer davantage sur les herbes en hiver, car la chaleur vitale se concentrant intérieurement à cette époque, il est bon de rafraîchir le sujet qui, à l'état libre, trouve encore assez de nourriture échauffante dans les insectes, les larves, les limaces, les vers et autres animaux qu'il déterre et dont il fait son profit.

Dès l'âge de trois ans la ponte commence à diminuer chez les poules; leur chair devient tellement dure qu'elle n'a plus aucune valeur.

Une bonne couveuse ne peut guère couver plus de 16 œufs à la fois. Pour lui éviter de longs déplacements on doit placer son manger à sa portée.

Maladies des volailles. — Relativement aux maladies dont sont affectées les volailles, la compétence et les soins que leur donnent les filles de basse-cour en triomphent presque toujours, surtout quand le poulailler est tenu dans un grand état de propreté.

A ce propos il n'est pas inutile de recommander de le reblanchir à la chaux au moins tous les ans et de faire régulièrement toutes les semaines le nettoyage à fond des excréments recouvrant le plancher et les juchoirs, pour éviter la formation de la vermine ; de le laver même au besoin de temps en temps pour mieux l'assainir.

Examinons maintenant, au point de vue de leurs qualités spéciales, les différentes espèces de poules classées dans la catégorie des races dites d'utilité.

La **gauloise**, que l'on peut ranger au premier rang des poules de race d'utilité, possède une foule de qualités la recommandant dans les fermes. Très bonne pondeuse, d'incubation et de maternité excellentes, elle est d'une chair très délicate. Brave devant le danger, elle trouve l'énergie nécessaire pour protéger ses poussins contre l'envahisseur imprudent venant porter l'effroi au sein de sa paisible famille (fig. 215). Son élevage exige un espace assez vaste eu égard à sa nature vagabonde et aventureuse.

Les **poules andalouses**, excellentes pondeuses, sont d'une couleur gris bleuâtre ; ainsi que le coq, leur tête porte pour signes caractéristiques des oreillons blancs, des joues rouges, un bec et des yeux noirs. La crête, assez développée, est droite chez le coq ; elle est tombante chez la poule ; sa chair est tendre et délicate ; mais, à côté de ces qualités, elle a le défaut de rarement couver ; elle n'est donc bonne que pour le produit des œufs et de la chair.

La **poule de Bresse** est, parmi les races mixtes françaises, la plus utile et la plus productive. La couleur de ses plumes

Fig. 210 à 214.

varie entre le noir et le crayonné, suivant qu'elle provient de
Louhans ou de Bourg. La crête, assez forte et dentelée chez
le coq, penche un peu sur le côté chez la poule. Très
bonnes pondeuses et couveuses (135 à 140 œufs par an),
elles sont d'excellentes mères : leur chair est fine et délicate.
D'humeur sédentaire, elles se rendent vite familières; aussi

Fig. 215.

les recommandons-nous aux amateurs de bons chapons et
poulardes, de même que les barbezieux, dont les qualités
s'en rapprochent sensiblement. Elles s'engraissent facilement et vivement.

La poule de La Flèche (fig. 223) et la poule du Mans ont
une réputation établie de longue date. Ce sont encore de
merveilleux sujets qui peuvent atteindre le poids de 3 à

4 kilos, si l'engraissement est bien dirigé. Cette poule possède une crête en forme de cornes ; des yeux fortement ressortis de leur orbite ; elle est également de couleur noire. C'est une belle et magnifique volaille à la peau blanche, fine et transparente, recouvrant une chair délicate et juteuse prenant facilement la graisse.

Sa ponte est précoce, bonne et abondante, 140 œufs environ par an ; mais elle est très mauvaise couveuse.

Les **mantaises** possèdent les mêmes qualités et en ont également les défauts.

Les **courtes pattes**, d'origine française, sont de petite taille, très rustiques ; bonnes pondeuses, précieuses couveuses et mères ; elles sont très basses de pattes et ont le ventre touchant presque la terre. Leur plumage, entièrement noir, laisse apercevoir des oreillons blancs et une petite crête frisée portant plutôt sur le bec que sur la tête. Ce genre de poule, ne grattant pas la terre, ne commet aucun dégât dans les jardins. Leur démarche, au lieu d'être compassée et régulière comme celle des autres poules, semble s'effectuer plutôt par balancement et par sauts.

Les **poules de combat** (fig. 212 et 225), d'origine anglaise, vagabondes et batailleuses intrépides, sont encore, parmi les races mixtes, de précieuses pondeuses, d'excellentes couveuses et de bonnes mères, exigeant peu de nourriture. Elles se conviennent parfaitement dans des cours vastes et spacieuses.

La **race espagnole** (fig. 220), dont une variété est blanche, est d'une allure fière et hautaine indiquant son caractère querelleur. C'est une belle volaille, au corps mince et délicat, d'un plumage noir, lustré de vert, avec reflets argentins. La joue et les oreillons sont blancs ; sa crête peu épaisse, se soutenant mal, la coiffant de côté (fig. 214), jure singulièrement avec l'attitude de celle du coq, qui la porte très haute et très droite, profondément échancrée (fig. 213). Cette race, délicate à élever, est d'une fécondité remarquable comme pondeuse, mais nulle comme couveuse. La chair des poulets est bonne à cinq ou six mois pour la consommation, mais la conformation de leur charpente nuit singulièrement à leur apparence, une fois plumés.

La **campine** (fig. 224), originaire des Flandres, est une belle petite volaille vive et alerte, d'une grande rusticité; elle est surtout remarquable par la blancheur des plumes de sa pèlerine et les raies transversales blanches et noires recouvrant le reste du corps. Sa crête frisée, terminée en pointe, et ses barbillons arrondis, sont accompagnés d'oreillons blancs la rendant coquette. Excellente pondeuse, pouvant fournir jusqu'à 250 œufs par an, elle ne couve jamais, mais sa chair est délicate; ses œufs sont en rapport avec sa taille.

Le coq, de petite dimension, avec crête double et frisée, est presque blanc, sauf les plumes du croupion, qui sont noires avec reflet vert bronze.

La **dorking** (fig. 210 pour le coq, 221 pour la poule), d'origine anglo-espagnole, est une belle et forte poule caractérisée par l'élégance de son plumage, l'abondance et la grosseur de sa ponte, 125 à 130 œufs, par ses qualités d'incubation et de maternité; seulement elle est très délicate à élever, dégénère facilement si elle n'est pas soumise à un régime spécial.

Elle redoute la gelée et l'humidité. Sa chair est blanche et juteuse. Le coq a la tête surmontée d'une forte crête, accompagnée de longs barbillons (fig. 210), tandis que la poule ne possède qu'une petite crête. Elle est privée d'oreillons; ses pattes, comme celles du coq, fortes et roses, possèdent cinq doigts. Le camail de la poule est blanc lamé de noir; les plumes du ventre et du dos sont gris brun avec

Fig. 216 à 225.

nervure blanche, tandis que le coq a le camail complètement blanc et les extrémités noires, de même que la poitrine.

Le **houdan** (fig. 217) est, de toutes les races françaises, la
plus belle et la plus recherchée, aussi bien pour la reproduction que pour l'élevage. De son accouplement avec
d'autres espèces elle produit une foule de variétés.

D'une précocité et d'une fécondité remarquables, elle
est très mauvaise couveuse, mais se prête admirablement à
l'engraissement. La finesse de sa chair égale, si elle ne surpasse, celle des volailles de la Flèche et du Mans. De ponte
hâtive et abondante, elle procure de beaux œufs (140 par
an). Les poulets qu'on en obtient peuvent s'engraisser dès
l'âge de quatre mois pour atteindre, à leur complet développement, le poids de 2 à 2 kilos et demi.

Sa huppe, toujours ébouriffée, lui communiquant un
cachet tout particulier, devient pour elle, en maintes circonstances, un ornement gênant l'empêchant de trouver sa
nourriture aussi facilement que les autres poules. Son plumage caillouté noir et blanc est un signe caractéristique
inhérent à sa race ; de même que ses longues pattes gris
rose ornées de cinq doigts ou griffes. Son cou fort, sa
huppe abondante, ses favoris touffus lui donnent un air
étrange et effrayé qui surprend au premier abord.

Le coq (fig. 214), fier et mal peigné, se distingue de la
poule par une volumineuse et triple crête en forme de gobelet, toujours sanguinolente et charnue, suffisant à elle
seule pour le faire reconnaître à première vue parmi toutes
les autres espèces.

La **poule de Crèvecœur** (fig. 219) et celle de Houdan, similaires de formes, sont, sans contredit, les plus remarquables volailles de nos basses-cours, et ne se distinguent entre
elles que par leur couleur respective et quelques détails in-

signifiants que nous allons faire ressortir ici. Pour ce qui est de leurs qualités et défauts, ils sont à peu de chose près les mêmes : bonnes pondeuses, fournissant de très beaux œufs (120 par an), elles sont mauvaises couveuses.

Entièrement noires de plumage, ce qui les différencie des houdans (cailloutées noir et blanc), elles s'en distinguent encore par une forte huppe noire accompagnée de favoris. et d'une cravate de même couleur, ainsi que par le ton bleu nacré des oreillons, par des pattes plus basses, de couleur également noirâtre comme le reste du corps.

Le coq possède une crête fourchue, moins déchiquetée que celle du Houdan, dont la pointe médiane est moins prononcée.

La poule de Cochinchine (fig. 222) est représentée par deux variétés, l'une blanche et l'autre noire. Cette volaille, originaire du pays dont elle porte le nom, n'a été importée que depuis une vingtaine d'années seulement. Cette forte espèce, douée d'un tempérament tout particulier, se recommande par ses goûts sédentaires, ses instincts conservateurs, par sa ponte abondante, dont le nombre d'œufs peut être évalué entre 120 à 125 en moyenne par an. C'est une précieuse couveuse, mais sa chair coriace, dure et filandreuse, la rend impropre à l'alimentation. La couleur varie du chamois foncé au blanc et au jaune clair. Celles possédant des plumes noires à la queue sont les plus recherchées. Indépendamment de ces races utiles pour les multiples besoins de la ferme, il y a encore les races dites d'agrément que les amateurs recherchent spécialement en vue de l'élégance ou l'originalité de leurs formes, la richesse et la beauté de leur plumage. Nous nous contenterons d'en citer ici les noms, sans entrer dans aucun détail à leur sujet. Ce sont : les poules de Padoue, le sultan, la malaise, la poule de Shang-Haï, le phénix, la soyeuse, la nègre, la bentham, etc. (fig. 216, 218).

Canards. — Le canard des basses-cours (fig. 230) est à peu près le même que le canard sauvage, avec lequel il se croise fort souvent sur les étangs.

Avide et glouton par nature, il est facile à élever, se contente des plus grossiers aliments : tous les restes de la cuisine lui sont bons. Il se précipite avec une telle voracité sur la viande crue ou les intestins de lapins et de volailles que l'on jette sur le fumier, qu'il risque à chaque instant de s'étrangler. Nous en avons vu un avaler une telle longueur de boyaux qu'il étouffait littéralement : mais dame Nature, qui fait bien les choses, l'a tiré de cet embarras par l'avidité même d'un de ses semblables qui, s'emparant du bout non encore disparu, le retira petit à petit de la gorge de l'autre pour se l'approprier à son tour. C'est pour cela qu'il faut ne leur donner que très peu de nourriture à la fois.

Barboteur des eaux fangeuses, le canard est en quelque sorte le porc des volailles de la basse-cour. Omnivore, il n'épargne ni les limaces, ni les grenouilles qu'il peut saisir au passage, ni les larves aquatiques dont il purifie les mares et les étangs. La place qui lui est assignée se trouve au-dessous du poulailler, comme nous l'avons dit page 144. La plus grande propreté doit y régner, et la paille, lui servant de couche, doit être souvent renouvelée. Le peu d'entretien et de nourriture qu'il exige, la délicatesse de sa chair, les excellents pâtés que l'on en fait, la vente des foies, valant de 2 fr. 50 à 4 francs les 200 ou 250 grammes (1), et celle de son duvet, en font un hôte précieux de la basse-cour, qui, lui aussi, occupe un rang important dans les recettes de la ferme.

(1) Amiens jouit, pour ses pâtés de canards, de la même renommée que Pithiviers pour ses pâtés d'alouettes, et Nérac pour ses terrines et pâtés.

Un mâle peut satisfaire amplement cinq ou six canes. Elles font deux couvées par an, ce qui nécessite la conservation du mâle pendant tout le temps de l'incubation, pour obtenir une seconde couvée.

La ponte est d'environ 85 à 90 œufs lorsqu'on les retire au fur et à mesure qu'ils sont pondus. Elle se fait tous les deux jours, le matin principalement ; aussi est-il bon de ne laisser sortir les canes qu'un peu tard, vers les 10 heures du matin, pour éviter qu'elles n'aillent perdre leurs œufs.

Parviennent-elles à pondre en cachette, il faut, si l'on découvre le nid, éviter de les troubler et les laisser tranquilles sans avoir l'air de s'en être aperçu.

Le maximum d'œufs qu'une cane peut couver est de 14 ou 15 ; mais, lorsqu'on ne les lui retire pas, elle ne pond que la quantité qu'elle peut couver. L'incubation dure de 28 à 30 jours. La précocité de naissance des petits canetons est en rapport avec la fraîcheur des œufs.

Dès leur naissance, les petits ne demandent d'autres soins que ceux de la mère, sous laquelle ils se ressuient ; aussi faut-il se garder de les déranger. Aussitôt qu'ils commencent à piailler, on les nourrit avec de la mie de pain trempée dans du lait caillé et des œufs cuits. Peu de temps après, on leur donne cinq ou six fois par jour des pâtées de farine d'avoine et de son ou du vermicelle cuit mélangés en parties égales et des orties hachées fin, sans oublier l'eau comme boisson. Pendant qu'ils mangent, il faut éviter que la mère ne participe à leur repas. Au bout de cinq ou six jours, on peut les laisser aller à l'eau, en ayant soin de placer leur pâtée à proximité, sous une mue à travers laquelle les autres volailles ne peuvent venir s'en emparer à leur détriment.

Dans l'enfance les canetons sont très sensibles à la pluie ; aussi ne faut-il les laisser sortir que par un beau temps. S'ils sont par trop sales, on les lave légèrement et on les laisse se réchauffer et se sécher près d'un feu vif et clair. On continue les pâtées, auxquelles on ajoute des criblures, du son, des pommes de terre cuites, jusqu'à ce qu'ils soient *croisés* (1), ce qui a lieu vers l'âge de trois mois ; ils sont alors en état de pourvoir d'eux-mêmes à leur nourriture. Après la mue on peut procéder à leur engraissement : il se fait en pleine liberté, en leur fournissant une nourriture abondante. Un canard ordinaire doit peser environ 1^k,500. Les canards normands ou de Toulouse engraissés pour le foie, comme on le fait pour les oies dont nous allons parler, atteignent souvent le poids de 2 à 5 kilos.

Parmi les diverses races, citons le **canard musqué**, ou de Barbarie, plus gros que le canard domestique ordinaire (fig. 230) il a un plumage vert brun, le dos vert métallique, avec reflets violet pourpré ; les ailes blanches et le dessous du corps brun noirâtre, l'œil jaune, le bec noir avec bandes brunes en avant des narines, la pointe couleur chair.

Le **canard de Rouen**, ou canard normand (2), dont la femelle est une excellente pondeuse, peut s'assimiler au canard barboteur commun, et en réunit les principaux caractères (fig. 227). Allant peu à l'eau et paresseux de nature, il aime à s'éplucher au soleil. Il est de corpulence assez forte, avec plumage noir et tête vert foncé à gorge blanche et ailes longues à reflets roux. Il y en a des blancs à bec jaune.

Le **canard chantrelle**, rappelant pour le plumage le canard sauvage, sert d'appelant pour la chasse à la hutte. Vient ensuite le canard de Hollande dont le mâle diffère de la femelle, en ce que contrairement à elle, il a le bec vert au lieu d'être noir.

(1) Un canard est *croisé* lorsque les extrémités de ses ailes se croisent sur le dos.

(2) Le *mulard* est le produit du croisement du canard de Barbarie avec la cane de Rouen : ils sont inféconds.

Fig. 226 à 230.

Le **canard d'Alisbury** (fig. 228) se reconnaît parmi les autres par son plumage entièrement blanc crème, son bec au ton de chair, ses pattes orange. Il est moins gros que le canard de Rouen, et se confondrait facilement avec lui, s'il n'avait le bec et les pattes d'une autre couleur, ainsi que l'œil à fleur de tête.

Le **labrador** (fig. 226) est d'une grande fécondité. Il a la chair très fine ; aucune autre espèce ne peut lui être comparée. Il recherche les endroits ombragés.

Le **canard mandarin** ou sarcelle de Chine (fig. 229) originaire de la province de Nankin, importé en France vers 1858, surpasse toutes les autres espèces par l'éclat de ses couleurs et la richesse de son plumage qui se trouve relevé, chez le mâle, par un splendide panache vert et pourpre. L'œil est orangé, le bec rouge à pointe blanche. C'est plutôt un oiseau d'ornementation. En Chine, il représente le symbole de la *fidélité*, aussi en offre-t-on un couple comme cadeau de noce à la jeune mariée.

Oie. — Si l'oie rappelle le canard par sa forme, elle a sur lui le double avantage de la taille et de la grosseur.

L'oie grise ou cendrée est originaire de l'Asie ; elle nous arrive de ces contrées, chassée par le froid. Douce et paisible par nature, elle fait bon ménage avec toute la basse-cour et semble la prendre sous sa sauvegarde.

Sa vigilance, devenue proverbiale, fait concurrence au chien de la ferme ; elle est la première à donner l'éveil à tout le petit peuple emplumé de la basse-cour ; aussitôt qu'il s'y présente un étranger (fig. 231). Elle accompagne ses pas de ces mêmes cris rauques et sifflements qui jadis sauvèrent le Capitole, en dénonçant par leurs cris, aux Romains endormis, l'attaque nocturne tentée par les compagnons de Brennus.

Il existe en France deux races d'oies ; la petite et la grande ;

le mâle porte le nom de *jars* et les petits celui d'oisons. La petite race, dite oie de la Meuse, est la plus répandue, la plus commune dans le nord-est de la France, elle ne dépasse

Fig. 231.

guère le poids de 3 kilogrammes, à moins qu'elle ne soit soumise à un engraissement spécial; alors elle atteint le poids de 5 kilogrammes.

L'oie de forte taille (fig. 232) se rencontre dans les départements du Tarn et de la Haute-Garonne et de l'Aude; mais dès qu'elle quitte ces contrées, elle dégénère bien vite pour rentrer dans la taille moyenne. Les oies marchent par bandes; leur démarche ballottante et leur port vertical ainsi que l'espèce de graisse de fanon pendant entre leurs pattes et rasant la terre, leur donnent un aspect aussi lourd que disgracieux. Leur cou déprimé n'a pas pour peu contribué à leur faire attribuer la réputation de bêtise proverbiale dont elles jouissent. Parmi les variétés les plus répandues, citons : l'oie des moissons, tachetée au front ; l'oie rieuse, au front blanc et au ventre noir ; l'oie cygne, avec bec noir et bourrelet corné à la base du front ; espèce se rencontrant abondamment dans la Somme et le Pas-de-Calais.

L'oie recherche les eaux vives et claires, se plaît dans des lieux sains et propres, bien aérés, exempts d'humidité. Il faut souvent renouveler la paille leur servant de litière. Leur

Fig. 232.

place est également assignée au-dessous du poulailler, dans un espace séparé de celui des canards. Un jars peut satisfaire cinq ou six femelles et se conserver bon pour la reproduction pendant quatre ou cinq ans ; passé cette époque, on l'engraisse pour la vente, de même que les femelles ayant atteint l'âge de quatre ans. L'oie fait deux pontes par an, de février à juin ; elle pond tous les deux jours et donne ordinairement de douze à quinze œufs.

Il est inutile de lui préparer un nid, elle le construit elle-même dans l'endroit où elle couche ; on s'en aperçoit par les brins de paille qu'elle y transporte. Il faut alors l'aider en le lui arrangeant commodément. On reconnaît qu'elle est disposée à couver lorsqu'elle séjourne sur ses œufs. On place alors la nourriture à sa portée, la contraignant plusieurs fois par jour à abandonner son nid pour manger, boire et fienter.

Les petits, en naissant, marchent et mangent seuls ; mais

à l'état domestique il est bon de les envelopper dans de la laine que l'on place auprès du feu pour les sécher ; ce n'est que vingt-quatre heures après que l'on commence à les alimenter avec de la mie de pain mouillée et de la pâtée de son, de recoupes et de pommes de terre écrasée, bien délayée, que l'on donne cinq ou six fois par jour. Peu de jours de ce régime suffisent ; on peut alors leur donner la liberté, et, s'il fait beau temps, les conduire en pâture où ils se rendent en troupe. Comme pour les canards, la pluie et l'humidité sont à craindre pour eux. Friands d'herbes tendres, les pâtures leur sont d'un grand secours, ils s'y développent rapidement. Indépendamment de l'herbe, il faut encore leur continuer les pâtées auxquelles on ajoute des orties hachées très fin. L'eau les attirant, ils y vont d'eux-mêmes, prennent leurs ébats et grandissent à vue d'œil.

On ne peut nier l'immense produit que rapporte l'élevage des oies dans les grandes exploitations où elles trouvent d'elles-mêmes leur nourriture.

Tout est profit chez elle : sa viande, son foie (pesant environ 500 gr.) (1), sa graisse, ses œufs, ses plumes, son duvet, son fumier, qui est précieux pour la culture.

L'engraissement des oies se fait de septembre à novembre : vingt à trente jours suffisent : en employant le même système que pour les poules, c'est-à-dire l'obscurité, l'isolement et l'immobilité presque complète et une nourriture abondante consistant en pâtée de farine d'orge, de blé de Turquie avec du lait et des pommes de terre cuites. On termine ensuite par de l'avoine, en renouvelant tous les jours leur litière. On les gave aussi à l'entonnoir ou à la gaveuse avec du maïs en grain. Il en faut environ 25 à 30 litres pour engraisser une oie de grande taille.

(1) Le foie des oies grasses sert à faire ces terrines aux pâtés de foie gras de Toulouse et de Strasbourg si estimés des gourmets.

Dindon. — Originaire de l'Amérique du Nord, où il vit en liberté, le dindon y atteint des proportions beaucoup plus développées que celles que nous lui connaissons.

Les premiers qui apparurent en France y furent introduits au xvi° siècle par les jésuites et présentés sur la table royale aux noces de Charles IX.

La couleur du plumage des dindons varie du noir bleu au gris et au blanc, mais ce n'est qu'une variété se ratta-

Fig. 233.

chant à la même espèce : leur manière de vivre et d'agir étant exactement la même pour tous.

Le bec du dindon est court et convexe, sa tête est réellement typique par la *caroncule* charnue et mamelonnée s'étendant sur une partie du bec et du cou. Il a les *tarses* assez longs, les ergots peu développés ; les ailes arrondies, la queue formée de quatorze régimes se développant en éventail et imitant la roue (fig. 233).

La domestication et l'exil ont, on peut le dire, singulièrement modifié et abruti la vivacité de cet animal si fier et si majestueux à l'état sauvage : elle l'a rendu lourd et apathique. Ses mœurs elles-mêmes en ont subi de profondes atteintes : ces intrépides marcheurs qui, à l'état libre, se réunissent par bandes d'une centaine pour accomplir de longues et fatigantes pérégrinations, sont devenus aujourd'hui complètement sédentaires, vivant et mourant dans l'endroit même où ils ont pris naissance.

L'horreur qu'ils éprouvent pour la couleur rouge provoque tout de suite leur colère ; il suffit de leur montrer un morceau d'étoffe de cette nuance pour les irriter et leur faire perdre la tête.

Craintifs à l'excès, ignorant leur force, le moindre fétu de paille posé sur leur dos, lorsqu'ils sont accroupis, devient une poutre pour eux ; aussi n'osent-ils faire aucun mouvement de crainte d'être écrasés sous le poids de ce léger fuseau. Leur bêtise et leur ahurissement sont devenus proverbiaux.

Autant la femelle est douce et prévoyante, son instinct maternel développé, pour sa progéniture, autant le mâle a mauvais caractère. Si les femelles fécondées ne les abandonnaient pas, ils briseraient impitoyablement tous leurs œufs, soit par jalousie, soit par bêtise. Il faut, lorsque les petits sont éclos les séparer complètement des mâles, car ils les tueraient à coup de bec même sous les ailes de leur mère.

Un mâle suffit pour dix femelles. Sa durée est de cinq à six ans ; mais il est préférable de le destiner dès la troisième année à l'engraissement. La ponte se fait toujours en dehors du poulailler, elle a lieu deux fois par an ; l'une à la fin de l'hiver, l'autre au commencement de l'été. Le nombre des œufs varie entre 15 et 20 chaque ponte ; leur incubation demande de trente à trente-deux jours.

A leur naissance, les dindonneaux ont besoin d'être entourés des plus grands soins ; très frileux, ils n'acquièrent de la force que lorsque sont poussées les *caroncules* ou cerises, c'est-à-dire vers la septième semaine : des quantités succombent à cette espèce de formation.

La pousse du rouge terminée, on les réunit tous par bandes de 80 ou 100, sans distinction de sexe, pour les conduire au pâturage ou dans une friche quelconque, continuant à leur donner comme **nourriture** complémentaire un peu de viande hachée.

La nourriture des dindonneaux nouveau-nés consiste dans un mélange de farine d'avoine, de mie de pain et de feuilles de pissenlit ou de jeunes pousses d'orties finement hachées et liées avec un œuf cuit mollet, le tout délayé ensuite avec un peu d'eau chaude.

Si par hasard, ce qui arrive parfois, ils étaient trop longtemps à se décider à manger, il faudrait, pour la première fois, leur ouvrir le bec et y introduire un peu de la susdite pâtée, il est préférable cependant d'attendre que cela vienne d'eux-mêmes. On les déciderait ainsi à prendre cette nourriture auprès de laquelle, par leur imbécillité, ils se laisseraient mourir de faim. On leur donne à boire un peu de petit-lait, cela évite la constipation : on modifie de jour en jour leur pâtée en y ajoutant davantage d'orties et d'oignons.

Dès qu'ils ont atteint huit à neuf semaines, la pâtée ne doit plus se composer que de farine d'orge et de pommes de terre cuites ; c'est l'approche de leur âge critique, la pousse des caroncules.

Jusqu'à cette époque, ils redoutent le froid et l'humidité : aussi est-il prudent de ne les laisser sortir que par un beau soleil.

On commence l'engraissement des dindons aussitôt leur croissance achevée. Le grain leur est alors distribué à profusion. Pendant les dix derniers jours, on les enferme à l'obscurité, sous des mues remplaçant l'épinette, puis on les empâte quatre fois par jour avec des pâtons composés de farine d'orge, de sarrasin et de pomme de terre écrasée.

L'élevage des dindons est assez lucratif lorsqu'il est bien dirigé. Leurs œufs servent plutôt à faire les pâtées des jeunes dindonneaux qu'à l'alimentation.

Leur chair est succulente et exquise; aussi est-elle recherchée pour le service de la table.

Les plumes, contrairement à celles du canard et de l'oie, n'ont aucune valeur.

Pour avoir toujours de belles espèces de dindons, il faut éviter la consanguinité et faire croiser les races. On se procure pour cela des mâles nouveaux : la Normandie possède une espèce très forte qui est fort recherchée.

Pigeons. — Malgré l'exiguïté de leur taille, les pigeons n'en sont pas moins d'un produit très lucratif; aussi sont-ils l'objet d'un commerce important et très actif.

Le pigeon sauvage passe, avec le ramier, pour la souche de nos races domestiques; mais ils ne se trouvent plus guère à l'état sauvage que dans quelques îles de la Méditerranée; quelquefois, par exception, sur les côtes d'Angleterre et de Norvège.

Par des croisements successifs, par des sélections méthodiques, les éleveurs sont parvenus à multiplier considérablement les espèces, mais le vrai pigeon, le pigeon domestique, est toujours resté le plus productif d'entre tous.

Malgré cette diversité dans les races il est une division qui s'impose naturellement d'elle-même, elle s'établit d'après les mœurs de ces oiseaux et leur état de domesticité : celle des *pigeons fuyards*, et celle des *pigeons de volière*.

Parmi les *pigeons fuyards*, comme le mot l'indique, se rangent les espèces à demi sauvages, redoutant la présence de l'homme. Ils sont presque nomades, vivent loin du pigeonnier, dans lequel ils ne rentrent qu'accidentellement le jour, comme le fait le biset ou pigeon des champs ; ils commettent de grands ravages dans les pièces de colza, de lin, de pois, de vesce et autres céréales dont ils se nourrissent presque exclusivement.

Fier et indépendant par nature, le biset pourvoit lui-même à sa nourriture, il n'a recours à celle du pigeonnier que lorsqu'il ne trouve plus rien dans les champs ; aussi revient-il alors un peu plus assidu au logis. Ses mœurs se ressentent toujours de son origine sauvage : jamais il ne se pose dans les endroits fréquentés et perche soit sur les arbres, soit sur les toits.

De couleur bleu cendré chair, il a le ventre bleuâtre, la tête d'un gris ardoisé clair, se fonçant de plus en plus en se rapprochant du cou et projetant des reflets vert bleu dans la partie haute, et pourpre dans la partie foncée. L'extrémité du dos est blanc ; les ailes striées de deux bandes noires, les régines gris cendré. Son œil est brun, le bec passant graduellement du noir au bleu clair, les pattes rouge violacé.

Au nombre des pigeons fuyards se rangent le *volant* dit aussi messager, le *culbutant* ou tournant, tirant son nom de l'espèce de chute ou cabriole qu'il fait en volant et d'autres espèces exigeant une liberté presque complète, du moins pendant le jour, ne rentrant que vers le soir au colombier.

En général les pigeons nomades sont peu féconds, ne produisent guère que deux ou trois couvées au plus par an, de deux œufs, donnant souvent chacune un couple assorti, mâle et femelle.

A côté de ces espèces demi-sauvages, il en est d'autres incapables de pourvoir elles-mêmes à leur subsistance, s'attachant volontiers au colombier qui les a vus naître, aux personnes qui les soignent et les nourrissent, en un mot, re-

Fig. 234 à 240.

cherchant plutôt la présence de l'homme qu'ils ne le fuient, ce sont les pigeons *dits de volière*.

Doux par nature, aimants et fidèles, ils s'accommodent parfaitement de la vie commune, supportent avec résignation la captivité que leur impose souvent l'heure tardive de l'ouverture du pigeonnier pendant les jours brumeux de l'hiver.

Si, pour l'amateur, toute la valeur d'un pigeon consiste dans la richesse de sa robe, dans l'allure fière et dégagée de sa démarche, dans son originalité même, sans se préoccuper de son rapport, il n'en est pas ainsi pour le cultivateur qui, lui, ne cherche à peupler sa ferme que d'espèces productives, contribuant, en échange des soins qu'il leur donne, à apporter chaque année, sous une forme ou sous une autre, leur part de bénéfice aux produits de la ferme.

Que lui importe-t-il que le pigeon soit bleu ou blanc, capuchonné ou cravaté, à pattes lisses ou pattues; ce qu'il veut, ce à quoi il vise, avant tout, c'est à la fécondité et au rapport de l'animal, pas à autre chose, aussi, s'occupe-t-il peu de la race, sachant fort bien que plus un pigeon est gros, moins il est fécond; que seules les moyennes et petites espèces sont productives, fécondes, bonnes couveuses et précoces.

Au nombre des pigeons productifs, il faut classer le *souabe* (fig. 235), le plus fécond de tous; le pigeon romain, le mondain, le maille, le boulant, le nonnain (fig. 238), les tambours de Dresde (fig. 239) etc.

Les bons pigeons de volière doivent produire de sept à huit couvées par an; surtout lorsqu'ils reçoivent, pendant toute l'année, une nourriture abondante composée de vesce et de sarrasin, ce qui les excite à la ponte.

La durée de l'incubation est de dix-sept jours à vingt jours; elle se fait alternativement par le mâle et la femelle, quoique cette dernière passe seule entièrement la nuit sur ses œufs.

A l'âge de quatre ou cinq semaines, les petits sont bons à manger; mais il est préférable, pour en tirer le double de profit, de les engraisser pendant cinq à six jours en les privant de lumière, les enfermant dans un panier recouvert d'un linge épais, et leur administrer trois à quatre fois par jour des pâtées composées de graines cuites, et autres substances destinées à l'engraissement des volailles : ils sont alors bons pour la vente et valent le double des premiers.

Un pigeonnier bien approvisionné peut, vers la fin du printemps, fournir une centaine de pigeons par semaine, ce qui n'est pas à dédaigner comme rapport, plus la vente du fumier qui se paye fort cher.

Parmi les pigeons d'agrément, citons : le *mondain*, le *messager*, le *tambour de Dresde* (fig. 239), le *souabe* (fig. 235), le *carrier* (fig. 237), le *capé du Mans*, la *grosse gorge* (fig. 236), le *pigeon paon* (fig. 234).

La nourriture des pigeons se compose de graines rondes auxquelles on peut ajouter de temps à autre des pommes de terre cuites écrasées avec des criblures de froment et de seigle. Ce qu'il ne faut pas oublier surtout et ce dont ils sont très friands, c'est du gros sel, aussi faut-il leur en donner de temps à autre.

Les graines pointues, telles que l'avoine, l'orge, ont l'inconvénient de percer le jabot; on évitera donc de leur en donner, à moins de les broyer auparavant. La durée du pigeon est fixée à neuf ou dix ans; mais à partir de cinq ans sa fécondité est épuisée. Il est préférable de se débarrasser des couples lorsqu'ils arrivent à cet âge.

Nous n'entreprendrons pas de décrire ici les caractères propres à chaque espèce de pigeons; cela nous entraînerait plus loin que le comporte cette rapide étude. Il nous suffira, pour terminer, de signaler aux amateurs de pigeons et aux fermiers leur ennemi mortel, le rat, qui leur fait une guerre acharnée et les chauves-souris qui se régalent de leurs œufs. Avertis du danger, gare à vos pigeons ! Ouvrez l'œil sur ces terribles ravageurs, ne ménagez pas les pièges pour les prendre, car il sont là, en vigilants braconniers, guettant constamment leur proie (1).

La pintade, originaire de l'Afrique septentrionale, se rencontre assez souvent dans les fermes. Son plumage gris, moucheté de noir et de blanc en fait un des beaux oiseaux de la basse-cour. Son cri désagréable et aigu, ainsi que son caractère turbulent et querelleur, l'empêchent de vivre en bonne intelligence avec ses compagnes, ce qui est souvent la cause de sa mort. Acariâtre et méchante pour les autres volailles, elle est un brandon de discorde dans la basse-cour, malheur au poussin imprudent tombant à la portée de son bec.

(1) *Pigeons.* — LÉGISLATION. ART. 524 (code civil). — Les objets que le propriétaire d'un fonds y a placés pour le service et l'exploitation de ce fonds, sont immeubles par destination. Quand ils ont été placés par le propriétaire pour le service et l'exploitation du fonds : les pigeons des colombiers, les ruches à miel, les lapins des garennes, les poissons des étangs, sont aussi immeubles par destination, tous les effets mobiliers que le propriétaire a attachés au fonds à perpétuelle demeure.

ART. 564. — Les pigeons, les lapins, poissons, qui passent dans un autre colombier, garenne ou étang, appartiennent au propriétaire de ces objets, pourvu qu'ils n'y aient point été attirés par fraude et artifice.

Dans l'intérêt des récoltes, le conseil municipal détermine chaque année la fermeture des colombiers ; cet arrêt est affiché dans les communes et alors chacun a le droit de tuer les pigeons qui s'abattent sur son terrain.

Le propriétaire qui ne s'est pas conformé à l'arrêt municipal est passible d'une amende de 1 franc à 5 francs.

Dans le temps où les pigeons sont libres, il n'est permis à qui que ce soit de tuer des pigeons, et de se les approprier sans se rendre coupable d'une soustraction frauduleuse, mais on a toujours le droit de réclamer contre leur propriétaire des dommages-intérêts pour les préjudices qu'ils causent aux récoltes.

Un coq suffit pour une douzaine de poules. Celles-ci ne pondent que dans des endroits retirés et choisissent de préférence les buissons ou les haies. Elles pondent de dix-huit à vingt-cinq œufs, que l'on fait souvent couver par une poule.

L'incubation dure trente jours; ses petits, une fois éclos, se nourrissent dès les premiers jours d'œufs cuits durs mêlés à des œufs de fourmis ou des fourmis elles-mêmes. Plus tard on y ajoute des orties hachées avec du son et d'autres graines telles que chènevis, millet, petit froment, etc. Jeunes, elles redoutent l'eau et l'humidité; mais une fois formées, ce qui se reconnaît dès qu'elles ont pris le rouge, leur rusticité est telle qu'elles peuvent impunément passer la nuit dehors et se nourrir comme toutes les autres volailles.

Elles vivent en troupe comme les dindons; leur chair est moins estimée des gourmets que leurs œufs. Leur caractère destructeur fait que lorsqu'elles peuvent s'introduire dans les jardins elles y commettent de grands dégâts. C'est en un mot un gallinacé manquant complètement de savoir-vivre.

CHAPITRE XIX

COMPTABILITÉ DE LA FERME. — PRODUITS DE LA BASSE-COUR. — ŒUFS. — LAIT. — SA FALSIFICATION. — BEURRE. — FROMAGES. — PLUMES. — PEAUX, ETC.

Ordre ! économie ! voilà la devise du cultivateur.

Dans la culture, comme dans toutes les autres branches de l'industrie, la plus stricte économie doit servir de base à chacune des opérations. Chez le cultivateur, plus encore que dans tous les autres commerces, un sou doit être un sou. La plus petite graine, la moindre poignée de foin, tout s'utilise sans aucune perte, car ce sont pour lui, comme on dit vulgairement : *les petits ruisseaux qui font la grande rivière*, c'est-à-dire les ventes réitérées de chaque produit qui, accumulées, finissent par former un tout permettant de subvenir à l'entretien et aux dépenses annuelles de la ferme. Ordre et économie voilà la devise d'une maison bien tenue : or le cultivateur ne peut obtenir l'ordre et l'économie chez lui que s'il procède méthodiquement à l'enregistrement, jour par jour, de ses recettes et de ses dépenses; s'il ne se rend compte, à toutes les époques de l'année, si les unes ne dépassent pas les autres, si sa manière de procéder est bonne ou mauvaise, en un mot, s'il y a profit ou perte dans son exploitation.

C'est ce que nous appelons la *comptabilité de la ferme.*

Cette comptabilité consiste à écrire indistinctement jour par jour, sur un livre appelé *journal*, toutes les recettes et dépenses se faisant dans la maison, de quelque nature qu'elles soient, depuis l'œuf vendu 5 ou 10 centimes, à une voisine, jusqu'aux ventes les plus importantes de bestiaux, de graines, de fourrages, etc., de même que les moindres sommes déboursées tant pour l'achat des denrées que pour l'acquisition des bestiaux, graines, engrais et autres objets, etc., pour reporter le tout, à la fin de la semaine, sur un autre registre nommé *grand livre*, sur lequel on peut voir d'un coup d'œil ce que chaque chose a coûté d'achat, de main-d'œuvre, et ce qu'elle a rapporté ; enfin ce que l'on a reçu et ce que l'on a dépensé. L'excédent ne trouvant pas l'emploi sera *l'avoir*, ce qui manquera *le doit* : car la culture est une véritable industrie, transformant certains produits ou matières premières telles que graines, fourrages, etc., pour en créer une foule d'autres produits sous la forme de graines, fourrages, viande, lait, beurre, œufs, laine, cuir, etc.

Pour simplifier cette comptabilité et la rendre pratique dans toutes les fermes, nous avons cru devoir donner ici un aperçu de la disposition de ce livre dans lequel il nous a paru inutile de faire entrer en ligne de compte les produits alimentaires consommés par les animaux, parce que ceux-ci, s'assimilant à eux, on les retrouve tôt ou tard transformés sous diverses formes : en travail, chez le cheval et le bœuf ; en viande chez le porc, le mouton, et la vache, ou en lait, beurre, fromage, laine, fumier, etc.

Rien du reste ne serait plus fantaisiste que ces estimations basées sur des prix et des données incertaines et problématiques, s'éloignant de la réalité, et ne pouvant se comparer à l'argent reçu en espèces sonnantes.

Les recettes, comme on le voit dans le tableau ci-dessous, ayant été de 5 312 fr. 50 et les dépenses de 915 francs, il suffit de faire une soustraction pour s'assurer que la somme restant en caisse est bien celle obtenue par la balance des recettes et dépenses : on porte alors 4397 fr. 50 en tête du mois d'octobre dans la colonne *Divers*, comme il a été fait pour le mois de septembre pour les 2 800 francs provenant de l'excédent du mois d'août.

Rien n'est plus simple que cette comptabilité donnant la situation au jour le jour et évitant une foule de petits carnets qu'il faudrait feuilleter alternativement pour obtenir le moindre renseignement.

Il nous semble inutile de dire que toutes les recettes et dépenses portées sur ce tableau ne sont que fictives et placées ici seulement pour servir d'exemples, de même que le nombre et le titre des colonnes que l'on peut augmenter, diminuer ou changer, suivant la nature des produits de la ferme et sa composition.

Aujourd'hui que l'instruction est répandue à profusion dans toutes les classes de la société ; que des lycées, des collèges et des écoles, sortent chaque année des femmes intelligentes et instruites, il n'est plus une femme de cultivateur qui ne soit en état de tenir une comptabilité aussi simple que celle que nous indiquons et qui demande fort peu de temps.

Le fermier trouvera donc dans sa compagne le précieux auxiliaire que réclame la tenue régulière de cette comptabilité agricole, dont la rédaction et la rigoureuse exactitude leur procurent des soirées pleines d'intérêt, de charmes et d'enseignements.

Ce travail terminé, que de chiffres supplémentaires, établis sur des suppositions, viendront alors s'aligner les uns à côté des autres, sur des : Si nous faisions ceci, si nous faisions cela; si! si! etc.? jusqu'à ce que le sommeil réclamant ses droits vienne, en laissant tomber la plume, faire

RECETTES. Exploitation. **DÉPENSES**

Avoir.   VENTES.   ACHATS.   *Doit.*

MOIS ET DATES.	GROS BÉTAIL.	GRAINES ET FOURRAGES.	PRODUITS DE LA BASSE-COUR						DIVERS.
			VOLAILLES.	ŒUFS.	BEURRE.	LAIT ET FROMAGE.	LAPINS.	PEAUX ET PLUMES.	
									En caisse. 2800
1er sept.	Vaches et veaux.. 800	»	30 50	14	»	1	6	»	Fumier... 50
2 —	»	Blé..... 107	»	»	11	»	»	Duvet. 6	»
4 —	Cheval.... 450	»	»	»	»	»	»	»	»
5 —	»	Orge ... 60	35 »	12	»	3	»	»	Légumes.. 15
9 —	Moutons.. 250	»	»	»	»	»	»	»	»
10 —	»	Luzerne. 25	»	»	»	»	»	»	»
do —	»	Avoine. 38	50 »	6	»	10	»	Peau .. 40	»
15 —	»	»	»	»	»	»	»	»	Bois...... 80
20 —	»	Foin ... 100	»	»	»	»	»	»	»
30 —	Porcs..... 150	Paille... 80	20 »	10	15	8	»	»	Divers.... 90
	1650	410	135 50	42	26	22	6	40	2075

TOTAL : 5312 fr. 50

MOIS ET DATES.	ACHAT DE BESTIAUX.	OUVRIERS SUPPLÉMENTAIRES.	GAGES DES SERVITEURS FIXES.	RÉPARATIONS ET ENTRETIEN DU MATÉRIEL.	ACHAT DE GRAINES ET FOURRAGES.	ENGRAIS.	FRAIS GÉNÉRAUX.
8 sept.	Cheval. 300	»	Berger. 30	Plafonneur. 25	»	»	Pour entretien. 125
5 —	»	Joseph. 4	»	»	Semences. 50	»	»
6 —	»	»	»	»	»	»	Boisson....... 15
7 —	»	»	Louis.. 15	»	»	»	»
10 —	»	»	»	Hache-paille 30	»	20	Voyage....... 25
12 —	»	Joseph. 2	»	»	»	»	Divers........ 12
18 —	»	»	Vacher. 6	»	Paille..... 35	»	»
20 —	»	»	»	Maréchal .. 16	»	»	Pommes...... 15
25 —	»	»	Marie.. 10	Charron... 4	»	10	»
27 —	»	Victor. 6	»	»	»	»	Loyer 100
28 —	»	»	»	Couvreur.. 10	»	»	Impôts....... 50
	300	12	61	85	85	30	342

TOTAL : 915 fr.

RESTE EN CAISSE : 4397 fr. 50

évanouir ces rêves que mille choses empêchent presque toujours de se réaliser.

Passons maintenant à l'examen des différents produits que l'on peut retirer de la basse-cour.

En première ligne se rangent les volailles. Nous étant attardé longuement sur ce chapitre, page 228 et suivantes, nous n'y reviendrons pas ; nous nous contenterons seulement d'envisager la question au point de vue du rendement, car tout est profit dans l'élevage des volailles : viande, œufs, plumes, fumier, tout sert, tout se vend ; il n'y en a jamais assez. Indépendamment de la vente de la volaille qui vaut :

Pour un poulet de 3 fr. 50 à 5 francs ;

Pour un canard de 4 à 6 francs ;

Pour une oie de 6 à 12 francs ;

Pour une dinde de 8 à 15 francs ;

il y a encore le produit des œufs, et ce n'est pas le moindre rapport d'une basse-cour.

On est réellement surpris, en examinant la statistique concernant la production annuelle des œufs en France, de voir que le nombre s'élève au chiffre fabuleux de plus 1 160 000 000 œufs par an, sur lequel 15 000 000, sont prélevés pour l'incubation et le reste se répartit entre la consommation en France et l'exportation.

Voyons maintenant ce que rapporte une poule prise dans les conditions les plus favorables : sa ponte peut s'évaluer à 100 et 150 œufs par an, chaque œuf pèse en moyenne 64 grammes, ce qui fait un poids annuel de $9^{k},600$ par poule, soit à peu près 15 ou 16 œufs environ par kilo.

En comptant les œufs en moyenne à 10 centimes la pièce, chaque poule rapporte donc 15 francs par an. Un poulailler composé de 100 poules, dont 75 seulement donneront des œufs, les autres étant consacrées aux couvées et à l'élevage, ces 75 poules produiront rien qu'en œufs une somme de 1 125 francs, et auront coûté chacune de 1 fr. 50 à 2 francs de nourriture.

Le commerce des œufs se fait en grand par des co que tiers les ramassant dans les fermes ou sur les marchés de province; ils les paient alors moins cher qu'on les vend aux particuliers. Ils les revendent aux halles de Paris au 1040, soit 4 en plus chaque cent. Parmi ces œufs il est fait un choix, on les divise en petits, en moyens et en gros.

Lorsque arrive la saison d'hiver les poules pondent moins, mais le prix des œufs subit une augmentation sensible.

On provoque la ponte des poules en les renfermant dans un endroit bien clos, dans lequel on a déposé préalablement une couche de fumier de 40 à 50 centimètres d'épaisseur, que l'on a fortement tassé vers le milieu, tout en relevant les bords, contre les parois du mur, à un mètre de hauteur avec du fumier chaud. Une ouverture treillagée, pratiquée au mur, dans la partie recouverte de fumier, en laisse échapper la vapeur tout en livrant passage à la lumière; lorsque l'excès de chaleur est dissipé, qu'elle se trouve réduite à une température convenable, on ferme cette ouverture avec un vitrage; il ne reste plus alors qu'à y déposer le manger et la boisson des poules et les y laisser en liberté. Elles s'emparent bientôt des nids pour y déposer leurs œufs; l'on a ainsi, tout l'hiver, des œufs frais qui, tout en se vendant cher, sont un précieux aliment pour les malades et les convalescents. Il est inutile de dire qu'une fois le fumier refroidi, il est nécessaire de le remplacer par du nouveau, afin de conserver toujours le même degré de chaleur.

La rareté des œufs en hiver a donné l'idée aux cultivateurs de conserver ceux pondus l'été pour les vendre dans cette saison, afin d'en tirer de plus gros bénéfices. Plusieurs moyens ont alors été mis en usage; l'eau de chaux d'abord, ensuite le poussier de charbon, la graisse, les vernis, etc., mais toutes ces substances laissent aux œufs un goût qui en altère la saveur. La paraffine, employée depuis quelques années, ne présente pas le même inconvénient; l'œuf demeure ce qu'il était auparavant; il conserve le goût fin et délicat qui le fait rechercher : 500 grammes de paraffine suffisent amplement pour paraffiner 1500 œufs. C'est donc une dépense relativement minime; mais il ne faut opérer que sur des œufs bien frais.

La paraffine est une espèce d'huile obtenue par la distillation des matières organiques : une fois étendue sur un corps poreux, elle a la propriété d'en boucher hermétiquement tous les pores et de les rendre impénétrables à l'air. C'est ce qui a lieu pour les œufs ; la couche de paraffine interceptant l'air, il ne peut s'opérer ni décomposition ni évaporation, par conséquent aucune déperdition ; l'œuf reste tel qu'il était au moment même où il a été paraffiné.

Puisque nous parlons d'œufs frais, il est un moyen bien simple de pouvoir s'assurer du temps écoulé entre le jour de la ponte et le moment de son emploi; ceci est précieux pour les amateurs d'œufs frais, surtout pour reconnaître leur valeur au point de vue de l'incubation.

Dans un litre d'eau, faites dissoudre 125 grammes de gros sel de cuisine, plongez-y chaque œuf séparément. L'œuf frais, pondu du jour, descendra immédiatement au fond, il y séjournera, tandis que celui pondu précédemment n'atteindra pas tout à fait le fond. Un œuf ayant trois jours de date flottera entre deux eaux ; plus il sera vieux, plus il tendra à émerger de l'eau. Ce phénomène est le résultat de la densité de plus en plus faible que prennent les œufs par l'évaporation au fur et à mesure qu'ils vieillissent.

Lait. — Après avoir dit ce que devait être la laiterie. décrit les ustensiles affectés à son usage (ch. xiv page 158), il est naturel que nous parlions maintenant du produit par lui-même et des manières de le travailler. Le lait, prescrit aujourd'hui par la majeure partie des médecins des grandes villes comme reconstituant, est devenu de nos jours une boisson à la mode ; sa consommation s'en fait même jusque dans les cafés, et ce n'est pas un mal ; aussi ce commerce a-t-il pris une importance tellement considérable qu'il est souvent plus avantageux pour le cultivateur de le vendre tel quel, que de le convertir en beurre.

Utilisé de cette façon, il exige peu de main-d'œuvre ; il suffit simplement, aussitôt sorti du pis de la vache, de l'enfermer dans des bouteilles en verre blanc de la contenance d'un litre ou d'un demi-litre, de les fermer hermétiquement avec un bouchon spécial, assurant la non-ouverture, scellant le tout d'une étiquette portant ces mots : *Lait pur*. Mais il faut qu'il le soit réellement : dans cet état il se vend à raison de 30 ou 35 centimes le litre.

Une bonne vache laitière, bien nourrie, donne environ de 15 à 18 litres de lait.

Il serait ridicule de poser cette question : *D'où provient le lait ?* car pas un de nos lecteurs n'en ignore la provenance, mais se demander : *Qu'est-ce que le lait ?* serait peut-être une question plus embarrassante à résoudre pour bien des personnes.

Le lait est la substance d'un blanc opaque que sécrètent les glandes mammaires des mammifères ; sa densité varie entre 1028 et 1035 ; sa saveur est douce et sucrée.

Lorsque le lait est abandonné à lui-même, à une température de 10 à 12 degrés, il se sépare en deux portions distinctes l'une de l'autre au bout de douze à vingt-quatre heures : d'abord en *crème*, se formant à la surface, puis en *sérum* ou lait écrémé, liquide acide aussi fluide que l'eau.

Pour compléter notre définition posons encore cette dernière question : *De quoi se compose le lait ?*

Par son analyse chimique on a reconnu qu'il entrait dans sa composition les substances suivantes : d'abord de l'eau, puis de la caséine (1), de l'albumine (2), du sucre de lait, des matières grasses et des sels (3), le tout dans des proportions variant suivant la nature des animaux et le système alimentaire auquel ils sont soumis.

Le lait, par les matières entrant dans sa formation, ne peut donc se conserver bien longtemps ; ce n'est qu'à force de soins et de propreté que l'on parvient à lui maintenir deux jours au plus, en été, ses propriétés bienfaisantes.

Les cultivateurs éloignés des grands centres ont donc songé à recourir à des moyens chimiques, que la loi désavoue, pour l'aider à supporter les voyages que nécessite son transport sur le lieu de vente : de là surgirent une foule de recettes, de poudres plus ou moins efficaces, ayant pour but de retarder ou de neutraliser l'acide lactique, telles que le bicarbonate de soude, le borax, l'acide salicylique et même du sulfate de potasse, mais aucune de ces substances n'a donné de résultats aussi merveilleux et inoffensifs que l'acide borique employé dans les proportions de 1 gramme par litre de lait.

Un moyen très pratique pour empêcher le lait de tourner consiste à y ajouter 1 gramme de bicarbonate par litre de lait.

Il n'est pas facile de se rendre compte de la falsification du lait, bien qu'il y ait pour cela certains instruments spéciaux : tels que l'aréomètre à lait ou lacto-densimètre et le crémomètre. Avec le premier de ces instruments, la densité du

(1) La caséine, servant de base à tous les fromages, est formée d'hydrogène, d'oxygène et d'azote.

(2) L'albumine est la substance animale formant le sérum.

(3) Les principaux sels entrant dans la composition du lait, car ils sont nombreux, sont : les phosphates de magnésie, de fer, de soude, de chaux, etc.

lait peut être évaluée si, l'ayant écrémé, on n'y a pas ajouté la quantité d'eau nécessaire pour lui rendre le poids qu'il a perdu ; cette opération, faite avec discernement, rend l'aréomètre insuffisant, il faut recourir au crémomètre ; alors il est nécessaire d'attendre douze heures pour obtenir un résultat définitif permettant de conclure s'il y a eu addition d'eau à la place de la crème qui doit marquer au minimum 10 degrés.

Les falsifications à l'aide de la cervelle de mouton, de la dextrine et autres, servant à compenser le poids de la crème enlevée, n'ont aucune raison d'être, l'eau faisant le même office. Lorsque le lait est falsifié, on ne se trouve donc en présence que d'un lait par trop généreusement baptisé (1).

Beurre. — La production du lait est tellement abondante dans certaines fermes, et la distance où elles se trouvent d'une grande ville si éloignée, que son transport occasionnerait des frais énormes, une perte de temps si considérable, que les cultivateurs préfèrent le convertir en beurre ; ils n'ont ainsi aucun dérangement et peuvent livrer sur place leur produit tout fabriqué à des marchands qui passent plusieurs fois par semaine dans les villages pour le recueillir.

La qualité du beurre dépend : 1° de la bonne alimentation des vaches laitières : 2° de la propreté de la laiterie.

Le lait provenant de vaches mal nourries, ne mangeant l'hiver que des navets ou des choux, possède un goût désagréable qu'il communique au beurre, et qu'on ne peut lui enlever ; tandis que celles alimentées avec des betteraves, des carottes, des tourteaux ou de bons fourrages, donnent un excellent lait fournissant un beurre exquis que viennent parfaire non seulement l'aération et la propreté de la laiterie,

(1) Consulter, pour les différents moyens de conservation du lait et du beurre, notre livre portant pour titre : *la Femme d'intérieur*, 1 vol. in-8, 291 gravures, prix : 6 francs. H. Laurens, éditeur, 6, rue de Tournon, Paris.

mais encore celles de tous les ustensiles servant aux manipu-
lations, depuis l'entonnoir, le tamis, la jatte, les seaux, etc.,
jusqu'à la baratte, et la pureté des eaux employées aux lavages, car tous ces soins minutieux concourent à la formation
du bon beurre.

Tous les ustensiles seront lavés à l'eau chaude chaque fois
qu'ils auront servi. Nous ne saurions trop le répéter, la
propreté est aussi nécessaire que la qualité du lait ; l'une sans
l'autre ne pourrait donner un bon résultat.

Le beurre se fait avec la crème, bien qu'on puisse en obtenir également en battant simplement le lait ; mais il est
loin de valoir le premier.

Pour que le lait crème, on commence par le transvaser des
seaux dans lesquels on l'a trait, en le versant dans des terrines de terre, non vernissées, semblables à celles reproduites
ch. xiv (fig. 166 à 168), en le passant au tamis de crin pour
en enlever toutes les impuretés. Ceci fait, on le laisse reposer
au frais pendant vingt-quatre heures. Après ce laps de temps
ou enlève avec une truelle ou cuillère la couche de crème
formée à la surface, pour la recueillir dans un vase *ad hoc* :
douze heures après on recommence l'opération. Une fois que
l'on a la quantité de crème suffisante pour baratter, il ne
faut pas tarder : le beurre obtenu de la crème du jour, dite
crème douce, est toujours préférable à celui provenant d'une
crème ayant trois ou quatre jours.

Pour faire le beurre on verse la crème dans la baratte ; cette
crème doit avoir 12 à 15 degrés à l'intérieur de la baratte.
Si la crème était trop froide, on la réchaufferait au bain-
marie, de manière à lui faire atteindre cette température,
ce qui est très important pour la formation et influe sur la
qualité du beurre.

La mise en mouvement de l'appareil exige beaucoup de
lenteur ; ce n'est guère qu'après environ trois quarts d'heure

et même une heure, que l'on arrive à transformer la crème en beurre. Ceci obtenu on retire le beurre de la baratte pour le soumettre à plusieurs lavages successifs à l'eau froide, le pétrissant à la main jusqu'à ce que l'on ait enlevé la dernière goutte de babeurre s'y trouvant emprisonnée. Le beurre est ainsi terminé, prêt pour la vente. Plus on opère sur de grandes quantités, plus le beurre se fait vite et meilleur il est. On se gardera bien d'ajouter à la crème la moindre substance étrangère pour activer sa transformation en beurre : ce serait au détriment de la qualité. On évitera surtout d'imiter certaines bonnes femmes du temps passé, qui ont l'habitude de jeter une pièce de monnaie de cuivre dans la crème, sous prétexte d'activer la formation du beurre, car on s'exposerait à empoisonner, par le vert-de-gris, ceux qui en mangeraient. Cela s'est vu trop souvent malheureusement. Une fois le beurre terminé, on le sale tout de suite si on désire le conserver.

Coloration du beurre. — Que le beurre soit pâle ou coloré, il n'en est ni meilleur ni moins bon ; sa couleur provient de l'alimentation. Celui d'été est toujours plus riche en teinte que le beurre d'hiver : question de fourrage vert et de fourrage desséché. Pour les personnes étrangères à la fabrication, le beurre coloré a plus d'attrait ; aussi nos fermières tournent-elles cette difficulté en ajoutant quelques gouttes de jus de carotte ou de safran à la crème, pour lui donner cette séduisante teinte jaune n'ajoutant rien à son mérite, si elle ne le diminue pas.

Pour la conservation du beurre, elle s'obtient, comme celle du lait, en y introduisant quelques gouttes d'acide borique. Pour les autre manières, nous renvoyons nos lecteurs à notre livre : *la Femme d'intérieur*, déjà cité en plusieurs endroits.

Fromages. — La fabrication des fromages, en France,

occupant une place importante parmi les productions de la
ferme, nous lui avons consacré, en construisant la laiterie,
une installation toute particulière. Bien que nous recevions
de l'étranger une foule de fromages tels que ceux de pâte
molle de la Saxe, du Wurtemberg, de la Bavière, qui nous
importent leur Romatour ; les fromages à pâte dure de la
Hollande, les gruyères de la Suisse, le parmesan d'Italie, le
chester d'Angleterre, l'herve de Belgique, nous n'en expor-
tons pas moins à l'étranger une moyenne d'environ
700 000 kilogrammes.

Paris consomme à lui seul chaque année onze millions de
kilogrammes de fromages. En présence de ces chiffres on con-
çoit aisément l'importance que présente une telle fabrication.

Dans les grandes fermes tout le lait n'est pas complètement destiné à la vente en nature, on en conserve une partie
pour le beurre et une autre pour ce genre de fabrication.

Trois sortes de lait sont employés pour la confection des
fromages, selon les produits que l'on veut obtenir. Ce sont :
le lait de vache, le lait de chèvre et le lait de brebis.

Tous les fromages, nous le savons par expérience, sont
loin de se ressembler, d'abord comme nature de pâte, puis
comme goût, ce qui les fait diviser en deux catégories : ceux
à pâte ferme, tels que le roquefort, le hollande, le cantal,
et ceux à pâte molle, comme le brie, le camembert, le
mont-d'or, le livarot, le neufchâtel, le pont-l'évêque, etc.
Ils sont en outre cuits ou pressés comme le gruyère et le
port-de-salut.

Par la nature de leur pâte on les désigne sous les noms de
fromages gras, demi-gras et *maigres*, suivant qu'ils proviennent de lait employé pur, de lait à moitié écrémé ou de lait
qui l'a été entièrement.

Une fois fabriqués, ils sont livrés à la consommation, les
uns frais, les autres affinés.

Pour obtenir le fromage, on fait cailler le lait à l'aide de *présure*. La présure n'est autre chose qu'un liquide composé d'un demi-litre de vin blanc dans lequel on ajoute un verre de vinaigre, 15 grammes de sel et un morceau de vessie de porc, sèche (1). Cette présure liquide, facile à faire, remplace avec avantage la présure sèche provenant du caillet extrait de l'estomac du jeune veau ou du jeune agneau. Elle se mêle plus intimement au lait et se conserve mieux. Quelques gouttes dans le lait activent la formation de son caillé.

Une trop grande abondance de présure rend le fromage dur : mise en trop petite quantité, le caillé se produit lentement : c'est donc à un juste milieu qu'il faut parvenir, ce que l'expérience seule peut enseigner.

Le lait parfaitement caillé est mis au moule où on le fait égoutter par la pression. Des différentes manières dont on a travaillé le caillé et des substances que l'on y a incorporées dérive tel ou tel genre de fromage dont le goût, la pâte diffèrent essentiellement les uns des autres.

Nous ne citerons aucune recette, laissant aux ménagères le soin de se renseigner elles-mêmes sur la nature et le genre de la fabrication affectée au pays qu'elles habitent, car, de même que le vin dénote son cru, de même aussi le fromage, par sa pâte et son goût de terroir, annonce le lieu de sa provenance.

Le mois d'août est consacré à la manipulation des fromages de garde.

Le gruyère est l'un des plus riches en matières grasses et azotées. Il faut 190 litres de bon lait pour obtenir un pain de 25 kilos.

Quelques mots de statistique donneront une idée sur

______

(1) Cette présure dure indéfiniment, Il suffit d'ajouter du vin pour la renouveler.

l'importance de ce commerce dans certains pays. La vente du fromage de Brie et de ses imitations se fabriquant dans les départements de Seine-et-Marne, de la Marne, de Seine-et-Oise, de l'Oise, etc., se chiffre, rien que pour Paris, à la somme de deux millions et demi de francs par an. Le camembert, provenant des départements du Calvados et de l'Orne, pesant 300 grammes environ, se vend de 80 centimes à 1 fr. 10 la pièce : sa vente annuelle dépasse quatre millions de francs.

Le mont-d'or, fabriqué dans les environs de Lyon, se vend de 40 à 50 centimes la pièce. Le pont-l'évèque atteint le prix de 75 centimes à 1 franc. La fabrication du roquefort, dans l'Aveyron, atteint le chiffre de 5 millions de kilos, il se vend de 4 fr. 50 à 4 fr. 80 le kilo.

Le port-de-salut, fabriqué près de Laval (Mayenne), se vend de 2 fr. 30 à 2 fr. 50 le kilogramme. La production en est évaluée à 160 000 fromages par an ; le petit-lait fournit encore de 13 à 14 000 kilos de beurre. En présence de tels chiffres, cultivateurs qui calculez, voyez! examinez! réfléchissez et agissez !

Plumes et peaux. — Il n'est, dit le proverbe, *si petit grain de semence qui ne produise son épi.*

Nous pouvons dire qu'il n'est si petite vente, aussi minime qu'elle soit, qui, souvent répétée, ne finisse par produire une certaine somme d'argent. Il en est ainsi pour la plume que bien des fermières jettent au fumier sans se douter qu'elle peut leur procurer, par sa vente, un petit bénéfice; et que rien ici-bas ne doit se perdre. Cette robe éclatante de couleur dont la nature s'est plu à revêtir les volailles a sa valeur et sert à bien des industries.

Prenons les plumes de la poule ; elle fournit de 80 à 100 grammes de duvet, et chaque poule peut rapporter environ de 15 à 20 centimes par la vente de ses plumes. Dans les oies, la plume est un des produits les plus importants. On les plume vivantes (ce qui ne leur impose pas une grande souffrance, puisqu'il faut que ces plumes tombent) à partir du ventre jusqu'au croupion, en épargnant le dessous des ailes qui repousse difficilement. Puis on les frotte avec un peu d'eau et de vinaigre pour prévenir les démangeaisons. Un peu plus tard, quand le duvet est repoussé, on enlève les grandes plumes des ailes. Ce duvet, vendu par les marchands, atteint le prix de 4 fr. 50 à 5 fr. les 500 grammes pour le demi-duvet; et de 9 à 10 francs pour le vrai duvet. Le duvet du canard est également bon à conserver et à joindre à celui de la poule.

Les plumes de coq servent à l'ornementation des coiffures de femmes, à la confection de boas, de garnitures de robes et de manteaux, ainsi qu'à la fabrication des plumets pour la troupe.

Avec les grandes plumes des poules, on fabrique également des petits balais communs fort appréciés des ménagères.

La plume se conserve en l'enfermant dans des sacs que l'on passe au four après la cuisson du pain, de manière à les sécher.

Il faut environ $1^k,250$ de duvet pour faire un oreiller, et environ 10 kilos de plumes et 8 kilos de duvet pour un lit de plume (1).

On dégraisse les plumes en les plongeant pendant quatre jours dans une solution composée de 4 litres d'eau et un demi-kilo de chaux vive.

Les plumes retirées après ce laps de temps sont placées

(1) Pour la manière de confectionner un lit de plume et la préparation du coutil, consulter notre livre, *l'Art de bâtir, meubler et entretenir sa maison*, 1 vol. in-8, avec 243 figures, H. Laurens, éditeur, 6, rue de Tournon, Paris. Prix : 6 francs.

sur un tamis et lavées à grande eau; on les fait sécher sur un drap ou un filet ; elles sont alors bonnes à employer.

Laine et peaux. — C'est de la tonte des moutons que provient la laine. La substance grasse qu'elle contient se nomme *suint*. Les laines non lavées sont dites laines en suint et vendues comme telles. La laine doit, en attendant sa vente, se conserver dans un endroit ni trop humide, ni trop sec, ce qui l'altérerait et la dessécherait en lui enlevant de son poids.

De la propreté et de l'alimentation des espèces et des races dépend la plus ou moins belle qualité de la laine, par conséquent son prix de vente. La fluctuation des cours ne nous permet pas de pouvoir donner le moindre aperçu sur les prix.

Peaux. — Depuis la simple peau de lapin jusqu'à la peau du cheval mort d'accident, celle du veau, de la vache, du mouton, etc., sacrifiés pour le service de la maison, toutes se vendent et trouvent acquéreur. Leur prix est basé sur leur état de conservation et la manière dont a été écorché l'animal.

Lorsqu'on ne peut apporter les peaux fraîchement tuées à la ville, et que l'on est forcé d'attendre le passage d'un acheteur, il faut laver la peau à grande eau, la faire sécher à l'ombre le plus promptement possible; on la saupoudre soit de sel ou mieux encore de poudre d'alun.

On peut, en cet état, en les préservant des dents des animaux rongeurs, les conserver plusieurs mois.

Il ne faut pas que l'appât du gain fasse conserver les peaux des animaux morts de maladies contagieuses ; ce serait entretenir chez soi un foyer d'infection, s'exposer aux rigueurs de la loi qui ne plaisante pas en pareille matière.

Les personnes désirant conserver les peaux de renards, de blaireaux et autres animaux, n'ont, après les avoir par-

faitement débarrassées de toutes parties fibreuses ou charnues par le grattage, qu'à les plonger de quatre à quinze
jours dans le bain suivant : eau 10 litres; alun 1 kil., sulfate
de zinc 1 kil. Le séjour dans ce liquide se prolonge en raison de l'épaisseur de la peau. Cette opération terminée, on
la fait sécher en la rétendant sur une planche.

Cire et miel. — Ce sont encore deux produits de la basse-
cour dont nous allons nous occuper dans le chapitre suivant concernant les abeilles.

La fiente des volailles mise à part, se vend sous le nom
de *poudrette*. C'est, après la *colombine* ou fiente des pigeons,
un des engrais les plus riches et les plus chauds. Chaque
adulte en fournit environ 60 litres par an.

La colombine atteint les prix de 20 à 25 francs les
100 kilos, ce qui permet d'évaluer le produit sur le pied de
6 francs par tête.

La colombine se sème à la volée, pour réchauffer les
terres froides; ses propriétés calorifiques sont plus élevées
que celles de la poudrette; elle contient en même temps
plus de sels.

CHAPITRE XX

Le mot apiculture sert tout à la fois à désigner l'art d'élever les abeilles, et l'industrie s'y rattachant. Il dérive des mots latins *apis* qui veut dire *abeille*, et *cultura* signifiant *culture*. L'apiculture est donc l'élevage ou la culture de ces hyménoptères appelés aussi vulgairement mouches à miel.

L'élevage de l'abeille, connue et appréciée dès la plus haute antiquité, à cause de la saveur de son miel et de l'utilité de sa cire, ne s'est réellement introduit en France que depuis quelques années seulement; mais cette science, quoique nouvelle, y a fait de suite de rapides progrès.

Nous ne nous attarderons pas à décrire les caractères physiques de cet insecte; tout le monde connaît l'abeille : qui de nous ne se souvient, de l'avoir vue, butiner le suc des fleurs, savourer l'arome de nos fruits les plus mûrs. Bien des personnes ne les connaissent que trop pour en avoir éprouvé les piqûres douloureuses.

Deux sortes d'abeilles sont élevées en France, à l'état de domesticité : les *abeilles noires* dans le Centre et le Sud, les *abeilles jaunes* dites hollandaises ou flamandes dans le Nord. La durée de leur vie est limitée à deux années; leurs mœurs, excessivement curieuses, méritent d'être connues de tout le monde, aussi allons-nous leur consacrer les quelques lignes suivantes.

A l'état libre comme à l'état domestique, les abeilles vivent en société et se choisissent une reine pour les gouverner. D'une autre nature que ses sujets, cette reine se reconnaît aux proportions plus développées de son corps, à la richesse et à l'élégance de sa robe, à la beauté de ses ailes.

Entourée des plus grandes marques de respect et de vénération de la part de ses sujets, elle est la maîtresse souveraine de la ruche : tout le monde fléchit sous son autorité et veille avec la plus tendre sollicitude à ce que rien ne lui manque ; pourvoyant même jusqu'à ses moindres désirs en la comblant d'une foule de friandises susceptibles de satisfaire ses caprices.

En outre de la reine, la ruche se compose encore de mâles ou *faux-bourdons* et de femelles dites *ouvrières*, complètement stériles. La reine seule possède la faculté de reproduire.

Il n'y a que les ouvrières et la reine qui soient armées du redoutable aiguillon, arme dont elles se servent aussi bien pour se défendre contre les attaques de l'homme, que contre l'insecte nuisible ou malfaisant tentant témérairement de franchir les avant-postes de sentinelles chargées de veiller à l'entrée de la ruche.

La reine, nourrie par toute la tribu, est généralement sédentaire ; elle quitte rarement la ruche, si ce n'est à l'approche de la fécondation où elle va au dehors chercher l'infortuné mâle qui, comme dans la Tour-de-Nesle, ne tardera pas, assassiné par les ouvrières, à payer de sa vie ce fatal instant de plaisir.

. Fécondée pour toutes les pontes de l'année, la Reine réintègre la ruche qu'elle ne quitte plus alors. Aussitôt les ouvrières, devinant l'acte qui vient de s'accomplir, s'empressent, en habiles architectes, d'achever les cellules commencées et d'en construire de nouvelles en vue du grand événement qui va bientôt se produire.

Pendant ce temps, la reine, accompagnée de son cortège de dames d'honneur, visite une à une toutes les cellules, et, le moment venu, dépose son premier œuf dans celle de son choix : elle fait de même dans toutes les autres cases préparées à cet effet.

La ponte terminée, les ouvrières nourricières se mettent en devoir de contempler les œufs qu'elles examinent attentivement ; puis, ne les abandonnant plus, commencent pour elles les soins assidus de la maternité.

Trois jours après la ponte, se fait l'éclosion : les ouvrières mères s'empressent alors de débarrasser les larves écloses des débris de l'œuf qui l'entourent, et se mettent en devoir de les sustenter avec un liquide visqueux formé de miel et de pollen de fleurs. Le développement des larves se fait en cinq ou six jours, et lorsqu'il est complet, l'ouvrière mure hermétiquement l'ouverture de leur cellule avec une couche de cire afin que la mystérieuse transformation des larves puisse s'accomplir dans le calme et le recueillement.

Les larves s'enveloppant d'un tissu soyeux qui les protégera du contact encore trop direct de l'air, se dépouillent alors entièrement de leur peau pour se travestir en nymphes blanches.

Le dixième jour de cette métamorphose, brisant la porte de leur étroite prison, elles en sortent à l'état d'insecte parfait et sont reçues avec enthousiasme et joie par les mères nourricières qui leur prodiguent mille et mille caresses. Quant à celles qui naissent avec un défaut de conformité, elles sont impitoyablement massacrées sur-le-champ, comme bouches inutiles et impropres au travail ; puis, pour ne pas donner un mauvais exemple à la tribu.

L'explosion de joie apaisée, les nouvelles venues, au nombre de 25 000 à 30 000 mouches pour la première ponte, fortifiées par l'air et la nourriture, sentant leur séjour impossible dans la ruche, ne semblent plus avoir qu'une seule préoccupation, celle de rechercher une demeure plus confortable pour s'y établir ; aussi, nerveuses et surexcitées, les voit-on aller et venir sans cesse autour de la ruche, épiant avec anxiété le retour de leur reine, partie explorer les environs pour chercher un emplacement favorable à la fondation de son nouveau royaume.

Quelques instants après ce retour, un nouveau conciliabule se tient, et la gent ailée, marchant sur les traces de sa reine, attachant son vol au sien, prend alors son essor dans les airs.

C'est à l'approche de ce moment que l'apiculteur ne doit cesser d'avoir l'œil sur le nouvel essaim et le surveiller de près. Ce départ du reste ne se fait guère que par des temps calmes et chauds, entre quatre heures et neuf heures du soir.

Si le vol semble s'élever trop haut, un léger bruit produit sur un instrument de cuivre, les rappelle de suite vers la terre et les décide à se fixer au plus vite. Nous avons été témoin d'une de ces envolées réellement curieuses, et l'essaim, suivi par nous, s'étant abattu sur une branche d'arbre, s'est aussitôt formé en une grappe vivante, opaque, à laquelle chaque abeille se tenait mutuellement les pattes enchevêtrées sans qu'aucune s'en détachât.

Profitant de cette suspension aérienne, ne durant pas très longtemps, nous a dit le propriétaire de l'essaim, il s'est mis en devoir de le *cueillir*. Plaçant une échelle, il y est monté sans prendre la précaution de se couvrir la tête et les mains d'un masque ou d'un voile (1), puis, tenant une torche de résine allumée d'une main et de l'autre une ruche renversée qu'il a présentée au-dessous de la grappe, il y a promené tout au tour, pendant quelques secondes, cette torche dont la fumée n'a pas tardé à les faire toutes tomber en masse dans cette ruche qui, une fois retournée, a aussitôt servi de refuge à celles qui, pendant l'opération, s'en étaient éloignées ou étaient tombées au dehors.

Les essaims ne sont cependant pas toujours aussi faciles à recueillir, car au lieu de se fixer à une branche d'arbre, ils vont se précipiter soit dans le trou d'une vieille muraille, le creux d'un vieil arbre, une haie ou même dans la terre : il faut alors attendre la tombée du jour pour chercher à s'en emparer à l'aide d'une cuiller à pot, en enlevant la reine qui se trouve toujours au centre du noyau principal.

On a eu soin de frotter préalablement la ruche qui leur est destinée avec des feuilles de mélisse ou des fleurs de fèves et de l'enduire d'un peu de miel. Les nouvelles mouches qu'elle vient de recevoir, charmées par l'odeur qu'elle exhale et la nourriture qu'elles y trouvent s'y installent, et commencent de suite leurs travaux.

Dans la ruche laissée sur place, on retrouve le lendemain toutes les autres abeilles que l'on n'avait pu capturer : on procède alors avec les plus grandes précautions à son transport en ayant soin d'en fermer préalablement toutes les issues.

Dans un nouvel essaim, il se rencontre quelquefois plusieurs reines, ce qui apporte le trouble et la division dans

(1) L'abeille, à ce qu'il paraît, dans ce moment de grande préoccupation, ne songe nullement à se servir de son aiguillon. Notre homme, à notre grand étonnement n'a eu qu'à se secouer pour s'en débarrasser sans qu'une seule mouche l'eût piqué.

le royaume ; chacune d'elles ayant ses partisans : c'est alors l'anarchie complète, jusqu'à ce qu'une d'elles triomphe. Les révoltées désarment alors et se soumettent à l'autorité de la nouvelle souveraine : celles qui s'y refusent partent avec leur protégée fonder plus loin une autre colonie.

Dans la ruche évacuée par le nouvel essaim, chaque ouvrière prévoyante s'est remise à l'ouvrage eu vue d'assurer la réussite de la deuxième ponte, qui, cette fois, moins abondante que la première, n'en compte pas moins de 12 000 à 15 000 mouches, tandis que la troisième n'est plus guère que de 3000 à 4000.

Des ruches. — La ruche sert de maison aux abeilles : c'est dans son intérieur qu'elles travaillent à la confection de leurs cellules ou couteaux de cire, qu'elles y emmagasinent le miel butiné sur les fleurs, et enfin, comme nous venons de le dire, c'est là que la reine dépose ses œufs et que s'élèvent les nouvelles tribus.

Fig. 241.

Il n'y a ni matières spéciales ni formes affectées plus particulèrement à la confection des ruches; toutes les matières, toutes les formes sont bonnes, pourvu qu'elles réunissent les conditions de confortable exigées pour l'hygiène de leurs habitants; aussi voit-on concurremment la terre, la paille, le jonc, l'osier, le bois, le marbre, le verre et la toile leur servir de base. A la campagne on semble préférer spécialement la ruche en paille affectant la forme d'une cloche.

Nous n'entrerons pas dans les détails de construction, les

systèmes sont aujourd'hui trop variés et trop nombreux pour cela ; nous laissons à chacun le soin de les choisir suivant sa bourse et les exigences que nécessite leur emplacement.

Les ruches placées à l'air libre, dans les pays chauds ou tempérés, soit dans les jardins, soit dans les enclos, nous semblent préférables lorsqu'elles sont isolées de la terre, et fixées sur des trépieds (fig. 241) leur évitant toute humidité, l'air circulant autour et les protégeant en même temps des insectes et des rongeurs qui leur font une guerre acharnée.

Dans certains pays on préfère les ruches fixes, placées sous des abris pleins ou fermés (fig. 242 et 243). Construit

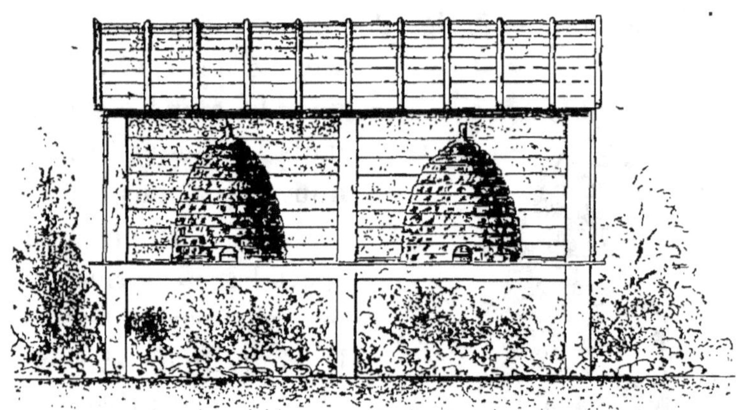

Fig. 242.

en planches, en briques ou en pailles, le toit de ces abris reçoit une couverture soit en bois, soit en paille, tuiles ou ardoise, peu importe, les garantissant des ardeurs du soleil et du refroidissement intérieur qu'occasionne l'eau des pluies sur celles restant constamment exposées au dehors.

L'exposition qui leur est préférable sans contredit est celle du midi, les tenant à l'abri des vents d'ouest. Pour les hivers rigoureux et même pour les grands froids des hivers ordinaires, on peut fixer sous ces toits une espèce de store ou paillasson mobile qu'on descend, au moment voulu, jusqu'à l'ouverture de la ruche, la préservant du contact direct de l'air froid, et maintenant toujours au même degré la chaleur intérieure nécessaire aux abeilles.

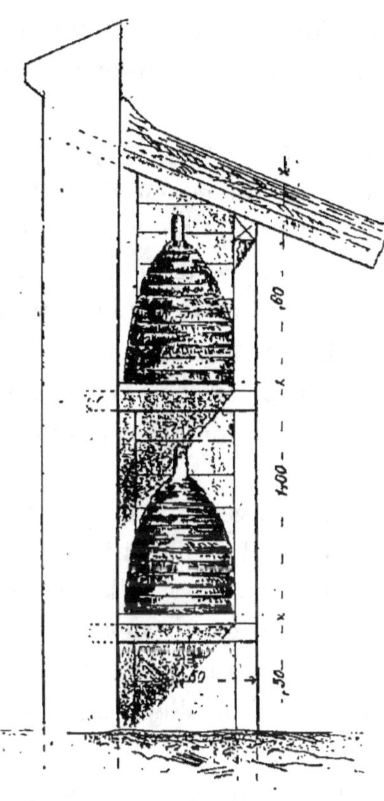
Fig. 243.

Le voisinage de fleurs odoriférantes, des prairies naturelles et artificielles leur convient particulièrement : elles peuvent y aller butiner à la rosée du matin sans trop s'éloigner de leur demeure, et par la brièveté du trajet, pourvoir plus abondamment à la provision du miel qu'elles confient aux ouvrières chargées de le purifier et de l'emmagasiner dans les alvéoles.

Miel. — La récolte du miel se fait deux fois par an, en avril et à la mi-août. Il est préférable de ne la faire que lorsque la ruche en est comble, pour ne point décourager les travailleuses en les privant de leur récolte avant qu'elle soit achevée. Il est nécessaire également de ne point la faire trop tard en saison pour que les abeilles puissent encore faire leurs provisions d'hiver. Le miel séjournant longtemps dans la ruche prend un goût âcre le rendant désagréable.

Une ruche contient de 50 000 à 60 000 abeilles.

Le produit en miel varie suivant les pays, le climat et la

température; mais on peut évaluer à environ 12 kilogrammes, au maximum, le produit de chaque essaim en bon état, et la cire à 450 grammes.

Le miel se conserve dans des petits tonneaux, ou mieux encore dans des vases en grès que l'on recouvre, comme les confitures, avec un premier linge imbibé d'eau-de-vie en guise de papier.

Cire. — Le miel extrait de toutes les alvéoles, on procède à la fonte des couteaux en les introduisant dans une bassine remplie d'eau que l'on porte à l'ébullition. La cire ne tarde pas à se liquéfier et remonter à la surface de l'eau en s'en séparant complètement. Il faut alors éviter de trop chauffer pour ne pas s'exposer à un débordement par le boursouflement de la cire, ce qui pourrait occasionner de graves accidents en même temps que la perte de la matière : le mieux est de faire cette opération en plein air.

Une fois le tout fondu, on filtre à travers un linge, et la cire, en tombant dans un autre récipient contenant de l'eau bouillante se fige par le refroidissement. La meilleure cire est celle faite de suite : elle est de qualité supérieure, lorsqu'elle provient des couteaux ayant fourni le miel inférieur.

La cire subit encore d'autres préparations d'épurage, suivant les usages auxquels on la destine.

Lorsque l'on veut conserver quelque temps les couteaux avant de les fondre, il faut, pour les protéger de leur ennemi le *tiquet* ou *ixode*, grand ravageur de la cire, les enfermer dans des tonneaux placés dans les étables ; l'odeur du fumier les en tient éloignés.

Nourriture des abeilles. — Les hivers doux sont plus favorables aux abeilles que les hivers rigoureux ; mais elles consomment beaucoup plus que pendant ces derniers, n'étant pas engourdies par le froid et conservant tout leur appétit.

Lorsqu'on leur laisse du miel en quantité suffisante pour

les sustenter, il est inutile de s'occuper de leur nourriture ; mais si on épuise trop leur provision il faut y suppléer par une alimentation succulente et riche en principes saccharins, tels que : pruneaux cuits, confitures de pomme, de betterave, de carotte, de cosses de melon, etc., que l'on dépose à l'entrée de la ruche ; cette nourriture paraît si agréable aux mouches qu'elles délaissent entièrement leur miel, au profit de la production de la cire.

Des plantes hâtives semées en février, dans les environs de la ruche, donnent une nourriture nouvelle activant les travaux commencés.

Maladies des abeilles. — Comme tous les êtres de la création, les abeilles sont tributaires de la maladie ; elles y sont même sujettes étant encore à l'état de larves et de nymphes. Leur mort, dans ces circonstances, entraîne souvent celle de toutes les abeilles, par le caractère épidémique que répand dans la ruche l'odeur infecte de ces cadavres.

Une autre maladie désignée sous le nom d'*antennes jaunes*, assez fréquente chez les abeilles, provient de la malpropreté des ruches. On y porte remède en plaçant à la portée des abeilles malades une soucoupe contenant du vin sucré, leur en facilitant l'accès par quelques brins de bois flottant sur le liquide et leur en permettant l'approche sans crainte de s'y noyer.

La dyssenterie n'est pas moins à redouter ; elle provient des excès de fatigue occasionnés par le travail forcé auquel ont été obligées de se livrer les ouvrières au moment de la ponte pour refaire les cellules qu'on leur avait enlevées.

Les déjections des malades restant dans la ruche, au lieu de se faire au dehors, comme cela se pratique ordinairement, et tombant sur les cellules inférieures, finissent par les boucher complètement et priver d'air celles qui s'y trouvent enfermées, et qui meurent alors asphyxiées.

Le remède que nous venons d'indiquer ci-dessus, avec addition d'un peu de sel suffit pour triompher de cette indisposition passagère causée par l'excès du travail.

Ennemis des abeilles. — Les rongeurs, souris, mulots, campagnols, etc., reptiles, et insectes, ainsi que les oiseaux sont les ennemis acharnés des abeilles : les uns, pour manger leur miel, les autres, pour les dévorer elles-mêmes comme le font le guêpier, la mésange et le moineau. Le crapaud toujours répugnant se mêle de la partie, et sautant sur le rebord de la tablette servant de fond à la ruche, fait un succulent repas des abeilles qui, les soirs d'été s'endorment imprudemment à l'entrée de la ruche. Il n'est pas jusqu'au papillon nocturne, dit tête-de-mort, qui, lorsqu'il peut furtivement s'introduire dans la ruche n'y commette des dégats. Le mieux est donc de ne laisser que juste l'ouverture nécessaire pour laisser passer une seule mouche à la fois.

Piqûre des abeilles. — Les personnes s'occupant d'apiculture ne sauraient s'entourer de trop de précautions lorsqu'elles s'approchent des ruches ; et se rappeler sans cesse les funestes exemples et les nombreux cas de mort qui se sont produits presque instantanément chez des personnes piquées à la tête et à la face.

Ennemies des couleurs voyantes, les abeilles entrent en fureur à leur vue et deviennent mauvaises ; aussi ne convient-il de les approcher que vêtu d'une blouse grise, le plus discrètement possible, évitant tout bruit susceptible de troubler le silence régnant autour d'elles.

Le terrible aiguillon est un stylet composé de trois dards extrêmement fins, armés à leur extrémité de 16 épines en forme de flèches, formant dentelures, l'empêchant de ressortir une fois rentré dans la peau et dont la perte devient une cause de mort pour l'abeille.

Malheur à l'imprudent qui, par curiosité ou par inadvertance, vient à toucher à une ruche ou à la renverser ; aussitôt mille dards, suivis d'autres milliers, viennent le larder littéralement : alors, l'étourderie ou la curiosité d'un moment est souvent payée de la vie.

Les simples piqûres se guérissent presque instantanément en enlevant l'aiguillon et en blassant la plaie avec de l'eau fraîche légèrement alcalisée (ammoniaque liquide). Plusieurs apiculteurs, car ils sont piqués comme les autres et même plus souvent, se servent des baies du chèvrefeuille dont ils frottent le suc sur la plaie, après l'avoir pressée pour en expulser le venin. Ce remède est facile à se procurer, surtout si l'on a la précaution de cultiver cette plante auprès des endroits où se trouvent les ruches.

Si les piqûres sont nombreuses, il faut, sans hésiter et sans tarder, recourir au médecin qui, seul, peut efficacement conjurer tout danger (1).

(1) *Abeilles.* LÉGISLATION. Les abeilles vivant en liberté sont la propriété de celui qui les découvre et s'en empare, quand bien même il ne serait pas propriétaire du sol où elles se sont établies.

Lorsqu'un essaim est parti d'une ruche, le propriétaire peut les réclamer tant qu'il n'a pas cesssé de les suivre ; il a le droit de s'en emparer partout où elles se posent, quitte à payer les dégâts qu'il occasionne.

Si le propriétaire en cesse la poursuite, celui qui se substitue à lui en devient propriétaire de droit, sa poursuite constituant un acte d'occupation sur un objet sans maître.

C'est à l'autorité municipale qu'il appartient de permettre ou de défendre l'établissement des ruches dans les lieux habités. L'infraction à ces arrêtés est punie d'une amende de 1 franc à 5 francs. Le maire a donc le droit de faire enlever les ruches qui seraient nuisibles aux habitants.

Le propriétaire d'une ruche est toujours responsable des accidents ou dégâts occasionnés par ses abeilles.

Code civil, art. 524. Les objets que le propriétaire d'un fonds y a placés pour le service et l'exploitation de ce fonds sont immeubles par destination. Ainsi sont immeubles par destination les ruches à miel.

CHAPITRE XXI

Jadis, presque tous les départements de la France, sauf quelques-uns seulement, possédaient des vignes et en obtenaient du raisin qu'ils convertissaient en vin dont on faisait un commerce considérable. Il n'en est plus de même aujourd'hui ; les temps ont bien changé et la vigne tend de plus en plus à disparaître du nord de la France pour, si cela continue, en abandonner même la partie centrale, le raisin n'y mûrissant plus qu'exceptionnellement, n'y atteignant plus le degré de maturité nécessaire pour le transformer en vin. Ce n'est que par des on-dit, transmis par les parents et arrière-parents qu'il est encore quelquefois parlé, dans le Nord, de l'existence des vignes d'autrefois ; on en est même arrivé à un tel point, que, beaucoup ignorent maintenant les procédés employés pour sa fabrication, de même que les gens du Midi sont étrangers à celle du cidre et de la bière. Nous ne voulons pas dire par là que le vin y soit inconnu, bien au contraire ; tout le monde, du plus petit au plus grand, vous dira qu'il se fait avec le raisin, de même que le cidre avec le jus de la pomme, la bière avec du houblon ; mais n'en demandez pas davantage, on l'ignore : on se contente de boire ces boissons telles qu'on les reçoit des pays producteurs sans s'occuper le moins du monde du moyen employé pour les obtenir.

Afin de remettre en mémoire ce qu'ils sont, de l'apprendre à ceux qui ne les connaissent pas, nous allons les résumer brièvement, nous servant de termes techniques employés dans chaque genre de fabrication.

Prenons le raisin arrivé à sa complète maturité, ce qui se reconnaît à la teinte brune foncée que prend le haut de la grappe appelé *rafle*, au ramollissement de la *pulpe* et au jus qui s'en exprime; il est temps alors d'en faire la récolte, c'est ce que l'on appelle les *vendanges*. Elles ont lieu du 1er septembre au 15 octobre; — passé cette époque, il n'y

Fig. 244.

a plus guère à compter sur les beaux jours. Vieillards, jeunes gens, femmes, enfants, tout le monde y trouve son occupation (fig. 244); les uns armés de sécateurs ou de ciseaux enlèvent les grappes des ceps, les épluchent, les placent dans des mannes, que de plus robustes versent dans des *hottes* qu'ils transportent hors de la vigne pour les déverser dans des tonneaux défoncés d'un côté et placés sur des voitures (fig. 245).

Une fois complètement remplis, ces tonneaux sont à leur tour conduits au *cuvage*.

Toute cuvée commencée doit se terminer le jour même, sans

Fig. 245.

quoi on s'exposerait, en la continuant le lendemain, à inter-
rompre le commence-
ment de fermentation
en voie de formation.

L'égrappage, précé-
dant le foulage, consiste
à séparer les graines du
rameau ligneux ou *rafle*
les réunissant ; il se fait
avec une fourche à trois
dents (fig. 246), que l'on
manœuvre dans tous
les sens dans un baquet
contenant les grappes
entières. Les grains se

Fig. 246.

détachent et la rafle s'enlève ensuite à la main. Cette opération n'est pas nécessaire pour tous les vins ; elle ne l'est que pour ceux dont les principes astringents sont trop abondants et qu'une augmentation de tannin viendrait encore accroître.

Foulage. — Égrappé ou non, le raisin est passé au foulage. Autrefois ce travail se faisait au-dessus de la cuve même, dans un *écrasoir* percé de trous déversant directement le jus dans la cuve. Ce système n'était pas sans présenter quelque danger et de nombreux cas d'asphyxie.

On opère maintenant dans des espèces de cuvettes ou bacs plats, à rebords de 30 à 40 centimètres, dits écrasoirs (fig. 247) exhaussés par des poutres, et dont le plan incliné du parquet

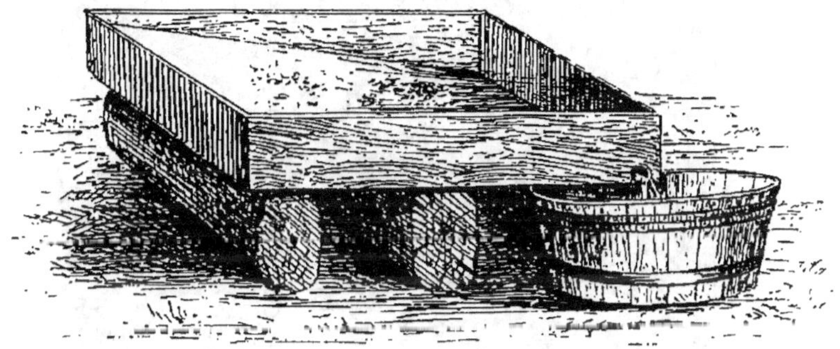

Fig. 247.

permet au jus de se déverser dans un baquet nommé *barlongon doil* placé en contre-bas, dans lequel on le puise pour le verser dans des *tines* ou *comportes* que des hommes transportent à dos et déversent dans les cuves de fermentation (fig. 248).

On peut, si l'on veut éviter ces frais de main-d'œuvre, placer la cuvette servant au foulage à une certaine hauteur, de manière qu'elle domine les cuves et puisse y déverser directement le jus au moyen de tuyaux (fig. 248). Le foulage au sabot a l'inconvénient d'écraser les pépins et de communiquer au vin une saveur âcre qui est loin d'être agréable. Chez certains vignerons l'écrasage se fait encore en cadence, au son du violon, ce qui empêche les fouleurs de se fatiguer trop vite de cette danse forcée.

La fermentation du moût est l'opération la plus délicate de la fabrication du vin, celle dont dépend la réussite, la coloration et le bon goût; aussi exige-t-elle une grande surveillance.

La température du cellier étant toujours maintenue entre

Fig. 248.

20 à 25 degrés, le jus des cuves, à l'*air libre*, se met à fermenter le deuxième jour. Il se transforme alors en alcool et en gaz acide carbonique, lequel se répand au dehors en soulevant l'épaisse couche d'écume formant croûte ou *chapeau* au-dessus du liquide, croûte que des hommes, au péril de leur vie, sont obligés de briser et de brasser plusieurs fois pendant la fermentation.

Lorsque celle-ci commence à se ralentir, il faut observer le moment juste où elle cesse, ce qu'il est opportun de bien saisir, et qui se reconnaît par l'arrêt du petit bruit provenant de la fermentation. Si on laissait à ce moment le chapeau en contact avec l'air libre, il se produirait une fermentation acide qui rendrait le vin complètement aigre.

Pour obvier à cette surveillance pour ainsi dire mathématique, puisqu'une heure de retard suffirait pour tout perdre, on procède maintenant en cuve close, c'est-à-dire en recouvrant la cuve d'un couvercle simplement passé dessus. La couche d'acide carbonique se développant entre le chapeau et le couvercle, ne déborde pour se reprendre dans l'air que lorsqu'elle a complètement rempli cet espace resté vide et protège ainsi le vin de toute altération. On peut même prolonger indéfiniment son séjour dans la cuve, ce qui ne peut se faire avec le premier procédé.

Décuvage. — Deux manières de transvaser le vin de la cuve dans les tonneaux sont employées concurremment ; la première consiste à le retirer avec des paniers destinés à cet usage et à le verser dans un large entonnoir, ce qui a l'inconvénient, en puisant dans la cuve, de troubler en même temps le liquide, puis, en le transvasant, de l'exposer à l'action acidifiante de l'air. Il est donc préférable de le soutirer jusqu'à la lie après l'avoir laissé reposer quelque temps ; alors le vin est clair et limpide. Moins on laisse le vin dans la cuve, alors qu'il est dépouillé de la matière sucrée et alcoolique, mieux cela vaut ; il y a même avantage, lorsque la récolte est abondante, à le mettre dans des grands foudres s'il est encore un peu trouble et accuse trace de fermentation. Il se fait avec le bois du tonneau.

Bouquet des vins. — Il résulte de récentes expériences faites par M. Jacquenin qu'il serait facile de donner au vin le bouquet des meilleurs crus en ensemençant la fermentation du moût avec des levures des crus les plus en renom ; substituant au jus de raisin le moût d'orge additionné d'acide tartrique. On est parvenu ainsi à obtenir des *vins* *d'orge* dont le bouquet rappelait celui de Beaune ou de Chablis. La même opération sur les cidres a donné des résultats semblables, et a produit un liquide exquis ayant le goût du pomard, du sauternes et du champagne.

Que cette intéressante découverte passe du domaine de la science dans celui de la pratique, et nous boirons un vin agréable au goût, sans être exposés à nous empoisonner avec ces falsifications sans nom, n'ayant jamais vu le raisin, faites avec une foule de drogues toujours nuisibles à la santé.

Le pressurage s'opère sur le *marc* restant dans la cuve après le soutirage du vin; ce que l'on en extrait se répartit en quantité égale sur toute la cuvée; on fait ainsi un ou deux retaillages dont le produit, mêlé au vin, en prend l'arome. Les troisième et quatrième retaillages faits après avoir mouillé le marc donnent le petit vin ou piquette servant de boisson aux ouvriers.

Vins blancs. — Le vin peut se faire aussi bien avec du raisin rouge que du raisin blanc; mais il est toujours de qualité supérieure, lorsqu'on emploie le blanc. La matière colorante du vin, résidant dans la pellicule enveloppant le jus et les pépins, il est nécessaire de la supprimer avant sa fermentation alcoolique; aussi la manière de procéder pour obtenir le vin blanc varie-t-elle un peu de celle employée pour faire le vin rouge.

Après le piétinage ou foulage des grains, le raisin, au lieu d'être mis directement dans la cuve, passe de suite au pressoir; le jus qu'on en extrait est mis dans des tonneaux où il subit sa fermentation au lieu d'être mis en cuve.

Le premier moût obtenu par le piétinage donnera le meilleur vin blanc; puis celui provenant du pressoir, la seconde qualité.

Le marc des deux premières pressions mis en fermentation avec de l'eau, et une certaine quantité de raisin non pressuré produisent une boisson de ménage alcoolique fort agréable.

Le vin blanc est très alcoolique ; il contient très peu de tannin parce que les rafles qui le forment ont été enlevées.

Vins blancs mousseux. — On peut facilement rendre le vin blanc mousseux en y ajoutant la valeur d'un petit verre à bordeaux de sirop de sucre candi fait avec du vin blanc. On bouche ensuite solidement les bouteilles, puis on les laisse reposer environ un ou deux mois, le bouchon en bas, sur des planches à bouteilles, comme on fait des bouteilles vides. Après ce temps on les débouche à nouveau pour en retirer la valeur d'un verre qu'on remplace par la même quantité de vin blanc. Il n'y a plus qu'à solidement reboucher et habiller la bouteille dans le même genre que celles du vin de champagne. On replace les bouteilles comme elles étaient, la fermentation alcoolique s'y produit en dégageant l'acide carbonique qui lui donne l'apparence et presque le goût du vin de Champagne.

Vins artificiels. — Indépendamment des vins obtenus avec le raisin, on fabrique aussi plusieurs sortes de vins ou boissons de ménage, soit avec des baies de sureau, des mûres, des primevères, des raisins secs, des navets, des prunelles, des groseilles à maquereau et des groseilles en grappes. Le principe de leur fabrication repose toujours sur la fermentation.

Ces boissons rendent de grands services dans les pays où le vin fait défaut, et où on ne trouve que difficilement de la bière et du cidre.

Cidre. — Il existe une analogie frappante entre la fabrication du cidre et celle du vin ; la pomme remplace le raisin ; le *grugeage* équivaut au foulage, le pressurage est le même, la pulpe en est le moût et le jus se traite également par la fermentation du marc. Le cidre est une boisson alcoolique provenant de la fermentation du jus sucré des pommes comme le vin l'est du raisin.

La récolte des pommes se fait à trois époques de l'année : en septembre, pour les pommes tendres, telles que la girard amère, la relet, doux veret, saint-gilles, etc. ; la qualité du cidre que l'on obtient est faible. En novembre, pour les pommes demi-dures telles que la pomme petit-court, l'amer doux, le gros doux, le cul noué, l'épine, qui donnent un cidre d'une belle couleur et fort agréable au goût. Enfin viennent les pommes d'arrière-saison ou pommes tardives se récoltant fin décembre, avec lesquelles se confectionnent les gros cidres de conserve. Ce sont la germaine, la haute bonté, le gros doux, le doux martin, la petite arite, etc., tous fruits durs, riches en principes alcooliques.

Pour qu'un cidre soit bon, il est préférable de mélanger des pommes *douces* avec des pommes amères dans des conditions particulières basées sur leurs principes alcooliques; ainsi, pour le cidre ordinaire, on peut, pour deux boisseaux de pommes douces en prendre un de pommes amères. Nous ne parlerons ni du grugeoir, ni du pressoir, les ayant décrits précédemment chapitre xiv, pages 161 et 162.

La première opération, pour faire le cidre, consiste donc, après avoir mélangé les pommes, auxquelles on ajoute quelques betteraves rouges pour augmenter la richesse saccharine, à les diviser en plusieurs morceaux à l'aide du grugeoir; la pulpe que l'on en obtient est déposée dans de grandes cuves. Lorsqu'elles sont toutes pleines on verse à différentes reprises quelques seaux d'eau sur ces pulpes, après les avoir bien remuées avec une pelle de bois : le marc ne tarde pas à prendre une teinte d'ocre jaune foncée tournant bientôt au brun rouille.

On laisse ainsi pendant quarante-huit heures, en remuant plusieurs fois dans la journée, c'est ce que l'on appelle la *macération*. Au bout de ce temps, on retire le marc pour le soumettre à l'action du pressoir, on étend alors sur la table une couche de paille de seigle nommée *glue* sur laquelle on place une couche de marc de plusieurs centimètres d'épaisseur : on superpose de la même manière plusieurs couches successives en contrariant chaque fois le sens de la paille, jusqu'à ce que l'on atteigne la hauteur de la dernière *assise*, se terminant toujours par de la paille. On recouvre le tout d'une planche assez forte pour que la pression soit égale partout, et on donne à la vis un premier tour. Le jus sort de tous les côtés des assises, pour tomber dans une rainure pratiquée dans la table et le conduisant dans un baquet nommé *bélon* placé au-dessous du coulant sous lequel se trouve suspendu un tamis à travers lequel passe le liquide, tout en retenant les pulpes qu'il entraîne. De temps à autre on renouvelle la pression, et lorsqu'à force d'avoir serré la vis on n'obtient plus de jus, on enlève ce marc pour procéder à l'installation de nouvelles couches de marc et de paille, jusqu'à ce qu'il n'en reste plns. Le jus provenant de cette pression est ce que l'on appelle vulgairement le premier cidre ou gros cidre, celui contenant le plus de principes sucrés et alcooliques. Tout le marc pressé, on met le jus dans les pièces après avoir eu la précaution de les bien laver et de les soufrer ou de les flamber pour leur enlever toute odeur. Les pièces sortant de vin n'ont pas besoin d'être soufrées ni flambées ; elles sont mêmes préférables à celles sortant de cidre.

Le marc restant de la première pression, grugé de nouveau, est remis au baquet, en l'additionnant d'eau ; il sert à faire le second cidre, procédant de la même manière que pour le premier. Ce cidre est beaucoup plus faible que celui que l'on vient d'obtenir, il sert, si l'on tient à n'avoir qu'une seule qualité, à couper le premier pour faire du cidre moyen.

Chez les ouvriers une troisième brassée donne une boisson appelée petit cidre, dont il se fait une grande consommation.

Fermentation. — Les futailles pleines sont placées sur le chantier, sans être bondées, et la même fermentation qui s'accomplit pour le vin transforme, sous une température de 15 à 20 degrés, le jus de la pomme en alcool et en acide carbonique. La fermentation n'est guère apparente que quelques jours après la mise en cave; elle est quelquefois lente et difficile, surtout si le cidre est entièrement pur. Lorsqu'elle est en train, elle se continue lente et régulière, déversant une écume blanchâtre s'échappant hors du tonneau ; c'est le *chapeau*. Il faut alors le laisser bouillir tranquillement, évitant tout changement de température et les courants d'air. Lorsqu'elle est entièrement terminée, ce dont on se rend compte en plaçant l'oreille près de l'ouverture de la bonde et que l'on n'entend plus aucun frémissement, on remplit le vide avec un peu de cidre, puis on replace à demi la bonde pour ne la mettre définitivement en place que le lendemain. On laisse reposer quelques mois avant de soutirer le cidre, ce qui évite qu'il ne devienne aigre en reposant sur sa lie. On peut faire deux soutirages à un mois et demi ou deux mois l'un de l'autre, et au dernier, coller le cidre avec du cachou.

Lorsque l'on veut conserver le cidre doux, pétillant et mousseux, il faut le mettre en bouteilles : étant en fût, il perd bientôt cette douceur particulière qu'il possède les premiers mois de sa fabrication.

Autre manière de faire du cidre. — Depuis quelques années on s'est mis en devoir, dans bien des maisons, où l'on ne veut pas avoir l'embarras d'un pressoir, ou bien, où l'emplacement et le temps manquent pour exécuter les opérations ordinaires, de faire du cidre par diffusion ou déplacement, procédé que dans certains pays on appelle faire le cidre à la coulotte.

On place un tonneau sur champ, après en avoir enlevé le dessus et percé de trous le fond inférieur ; puis on le garnit d'une couche de paille sur laquelle on dépose le moût préalablement arrosé d'eau. On recouvre le tout d'un couvercle posant sur le moût que l'on charge d'un grès, pour faire pression ; le jus serré de la pomme tombe goutte à goutte dans le récipient placé au-dessous du tonneau. Le lendemain, lorsque le jus a cessé de couler, on ajoute de nouveau de l'eau au marc et la pression continuant son rôle produit de nouveau jus que, comme le premier, on place dans des fûts pour le laisser bouillir. On cesse de verser de l'eau sur le marc quand celui-ci ne donne plus qu'un liquide sans force et sans goût. Ce genre de cidre n'est jamais bien fort, il constitue plutôt une boisson de ménage qu'un véritable cidre.

La nature de l'eau n'est pas indifférente pour la fabrication du cidre : les eaux de mares, boueuses et putrides, que certains paysans semblent préférer, ne valent jamais l'eau de pluie ou de rivière. Celles provenant des puits, contenant des sels calcaires, sont également mauvaises pour la fabrication du cidre.

La cave elle-même doit être exempte de toute odeur et tenue dans le plus grand état de propreté.

FABRICATION DE LA BIÈRE.

La bière est la boisson des gens du nord de la France ; il n'en est pas qui subisse plus de falsification. La bonne bière est rare, très rare même, car il faudrait la vendre fort cher. Les matières entrant dans sa composition sont : l'orge et le houblon.

La transformation en sucre de l'amidon contenu dans l'orge, et sa fermentation alcoolique, après addition du houblon, forme ce que l'on nomme la bière.

Mouillage de l'orge. — La première chose qui se fait après avoir introduit dans des cuves en fer l'orge destinée à la germination consiste à la mouiller en versant de l'eau dessus pour faciliter son gonflement et son ramollissement; ce mouillage se renouvelle plusieurs fois pour que toutes les parties du grain soient bien en contact avec l'eau sans y nager cependant. L'eau a besoin d'être renouvelée deux ou trois fois par jour pour éviter sa corruption pendant les deux fois quarante-huit heures que dure ce bain émollient prédisposant le grain à la germination. Une fois que le grain s'affaisse ou se plie sans aucune difficulté, par une simple pression sur un corps dur, le mouillage est arrivé au point voulu.

Germination. — L'orge suffisamment ramollie est transportée sur de grandes cuves plates, sur le fond desquelles on l'étend, par couches de 40 à 50 centimètres, à une température de 15 à 20 degrés; là, elle entre en germination, développant en elle le principe appelé *diastase*, réagissant sur l'amidon, de manière à le rendre très soluble et facilitant plus tard sa conversion en matière sucrée. Activée par cette température, l'orge ne tarde pas à germer, et on voit se développer à vue d'œil, pendant les six ou sept jours que dure cette pousse hâtive et forcée, la *gemmule* et la *radicelle* appelées, si le développement se continuait, à devenir l'une la tige, l'autre la racine. Tout le temps que dure cette germination il ne faut pas oublier de retourner plusieurs fois le grain pour éviter qu'il ne s'échauffe trop par places; on ralentit la chaleur en diminuant l'épaisseur de la couche. La gemmule suffisamment développée (à peu près deux fois la longueur du grain), on la transporte au séchoir afin d'en arrêter le développement que l'on active et complète entièrement en la faisant passer à la *touraille* sous un courant d'air chaud d'environ 115 à 120 degrés.

Une fois sec le *dégreneur* se charge de séparer les radicelles du grain qu'il ne reste plus qu'à broyer pour en obtenir le *malt*.

Brossage. — Le malt mis dans des *cuves matières* est transformé en liqueur sucrée au moyen de l'eau chaude ; la diastase, agissant sur l'amidon du grain, forme le moût, auquel se joint alors le houblon : on porte durant quatre ou cinq heures le tout à ébullition. C'est du houblon que cette dernière tire son amertume, son parfum et le tannin qu'elle contient.

La cuisson achevée, le liquide est dirigé au moyen de serpentins, traversant un refrigérant contenant de l'eau froide, dans des cuves où il achève son refroidissement et son dépôt.

La fermentation s'opère dans de grandes cuves nommées *guilloires*, où le sucre se convertit en alcool et le moût en bière. On active la fermentation par l'addition de *levure de bière*, conservée à cet effet, d'un bassin précédent.

La fermentation dure de quinze à vingt jours lorsqu'elle se fait par dépôt, mais elle est plus active et ne demande que six à huit jours lorsqu'elle se pratique superficiellement ; son effervescence est alors plus active et plus bruyante ; elle demande un degré de chaleur variant de 20 à 30 degrés.

Soutirage. — Le brassin terminé, la bière est mise en tonneau par soutirage ; ne prenant bien entendu que la partie claire du liquide. De l'eau ajoutée à la partie trouble et clarifiée par le dépôt constitue la petite bière.

La levure restée au fond de la cuve est soigneusement lavée, puis conservée pour être livrée aux commerçants dont les produits en exigent l'emploi.

Tels sont à peu près les procédés dont se servent les brasseurs pour obtenir la bière que les uns clarifient à l'aide de pieds de veau, les autres au moyen d'une dissolution de gélatine ou de graine de lin.

Bière de ménage. — Dans les ménages d'ouvriers, ou dans les centres d'exploitation où il est difficile de se procurer de la bière, on fabrique une boisson qui s'en rapproche en se servant de *drêche* ou orge fermentée ayant servi à la fabrication de la bière. On la met tremper deux ou trois heures dans l'eau bouillante, et on soutire le liquide ; puis on renouvelle la même opération. Ces deux eaux réunies, on fait bouillir à nouveau en ajoutant 300 grammes de houblon pour environ 40 à 45 litres de bière.

Une fois le moût cuit, on le passe au tamis ; après son refroidissement on y ajoute de la levure (la valeur de trois à quatre cuillerées), pour aider la fermentation. Celle-ci terminée, il ne reste plus qu'à mettre en bouteilles.

Lorsqu'on n'est pas à proximité d'une brasserie, on grille de l'orge ou de l'avoine dans un poêle, on la moud grossièrement dans un moulin à poivre ou à café, puis on verse dessus de l'eau bouillante. Au liquide obtenu, on ajoute de la mélasse, du houblon et de la levure que l'on incorpore bien au liquide ; on laisse fermenter et reposer pour mettre ensuite en bouteilles : quinze jours après cette boisson est bonne à boire. Le procédé, on le voit, diffère peu de celui cité ci-dessus.

Une autre boisson très économique, se rapprochant de la bière, s'obtient en versant dans un tonneau 1 hectolitre d'eau bouillante, dans laquelle on fait infuser $2^k,500$ grammes de mélasse, 100 grammes de fleurs de houblon, 50 grammes de racine de gentiane, et 50 grammes de levure : on laisse le tout fermenter tranquillement. La fermentation terminée et le liquide clarifié, on met en bouteilles pour boire cinq ou

six jours après. Cette boisson pétillante et mousseuse est
d'un goût fort agréable ; on peut en diminuer l'amertume
en y ajoutant un peu de caramel et des fleurs de sureau. Elle
n'est nullement malsaine, étant plutôt un cordial qu'une
boisson échauffante.

CHAPITRE XXII

La routine qui prévalait autrefois en agriculture a fait son temps : elle n'est plus de mode aujourd'hui que l'on demande à la science, à l'intelligence et au raisonnement les nouveaux perfectionnements.

Dans l'ancien temps le cultivateur prenait la terre pour ce qu'elle était : bonne il la trouvait, bon parti il en tirait; mauvaise elle était, telle il la conservait, sans se préoccuper de l'améliorer.

Toute différente est la culture de notre époque; plus une terre est riche, plus on cherche à la rendre productive en lui ménageant toutes ses qualités; plus elle est mauvaise, plus on s'efforce de l'améliorer et de la rendre propre à la culture, et cela, en la modifiant partiellement ou dans son ensemble, lui restituant au moyen des amendements, des engrais et du roulement des cultures successives les principes lui faisant défaut.

Rien n'est donc plus important pour un cultivateur que de connaître à fond les différentes espèces de terres composant la couche arable de ses champs, même celle du sous-sol. Pour cela il ne lui suffit pas pour connaître une terre de se livrer à une étude superficielle reposant sur le toucher, la vue, l'odorat et l'ouïe; cet examen par trop sommaire ne pouvant renseigner que sur la nature du sol, il faut aussi recourir à l'analyse chimique, seule susceptible de déterminer les matières qu'elles renferment, et les proportions dans lesquelles elles s'y trouvent, afin de pouvoir les modifier suivant les cas et en tirer le plus grand parti possible.

Le sol est constitué par l'espace de terrain cultivé ou inculte recouvrant la surface du globe : il prend alors le nom de la substance prédominante. Les terres, par leur nature, se classent en deux espèces, savoir : 1° les *terres fortes*, 2° les *terres légères*.

Les *terres fortes* se *divisent en terres grasses*, ou *argileuses* ou glaiseuses : les *terres légères* en *sablonneuses* et en bruyère. Chacune d'elles présente des caractères particuliers servant à les reconnaître entre elles.

Nous ne parlerons pas des résultats que donne l'analyse chimique : les éléments constituant une même espèce de terre variant suivant les localités où se trouvent situées ces terres.

Nous n'allons nous occuper ici que de leurs caractères généraux.

Les **terres grasses** sont formées d'un mélange d'argile et de sable : plus le sable y entre en grande quantité, meilleures elles sont. Bonnes pour toutes espèces de cultures, ces terres n'exigent d'autre engrais que le fumier de cheval, et comme amendement que de la craie pour en absorber l'humidité.

On la reconnaît facilement lorsqu'en la pressant entre les doigts elle conserve son opacité sans pour cela rendre d'eau. Sa couleur varie entre le brun foncé et le jaune ocre foncé.

Le blé, l'orge, le lin, le colza, les pommes de terre, les féverolles, le tabac et le houblon s'en accommodent fort bien et poussent plus vite que dans toute autre terre argileuse bien que moins activement que dans les sols sablonneux. L'adhérence du sable à l'argile est si intime que ces terres sont très difficiles à ameublir.

Terres argileuses. — Leur couleur jaune, la propriété qu'elles ont d'absorber l'eau et de la retenir, les font facilement reconnaître des autres terres. Le soc de la charrue leur laisse un aspect luisant et verni révélant la présence de l'eau dont elles se trouvent empreintes : elles sont grasses et gluantes, tenaces, adhérentes, se pétrissant aussi facilement que le mastic et prenant aisément toutes les formes qu'on lui donne.

Sous l'influence d'une sécheresse prolongée, elles finissent par se dessécher et se fendre tout en restant difficiles à diviser. En cet état, elles absorbent l'eau avec avidité, et si on en approche la langue elle s'y attache fortement. Ces terres à peu près impropres pour la culture, pourrissant les racines des semences, rendent cependant un précieux service pour l'amendement des terres sablonneuses auxquelles elles communiquent une certaine consistance.

On les utilise encore avec avantage pour la fabrication des poteries, des tuiles et des pannes ; elle deviennent alors d'un excellent rapport.

La terre glaise, très grasse et très tenace, est humide et froide, longue à sécher lorsqu'elle est saturée d'eau et très difficile à imbiber dès qu'elle est sèche. Elle ne peut s'améliorer que par les labours et les amendements. Comme les terres argileuses elle ne se prête pas à la culture et convient tout spécialement à la fabrication des poteries ou à la construction des batardeaux. Quelques essences d'arbres se complaisent cependant dans ce sol. Les sculpteurs en font une grande consommation pour leurs travaux de modelage.

Terres légères — Sous cette dénomination se rangent

les terres sablonneuses mélangées à une certaine partie de terre végétale leur donnant de la consistance, empêchant leur désagrégation.

Elles se laissent facilement entamer par les labours, s'accommodent fort bien des ameublissements qui les bonifient. Leur couleur est très variable ; mais elles se reconnaissent facilement au toucher par le peu de résistance qu'elles opposent à la pression des doigts.

Ces terres sont excellentes pour la culture, d'une grande fertilité, mais elles redoutent la chaleur et la sécheresse. Les produits y poussent vivement et s'y dessèchent de même. Les pommes de terre, les carottes et les navets, le lin, les trèfles, la luzerne y poussent admirablement.

Terres sablonneuses. — Les terres réellement sablonneuses, c'est-à-dire formées uniquement de gravier pulvérisé, sans aucun autre mélange, ne sont pas cultivables ; leur peu d'homogénéité les disperse au moindre souffle de vent ; mais c'est là l'exception. Elles sont bien inférieures aux terres légères et ne peuvent servir qu'à la culture de la pomme de terre, du seigle, de l'orge et de l'avoine.

La **terre de bruyère**, composée presque exclusivement de sable et d'une infime partie de débris de végétaux, est généralement très ingrate pour la culture, et ne convient que pour quelques essences forestières. Les jardiniers s'en servent cependant avec succès pour une foule de plantes venant de l'étranger.

Sols caillouteux. — Ce genre de sol est impropre pour la culture, c'est à peine si quelques arbustes peuvent y venir.

Des différentes couches de terre. — De toutes ces espèces de terre, la meilleure, la plus productive, est sans contredit la terre arable, pure et molle, appelée aussi terre adamique. Elle est noire de couleur, veloutée au toucher, courte et molle, s'ameublissant au moindre froissement. On la rencontre dans toute sa pureté, exempte de glaise, de pierre et de sable dans les pays marécageux.

Les différentes terres agraires dont nous venons d'énumérer la nature et la composition constituent ce que l'on nomme le sol superficiel (fig. 249) A1 ; se divisant selon la profondeur de sa couche en *sol moyen* A2, et en *sol profond* A3, lorsqu'il atteint de 25 à 30 centimètres et plus. Immédiatement après vient la même nature de terre à laquelle on donne le nom de *sol inerte* B, parce que le

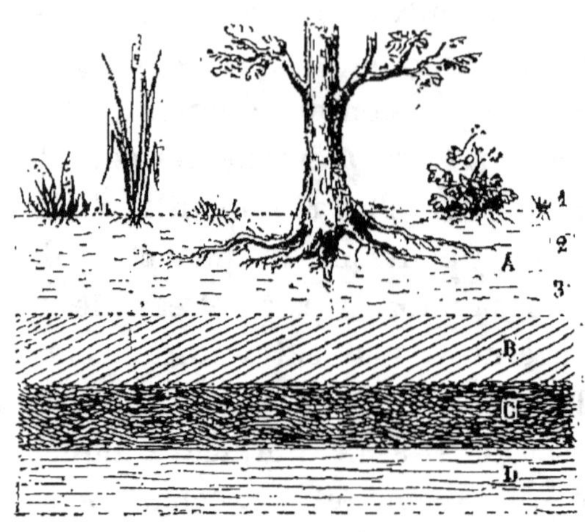

Fig. 249.

soc de la charrue et les préparations que l'on fait subir à la partie superficielle ne peuvent l'atteindre.

A ces deux couches, bien distinctes entre elles, quoique composées des mêmes éléments, succède ce que l'on nomme le *sous-sol* C, dont la composition minérale est tout autre. Arrive enfin le *sol argileux dit imperméable* D, retenant l'eau absorbée par les couches supérieures.

Des phénomènes physiques et atmosphériques produits les uns au centre de la terre, les autres à sa superficie, sont venus, à certaines époques, bouleverser et intervertir cette loi de l'alternance et de la régularité des couches, ce qui fait qu'en bien des endroits la terre végétale, plus ou moins épaisse, repose directement sur le sol imperméable ou sur une simple couche de craie excessivement profonde.

Le sous-sol joue un rôle très important dans la culture : il peut, selon sa composition, sa sécheresse ou son humidité produire une action favorable ou désavantageuse à la surface du sol arable ; aussi engageons-nous vivement le cultivateur, avant d'en devenir le propriétaire, à se livrer à cet égard à une étude sérieuse du sol.

Acquisition des terres. — Les habitants de la campagne, assistant annuellement à des ventes de récoltes sur pied, travaillant constamment la terre pour leur compte ou à façon, sont plus en position que toute autre personne pour faire l'acquisition d'une pièce de terre, surtout lorsqu'elle est située dans le périmètre de leur commune. Il est fort rare, lorsque l'occasion d'un achat se présente, qu'ils ne connaissent point à fond l'objet de cette vente ; qu'en gens pratiques avant tout, ils n'en aient point examiné la nature, qu'ils ne sachent ce qu'elle a déjà produit, ce qu'elle est susceptible de produire encore par la suite : aussi n'ont-ils besoin de recourir à aucun moyen pour s'assurer de sa valeur réelle aussi bien comme prix que comme rendement.

Il n'en est pas de même pour les habitants de la ville désirant devenir propriétaires de terre. Ils ne peuvent compter sur les renseignements de gens dont ils deviennent les concurrents, avec lesquels, comme on dit ordinairement, ils viennent partager le gâteau. Il n'est pour eux, avant de conclure le marché, qu'un seul moyen de vérification possible, le sondage. Il se fait en plusieurs endroits, assez espacés les uns des autres, ce qui permet de voir si la terre arable est de même épaisseur et de même qualité sur toute l'étendue du champ.

Nous ne parlons pas des charges dont le bien pourrait être grevé, le bureau des hypothèques et le notaire sont là pour les faire connaître.

La qualité de la terre appréciée, là ne doivent point se borner les investigations : il y a une foule d'autres circonstance, pouvant en augmenter ou en diminuer le prix, nous voulons parler de son emplacement.

Elle acquiert une valeur plus grande lorsqu'elle se trouve située en plaine ou à proximité d'une ville ou d'un bourg, que rien n'empêche son accès, ce qui facilite les transports et épargne de la peine aux gens et aux animaux. Un ruisseau, un égout, dont on peut tirer des matières fertilisantes, sont encore des avantages appréciables en élevant le prix ; tandis que le voisinage d'un torrent, d'une rivière sujette à déborder ou d'un bas-fond et entraînant des inondations en abaissent considérablement la valeur. Les terrains en pente présentent de grandes difficultés pour la culture, et exigent de fortes dépenses pour en soutenir les terres.

Le voisinage des habitations pauvres, les ravages auxquels elles exposent, et auxquels on ne saurait se soustraire entraînent encore une notable diminution du prix d'achat.

Dans l'estimation d'un terrain, les arbres rentrent pour une certaine part, surtout lorsqu'il s'agit d'arbres de rapport tels que : les oliviers, les vignes, les mûriers blancs, les pommiers, les noyers, etc.

CHAPITRE XXIII

L'augmentation toujours croissante des rendements obtenus depuis plusieurs années nous montre d'une manière indiscutable le précieux secours que l'agriculture moderne tire de la chimie. Ses bienfaits sont d'autant plus grands que le sol de notre France appauvri et mal compris en était arrivé au point de ne plus pouvoir suffire à notre approvisionnement.

La découverte des engrais chimiques est venue révolutionner de fond en comble la vieille routine, et rétablir la production à peu près sur les mêmes bases que la consommation : on n'a pour se convaincre de ce que nous avançons qu'à consulter la statistique officielle des rendements annuels depuis quelques années.

La chimie agricole est donc à l'ordre du jour : ce qui ne veut pas dire cependant qu'il faille que le cultivateur soit un savant de premier ordre, un chimiste distingué; non assurément! Loin de nous cette pensée, laissons à chacun son rôle : au chimiste le soin des analyses, de la préparation et du dosage des engrais, et au cultivateur leur emploi dans l'amélioration des terres.

Sans engrais, pas de récolte!

L'engrais est donc dorénavant la source de notre richesse agricole.

Il est à la terre ce que la nourriture est pour notre corps : si elle donne la vigueur et la vie à nos membres par les sucs que nos organes s'en approprient, l'engrais communique également à la plante, par son absorption, les sucs nécessaires à son alimentation et à son développement.

Aujourd'hui, plus que jamais, tout doit être calculé en agriculture ; rien ne peut être livré au hasard : il faut que chaque grain de semence, tombant en terre fertile, rapporte son épi, et vienne contribuer au bien-être de la nation.

C'est donc par la puissance d'absorption des éléments fertilisants du sol, par les plantes, par leur richesse mathématiquement établie, calculée pour chaque plante et pour chaque genre de terrain, que l'on peut arriver à ce résultat.

L'expérience a prouvé que le fumier de ferme était à lui seul impuissant pour reconstituer au sol la richesse fertilisante que lui enlève chaque année les récoltes. Il est donc nécessaire pour rétablir ce principe de se servir des engrais chimiques redonnant à la terre l'acide phosphorique et azotique dont elle est dépourvue.

La multiplicité des engrais dont se trouve dotée l'agriculture ne saurait faire défaut en aucun cas ; tel sol, telle plante, demandant un fertilisant particulier, est sûre de le trouver dans la longue liste des produits chimiques servant d'engrais, dont nous nous contentons de citer quelques-uns seulement ; ce sont :

Le phospho-guano, engrais chimique ;

Les phosphates fossiles de la Somme ;

Les engrais salins et potassiques ;

Les différents noir animal ;

Les engrais de mer et les plantes marines pulvérisées ;

Les engrais azotés et phosphatés provenant des détritus et marcs de la fabrication des huiles de poisson ; les nitrates et tant d'autres, qui, mêlés au fumier, redonnent à la terre sa première vigueur.

Ce qui manque ordinairement dans les terres à blé, c'est le phosphore et l'azote, c'est donc ce qu'il faut y ajouter avant les semailles d'automne, sous n'importe quelle forme, phosphate, tourteau de poisson ou nitrate. On calcule pour une bonne fumure environ 1000 kilogrammes par hectare, que l'on renouvelle au printemps par 200 kilogrammes de nitrate. On est certain d'obtenir ainsi un rendement considérable.

Les engrais se présentent à nous sous deux formes ; les uns sont à l'*état naturel*, les autres travaillés par la main de l'homme : ces derniers prennent le nom d'*engrais artificiels*. Ils ont chacun leurs propriétés particulières et produisent des effets différents: ce qui fait qu'ils ne peuvent, par conséquent, être employés sans discernement. Tel engrais, bon pour une certaine qualité de terre, serait nuisible pour une autre ; d'où il résulte la nécessité absolue de connaître la nature particulière de chaque engrais, de chaque sol sur lequel on veut l'employer.

Parmi les engrais naturels, il faut citer en première ligne le fumier de ferme, le meilleur de tous, la colombine ou fiente des oiseaux de basse-cour, le purin, composé des urines de bestiaux mêlés au jus de fumier ; les récoltes vertes enfouies, le sang des animaux. Parmi les calcaires vient ensuite la marne, engrais minéral convenant on ne peut mieux à plusieurs sortes de sols, se mariant parfaitement avec toutes les terres : son pouvoir fertilisant est d'une grande puissance. Elle convient particulièrement aux sols argileux tels que prairies non irriguées, bois, taillis, etc., de même qu'à tous les sols humides ou retenant trop l'eau des pluies. Il ne suffit pas, pour qu'une marne soit bonne, qu'elle contienne beaucoup de carbonate de chaux, il faut encore qu'elle puisse se diviser et se pulvériser facilement au contact de l'air et de l'humidité. Le marnage se pratique en automne, après un labour assez profond. On la laisse pendant quelque temps en petits tas, exposée à l'air, au soleil et à l'humidité, puis on la répand à la surface de la terre. Le rouleau, la herse, l'extirpateur au besoin, achèvent de la pulvériser, et quelques labours un peu profonds la mélangeant entièrement à la terre, il n'y a plus qu'à semer au printemps.

Pour extraire la marne, il faut avoir recours à des ouvriers spéciaux appelés marneurs.

On se gardera bien, lorsque l'on marne un champ, pour l'améliorer, de lui substituer un nouveau sol à l'ancien; l'excès en tout étant un défaut.

Boue des rivières et autres. — Comme engrais, les boues provenant de la vase des rivières, des étangs, des fossés sont excellentes; c'est après la marne l'engrais le plus gras de toutes les substances terrestres.

Boue des rues. — La boue des rues forme un engrais plus puissant et de plus longue durée que les deux précédents parce qu'elle est composée des urines, des eaux grasses et ménagères, des stercorations ou phosphates provenant des animaux domestiques, des épluchures de légumes, des vieux chiffons, de chiens et de chats morts, de décombres de bâtiments, qui tous confondus et mêlés ensemble, forment un engrais très riche, très actif, que l'on mêle à la terre, à l'aide de la charrue.

Argile, sable, gravier, servent également à l'amélioration de certaines terres dont ils servent à reconstituer les parties manquates; nmais ils ne peuvent tenir lieu d'engrais et ne servent à proprement parler, que pour l'amendement du sol.

Les engrais chimiques (1) ont enfin pris le pas sur les

(1) *Engrais.* Législation. Les préfets et les maires ont droit de prendre des arrêtés de police relatifs aux dépôts d'engrais. Les personnes qui

engrais naturels ; leur richesse en azote est beaucoup plus considérable ; et ils sont d'autant plus productifs qu'ils en contiennent en plus grande quantité, car c'est précisément cet azote, transformé en ammoniaque soluble, que les plantes absorbent pour leur développement, et qui constitue chez elles le gluten ou principe azoté.

Il nous est impossible de recommander ici l'emploi de tel ou tel de ces engrais ni même de préciser la qualité qu'il en faut employer ; tout cela est subordonné : 1° à la nature et au rendement de la dernière récolte faite ; 2° à la nature du terrain, terre labourable ou prairies ; 3° à la sécheresse ou à l'humidité du terrain ; 4° enfin à ce que l'on veut semer, renseignements qui seront en partie fournis au cultivateur, par l'analyse de la terre, et en dernier ressort par la richesse et la qualité des engrais livrés par le vendeur.

Assolements. — Dans une culture bien tenue, faite avec discernement, l'assolement joue un grand rôle : la puissance

contreviennent à ces arrêtés sont passibles d'une amende de 1 franc à 5 francs. A Paris et dans tout le ressort de la préfecture de police, aucun dépôt d'engrais, composé de débris d'animaux, ne peut être formé à une distance moindre de 200 mètres de toute habitation et 100 mètres des grandes routes.

Les cultivateurs qui ne les emploient pas dans les deux jours sont tenus à les placer dans une fosse recouverte d'une couche de terre de $0^m,05$ au moins d'épaisseur ; ces dispositions sont applicables aux dépôts de fumiers ordinaires (ordonnance du 31 mars 1824).

Celui qui, sans la permission des propriétaires ou fermiers, enlève des fumiers ou tout autre engrais, portés sur les terres, est passible d'une amende qui peut s'élever à la valeur de six journées de travail, sans préjudice des dommages-intérêts, et peut en outre subir un emprisonnement de simple police. L'amende est de douze journées, et la détention peut être de trois mois, si le délinquant a fait tourner les engrais à son profit. (Loi du 28 septembre 1791, titre II, art. 33.)

Le fermier sortant doit laisser les engrais de l'année s'il les a reçus lors de son entrée en jouissance ; quand même il ne les aurait pas reçus, le propriétaire peut les retenir suivant l'estimation. (Code civil, art. 1778 ; voir les art. 524, 1767, 1811, 1819, 2062, 2102 § 1°.)

productive d'une terre, aussi riche qu'elle soit, finirait toujours par s'épuiser si on lui demandait de produire sans interruption la même plante. C'est à l'assolement qu'il faut recourir pour parer à cet épuisement prématuré ; c'est de la manière dont il est pratiqué que dépendent en partie les bonnes récoltes.

L'assolement est l'ordre successif dans lequel les cultures se reproduisent sur le même sol : c'est donc l'art de faire se succéder les récoltes dans un ordre méthodique et raisonné, suivant la nature du sol, la culture des différentes plantes dont les besoins nutritifs, entièrement opposés à celles qui les ont précédées, trouvent encore dans le sol tout le reconstituant, tous les sucs nécessaires à leur alimentation.

Cette loi de l'alternance des récoltes, bien comprise, économise les labeurs, les fumiers, les transports, et augmente d'autant les bénéfices d'une exploitation. C'est donc à l'agriculteur sage et prévoyant à faire une répartition judicieuse de ses terres, en établissant un tableau des assolements de manière que ses récoltes de grains, leur vente, les fourrages et la nourriture des bestiaux se succèdent et se trouvent assurés sans interruption ; toujours dans les mêmes proportions, d'année en année, sans laisser un seul instant la terre inoccupée ; lui faisant rendre tout ce qu'elle est susceptible de donner. Combinant avec ces assolements des fumures chimiques, on arrive au maximum de rendement. Lorsqu'on ne cultive que des céréales, les assolements deviennent impossibles ; on est forcément obligé de recourir aux engrais chimiques pour reconstituer la richesse du sol. Il en est de même pour la culture de la betterave, qui, épuisant rapidement le sol, exige chaque année une forte quantité d'engrais.

Les personnes étrangères à la culture se demanderont probablement ce que peut faire au sol cette alternance ou cette substitution régulière d'une plante à une autre, puisqu'elles ont toutes leurs racines dans le sol; mais elles ne tarderont point à être convaincues de son utilité, lorsqu'elles sauront que les unes sont *épuisantes*, les autres au contraire *fertilisantes* : c'est-à-dire que les plantes épuisantes, telles que les céréales, portant épis, blé, seigle, orge, avoine, maïs, millet, sarrasin, lin, chanvre, colza, etc., se nourrissent exclusivement aux dépens du sol, tandis que celles qui sont fertilisantes, comme les plantes fourragères, le trèfle, le sainfoin, la luzerne, etc., vivent aux dépens de l'atmosphère et qu'elles ne puisent pas toutes, dans la terre, les mêmes substances nutritives.

Il est donc avantageux pour un cultivateur d'avoir des terres à long bail, afin de pouvoir disposer les assolements à sa guise et les établir pour une durée variant de trois à sept années : le propriétaire y gagne également et n'a pas la crainte de voir le fermier épuiser sa terre la dernière année de son bail, en en tirant tout ce qu'il en peut obtenir sans se préoccuper des intérêts de son successeur.

Il ne nous appartient pas d'établir cette rotation de culture que, comme nous l'avons dit ci-dessus, prescrit seule la nature du climat, du sol et des produits cultivés dans chaque pays.

DES GRAINS, DES SEMENCES ET DES SEMAILLES (1).

Une fois que la plante a atteint sa maturité, que la moisson est terminée, il est nécessaire, pour la vente ou

---

(1) LÉGISLATION. Code pénal. ART. 176. — Le commerce des grains est libre comme les autres; toutefois il est défendu, par des motifs d'intérêt public, aux commandants des divisions militaires, des départements ou des places, aux préfets ou sous-préfets, dans l'étendue des lieux où s'exerce leur autorité, à moins qu'il ne s'agisse de grains provenant de leurs propriétés.

ART. 439. — Quiconque aura coupé des grains ou des fourrages qu'il la conservation des grains, de les séparer de l'enveloppe les retenant à l'épi; c'est ce que l'on nomme le *battage du grain*. Il s'effectue de plusieurs manières : *au fléau* (fig. 250) ou à la machine (p. 165, fig. 182).

Le fléau est une espèce de fouet composé de deux bâtons d'inégales longueurs reliés l'un à l'autre par une lanière de cuir formant charnière, que les bras de l'homme manient à la volée en portant sur l'extrémité de la gerbe tout une série de coups redoublés pour en chasser le grain. Ce mode de battage est encore très répandu dans les campagnes. Rosset, parlant du batteur dit :

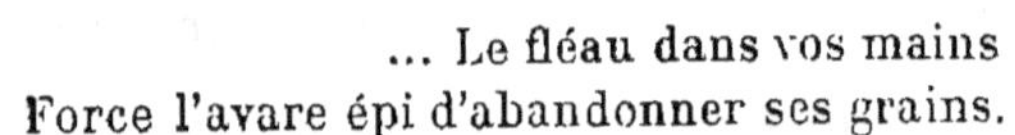

... Le fléau dans vos mains
Force l'avare épi d'abandonner ses grains.

Fig. 250.

Nous n'avons pas à décrire la manière dont on s'y prend pour se servir de cet instrument : elle est trop connue, et ce serait perdre notre temps. Ce qu'il nous importe de faire con-

savait appartenir à autrui, sera puni d'un emprisonnement qui ne sera pas au-dessous de six jours ni au-dessus de deux mois.

Art. 450. L'emprisonnement sera de vingt jours au moins et de quatre mois au plus, s'il a été coupé du grain en vert. Dans les cas prévus par le présent article, si le fait a été commis en haine d'un fonctionnaire public et à raison de ses fonctions, le coupable sera puni du *maximum* de la peine. Il en sera de même, quoique cette circonstance n'existe point, si le fait a été commis pendant la nuit.

Code de police, art. 40, 52, 64, 66 et suiv.; 444, 445, 662 et suiv.).

— Code civil, art. 520. Les récoltes pendantes par les racines sont immeubles.

Art. 533. Le mot *meuble*, employé seul dans les dispositions de la loi ou de l'homme, sans autre addition ni désignation, ne comprend pas les *grains*, foins et autres denrées; il ne comprend pas aussi ce qui fait l'objet d'un commerce.

Avis. — Il est donc essentiel dans une donation ou dans un testament de faire figurer en toutes lettres le mot grains, fourrages, etc., si l'on veut que le légataire en profite.

naître, ce sont les désagréments qu'il occasionne. Outre qu'il exige des hommes forts et robustes, ce mouvement alternatif des bras et du corps les réduit vite ; le travail se fait fort lentement puisqu'il faut à un bon batteur environ huit, neuf et même dix jours pour venir à bout de battre, selon sa siccité, un hectare de blé, soit six cent soixante ou cinq cent soixante gerbes de huit à neuf kilos, rendant environ vingt hectolitres de grain. Il est vrai de dire que, pour les autres céréales, il se fait proportionnellement un peu plus vite ; mais il est encore fort long. Il a en outre l'inconvénient contraire que l'on reproche si fort aux machines, de ne pas assez briser la paille, ce qui est essentiel pour la nourriture des bestiaux, puisque, malgré cela, on se trouve encore forcé, dans bien des cas, de la hacher mécaniquement pour la leur administrer. Ajoutons à cela que le propriétaire ne saurait trop avoir l'œil sur les gens qu'il occupe à ce travail, à moins qu'il ne soit entièrement sûr d'eux ; et que le battage se payant au cent ou au mille de bottes, l'ouvrier peu consciencieux ne manquerait pas, ne se sentant pas surveillé, de négliger de faire rendre à chacune d'elles ce qu'elle doit donner pour accumuler plus vite les bottes battues. Le prix à la journée se traite de gré à gré suivant lés usages du pays..

La **machine à battre**, d'origine anglaise, fabriquée maintenant en France, d'une foule de manières, rend aujourd'hui d'immenses services à l'agriculture. Aux locomobiles à vapeur, mettant en mouvement toute une batterie compliquée, servant non seulement à extraire le grain de la paille, mais encore à le séparer, sont venues, depuis quelques années, s'en joindre d'autres, dont le mécanisme à plan vertical, marche à l'aide du cheval qui la traîne (fig. 182 et 183).

L'avantage de la machine à battre est incontestable ; elle prévaut sur tous les autres systèmes d'égrainage employés dans le Midi ; d'abord comme rapidité d'exécution, puis comme facilité de travail pour les ouvriers. Une bonne machine peut, facilement, battre environ dix-huit cents bottes par jour. Le seul inconvénient que l'on reproche constamment aux machines est le bris de la paille ; nous avouons franchement ne pas bien nous rendre compte de cette accusation, puisque, d'un autre côté, on se plaint que le battage au fléau ne la brise pas assez.

Pour la vente de la paille nous convenons qu'elle a moins d'œil ; mais pour le cultivateur qui la fait consommer chez lui, à quoi cela peut-il porter préjudice? On reviendra un jour de cette erreur, puisqu'en maintes circonstances, il faut qu'elle soit broyée. A cela près, subirait-elle encore une dépréciation que le rendement en grain la compenserait amplement.

Conservation des grains (1). — Le grain récolté, il faut encore songer à sa conservation et à le préserver des insectes et des animaux nuisibles s'acharnant à sa destruction.

La manutention des grains, leur dessiccation afin d'éviter l'échauffement, sont donc une occupation constante une fois qu'ils entrent dans le grenier du cultivateur.

Le remuage à la pelle de bois, le nettoyage au crible et au tarare suffisent à cet effet.

On en éloigne le charançon (fig. 251) et autres insectes, soit par des fumigations de sauge soit par la présence dans les greniers de sacs de houblon frais cueilli, de feuilles de noyer ou de menthe ; mais rien n'est efficace comme le goudron que l'on étale sur des planches, dont l'odeur fait fuir tous ces insectes.

Fig. 251.

(1) Il existe une foule de procédés employés pour la conservation des grains : la mise en tonneau, en sacs, sur paille de veau, le soufrage, etc., mais le meilleur moyen est toujours de les maintenir parfaitement secs.

La **fausse teigne** (fig. 252) est encore un animal redoutable pour le blé. On s'aperçoit de la présence de sa larve dans le blé par l'agglomération des grains entre eux. On n'arrive à s'en débarrasser qu'en remuant souvent les grains et en les détruisant lorsqu'elles sont métamorphosées en papillons.

Fig. 252.   Fig. 253.

L'**alucite** est encore un des ravageurs du blé avec lequel il faut compter; cette lutte est d'autant plus difficile à l'homme qu'il se trouve en présence d'insectes microscopiques se cachant dans l'intérieur même du grain (fig. 253).

Mulots et souris. — D'autres ennemis des grains, non moins terribles, sont les mulots et souris, que l'on détruirait aisément avec le secours des chats, si ces derniers, remédiant au préjudice causé par ces rongeurs, ne venaient à corrompre le blé par l'odeur infecte des excréments qu'ils y déposent.

On arrive par la ruse à leur faire une guerre acharnée en plaçant de distance en distance, à fleur du grain, quelques vases ou pots à soupe en terre vernissée à l'intérieur et contenant un peu de farine. Ils s'y précipitent alléchés par l'odeur et l'appât d'un régal facile mais une fois précipités au fond du vase ils ne peuvent en sortir, ce qui permet de les prendre tout vifs.

Lorsque l'on construit un grenier à grain, le mieux est de faire les murs en pierre, le sol et les plinthes en ciment, le plafond en briques; par ce moyen aucune retraite n'est alors possible à ces animaux lorsqu'ils parviennent à s'y introduire furtivement.

La lumière et l'aération des greniers, avec fenêtres garnies de toile métallique, ainsi que la grande propreté des plafonds et des murs sont encore d'excellentes précautions à prendre pour la conservation des grains.

Semences. — Parmi le blé conservé, le cultivateur doit faire deux choix ; l'un destiné à la vente, l'autre aux semailles.

Les blés de semence, comme tous les autres grains, doivent être choisis avec soin parmi les autres, non pas au point de vue de la grosseur, mais pour la régularité de la conformation, car un petit grain produit un épi tout aussi beau qu'un gros, à la condition toutefois qu'il ne soit pas trop vieux et provienne de la récolte précédente ; autrement il serait plus long à germer et le sujet en provenant n'atteindrait pas toute la vigueur qu'il devrait avoir, son germe ayant perdu une grande partie de sa vitalité.

Il est pour ainsi dire reconnu par les meilleurs praticiens que le renouvellement des semences, dans les pays éloignés l'un de l'autre, est tout à fait inutile, que la semence provenant de sa propre récolte est tout aussi bonne, pour ne pas dire meilleure, que celle qu'on pourrait se procurer à grands frais ; le tout dépend de la sélection sévère qu'on y attache, des soins qu'on s'est appliqué à leur donner ; ils sont plus vigoureux et plus résistants aux gelées et à la verse. Nos blés ne rendent encore que 16 hectolitres à l'hectare, tandis que les blés anglais en rendent 28 ; nous pourrions arriver au même résultat si nous voulions soigner un peu plus nos blés de semence ; cela en vaut la peine, car l'écart de 20 francs par hectolitre est un bénéfice net de 80 à 100 francs par hectare.

Il s'est formé, depuis quelques années, en vue d'acheter des machines, des semences et des engrais, dans les conditions les plus avantageuses de bon marché possible, des associations d'agriculteurs, sous le titre de syndicats agricoles, comptant aujour'hui en France plus de quatre cent mille membres.

Les champs d'expériences et de démonstrations organisés par ces syndicats sont de puissants moyens d'instruction pratique et rapide qui ne tarderont pas à porter fruit, par une augmentation sérieuse des récoltes.

La petite culture a compris le profit qu'elle pouvait tirer de ce genre d'association; aussi les cultivateurs retardataires viendront-ils bientôt se rattacher à la grande corporation d'où ils tireront leur force et leur vitalité.

Semailles. — Il y a plusieurs manières de semer le grain. La plus ancienne est celle qui consistait à ensemencer son champ à la main, en dispersant le grain sur toute sa surface en le jetant à la volée : elle se pratique encore de nos jours; mais son irrégularité dans la répartition de la semence, et son enfouissement souvent trop superficiel a fait chercher un moyen correctif au défaut que nous venons de signaler. On a donc trouvé la méthode des semis *en ligne*, beaucoup plus économique que celle à la volée, remplissant mieux le but. Comme pour la première la répartition n'a pu être obtenue régulièrement qu'avec le secours des machines (fig. 181). Il en est alors résulté une extrême régularité dans la quantité de semence employée, dans la profondeur de son dépôt et par suite, une économie notable d'environ un bon tiers sur la quantité de semence employée à la volée. Il faut ajouter à ces avantages que le semoir mécanique, en même temps qu'il trace le sillon dans lequel tombe la semence, la recouvre immédiatement. Donc pas un seul grain perdu hors de terre, susceptible de devenir la proie des oiseaux, ou trop superficiellement enterré pour prendre racine et produire son épi.

Les semoirs mécaniques sont donc appelés à rendre de grands services aux cultivateurs, surtout avec les derniers perfectionnements qu'ils viennent de recevoir. Il est fort peu de cas où on ne puisse les utiliser, excepté sur les terrains fortement en pente, pour lesquels il faut recourir encore au bras de l'homme.

Le prix de ces instruments est devenu maintenant tellement bon marché par la concurrence et la grande production, qu'il y a tout avantage pour le cultivateur à en faire l'acquisition. L'économie résultant de l'emploi du semoir fera bien vite regagner les débours qu'il suscite. Avec le semoir, on peut dire comme Bossuet : *Tous les grains délicats qu'au printemps vous semez dans un terroir léger sans peine, sont formés...* car il n'y a que ceux réellement mauvais qui ne lèvent point.

Bien qu'en agriculture on ne fasse point toujours ce que l'on désire, que l'on sème et que l'on récolte quand on peut et non quand on le veut, nous conseillons, lorsque faire se pourra, de semer le plus tôt possible les céréales d'hiver, pour que la racine des jeunes plantes ait bien le temps d'être formée au moment des grands froids, en cas de gelée et de dégels successifs.

L'hiver n'est pas un moment de repos pour les cultivateurs possédant des terres humides, car plus les radicelles des plantes sont aqueuses, plus vite elles sont désorganisées par la gelée. Ils doivent donc veiller, surtout au dégel, à ce que les sillons d'écoulement pratiqués l'automne dans les blés et autres cultures hivernales, ne soient pas obstrués, qu'ils puissent fonctionner le plus régulièrement possible. Le même soin sera apporté pour les terres argileuses se semant au printemps, si l'on ne veut pas éprouver de retard. La neige est pour la terre un préservatif contre le froid et un fertilisant par la grande quantité d'ammoniaque qu'elle contient et que lui communique l'absorption de son eau sous l'influence d'un dégel lent et régulier.

CHAPITRE XXIV

DES ARBRES FRUITIERS DANS LES CHAMPS
ET SUR LES ROUTES.

Nous ne pouvons terminer cette importante partie de notre travail sans consacrer quelques lignes aux différents arbres et buissons que l'on rencontre à tout instant le long des routes, sur les bords des fossés, des rivières, ou en bordure des champs et des prairies, etc., et nous demander ce que viennent y faire ces arbres et pourquoi on a été amené à les y planter.

Nous dirons tout d'abord que ces arbres peuvent se diviser en trois catégories que nous nommerons : 1° les arbres d'utilité, tels que ceux des chemins, des bois, des fossés, des rideaux, etc., fournissant le bois à brûler et les fagots ; 2° les arbres fruitiers utiles sous plusieurs rapports, suivant leur nature et les pays ; 3° les arbres d'agrément desservant les avenues des propriétés particulières ou faisant l'ornementation des places ou jardins publics.

Le boisage des rideaux est d'un besoin incontestable pour le soutien des terres supérieures ; il les consolide par l'enchevêtrement des racines dans la terre et les protège des dégradations que leur occasionneraient les fortes pluies et le dégel, car tout ce bois et toute cette bordure, en amortissant la chute de l'eau prévenant les inondations, en retardent l'écoulement et en retiennent le ravissement. L'épine est pour la formation des buissons l'essence qui se prête le mieux à cet office. Plantés aux bords des fossés, les arbres et buissons maintiennent également les terres par leurs racines et en empêchent l'éboulement.

Les longues files d'arbres bordant les routes nationales, n'ont d'autre utilité que celle d'indiquer sûrement la route au voyageur, surtout l'hiver par les temps de neige, lorsque les fossés des bas côtés en sont comblés et ne forment plus, avec la chaussée et les champs, qu'une vaste surface blanche, à travers laquelle le voyageur aurait peine à se reconnaître, pendant que la tempête fait rage et ensevelit tout sous son immense linceul blanc.

Un autre but, au point de vue lucratif, consiste encore à occuper cet immense espace de terrain laissé libre sur les bas-côtés, et à lui faire produire en bois ce qu'on ne pourrait en retirer d'aucune autre manière, car les arbres, ainsi plantés, ne demandent que fort peu d'entretien ; ils produisent chaque année, par leur émondage, des fagots, et au bout de plusieurs années, du bois de chauffage par leur abatage, remplacés qu'ils sont par de nouveaux sujets plantés pour leur succéder.

Dans les prairies et les pâtures, les arbres ou les haies protègent les terres contre le mauvais temps, y entretiennent une certaine fraîcheur qui les rend plus productives ; ils servent également d'abri aux animaux pendant les fortes chaleurs et de refuge en cas de pluie.

Les arbres fruitiers en plein vent, trop encombrants dans les jardins, les vergers ou les plants, trouvent sur les bords des champs, avoisinant les routes ou les sentiers, un emplacement convenable à leur développement. Le peu de tort qu'ils causent à la culture est fortement compensé par l'apport de leurs fruits, dont les uns servent à la préparation

des boissons, comme le pommier, le poirier, les autres à
la fabrication des huiles, tels que le noyer, l'olivier, etc.,
ou enfin ceux dont les produits sont une spécialité du pays,
comme les cerisiers, les pruniers, pêchers, abricotiers,
figuiers, orangers, citronniers, amandiers, aveliniers, etc.,
qui tous vivent en pleine terre dans les contrées où le sol
et le climat leur sont favorables (1).

(1) LÉGISLATION CONCERNANT LES PLANTATIONS.

Code civil. Art. 670. — Toute haie qui sépare des héritages est ré-
putée mitoyenne, à moins qu'il n'y ait qu'un seul des héritages en
état de clôture, ou s'il n'y a titre de possession suffisante ou contraire.

Art. 671. — Il n'est permis de planter des arbres de haute tige qu'à
la distance prescrite par les règlements particuliers actuellement exis-
tants, ou par les usages constants et reconnus ; et, à défaut de règlements et usages, qu'à la distance de deux mètres de la ligne sépara-
tive des deux héritages pour les arbres à haute tige, et à la distance
d'un demi-mètre pour les autres arbres et haies vives.

Art. 672. — Le voisin peut exiger que les arbres et haies plantées à
une moindre distance soient arrachés.

Celui sur la propriété duquel avancent les branches des arbres du
voisin, peut contraindre celui-ci à couper ses branches.

Si ce sont les racines qui avancent sur son héritage, il a droit de
les y couper lui-même.

Art. 673. — Les arbres qui se trouvent dans la haie mitoyenne sont
mitoyens comme la haie ; et chacun a droit de requérir qu'ils soient
abattus.

PLANTATIONS SUR LA VOIE PUBLIQUE.

Quand on veut planter le long des routes, chemins vicinaux, rues,
places, voies publiques, il faut demander un alignement.

On doit observer la distance prescrite alors par l'autorité administrative, sous peine d'amende et de confiscation des arbres. Des règles
particulières sont prescrites pour les plantations des routes nationales,
des routes stratégiques et des routes départementales ; voici celles
qu'il importe le plus aux propriétaires de connaître : les routes qui ne
sont pas encore plantées et qui peuvent l'être sans inconvénient, le
sont par les propriétaires riverains dans la traversée de leur propriété

Viennent enfin les arbres d'agrément formant les avenues des châteaux, des parcs, des propriétés particulières qui n'ont d'autre utilité que celle de recréer la vue en contribuant à l'ornementation. Leurs essences varient à l'infini et

respective, et ils restent propriétaires des arbres qu'ils ont plantés. Les arbres doivent être plantés à la distance d'au moins un mètre du bord extérieur du fossé, conformément à ce qui aura été réglé par l'arrêté préfectoral, et sous la surveillance des ingénieurs des ponts et chaussées. On doit, sur la seule réquisition de l'ingénieur en chef, remplacer, dans les trois derniers mois de l'année, les arbres morts ou manquants. Si, à l'expiration du délai fixé par le préfet, la plantation n'est pas effectuée, ou si elle n'est pas conforme aux dispositions prescrites pour les alignements, pour l'essence, la qualité, l'âge des arbres à fournir, le préfet ordonne l'adjudication des plantations non effectuées ou mal exécutées, et celui à la place de qui la plantation est opérée, est condamné à une amende de 1 fr. par pied d'arbre replanté, indépendamment du remboursement des frais de plantation. Les arbres plantés sur le terrain d'une route ne peuvent être coupés et arrachés qu'avec l'autorisation du ministre des travaux publics, sur la demande du préfet, après que le dépérissement des arbres a été constaté par les ingénieurs, et toujours à la charge du remplacement immédiat ; tout propriétaire qui a coupé sans autorisation, arraché ou fait périr les arbres de la route plantés sur son propre terrain, est condamné à une amende égale au triple de la valeur de chaque arbre détruit.

Loi du 25 mai 1858. — L'élagage peut toujours être exigé, quel que soit l'âge des branches auquel il s'applique.

C'est au juge de paix qu'il faut s'adresser pour obliger un voisin à élaguer. Il prononce sans appel jusqu'à la valeur de 100 francs et à charge d'appel quelle que soit la valeur à laquelle s'élève la contestation.

Décret du 16 décembre 1811. — Lorsque des arbres appartenant à des particuliers s'avancent sur la voie publique, l'autorité municipale a le droit d'en ordonner l'élagage, et ses arrêtés doivent être exécutés sous peine d'une amende de 1 à 5 francs.

L'élagage ordonné par arrêté du maire ne peut avoir lieu qu'à l'époque de la taille des arbres et sous la surveillance de l'ingénieur des ponts et chaussées. Les arbres qui s'avancent sur les chemins vicinaux doivent être élagués à l'époque et de la manière déterminée par les arrêtés du préfet, sous peine d'une amende de 1 à 5 francs. Les particuliers qui ont des arbres sur les routes nationales ou départementales ne peuvent les élaguer qu'aux époques et suivant les indications changent de nature suivant chaque pays et le goût de ceux qui les plantent. On en tire rarement profit pour ne rien enlever à leur pittoresque et au charme que leur luxuriante végétation amène avec elle.

d'un arrêté du préfet, sous peine d'être poursuivis devant le conseil de préfecture comme coupables de dommages causés aux plantations des routes.

Code pénal, art. 445. — Quiconque aura abattu un ou plusieurs arbres qu'il savait appartenir à autrui, sera puni d'un emprisonnement qui ne sera pas au-dessous de six jours ni au-dessus de six mois, à raison de chaque arbre, sans que la totalité puisse excéder cinq ans.

Art. 445. — Les peines sont les mêmes à raison de chaque arbre mutilé, coupé ou écorché de manière à le faire périr.

Art. 448. — Le *minimum* de la peine serait de 20 jours dans les cas prévus par les articles 445 et 446, et de 10 jours dans le cas prévu par l'article 447, si les arbres abattus ou mutilés étaient plantés sur les places, routes et chemins, rues ou voies publiques, vicinales, ou de traverse.

Code forestier. Art. 150. — Les propriétaires riverains des bois et forêts de l'État, des établissements publics et des particuliers, ne peuvent demander l'élagage des arbres de lisières de ces forêts, que si les arbres ont moins de trente ans, ou si, ayant plus de trente ans, ils ont été abattus et remplacés par d'autres. Tout élagage exécuté sans autorisation des propriétaires des bois et forêts est puni d'une amende qui varie suivant l'essence et la circonférence des arbres, et qui est prononcée par le tribunal de police correctionnelle ou par le tribunal de simple police, quand l'amende ne s'élève pas au-dessus de 15 francs, et que le délit d'élagage est poursuivi à la requête d'un particulier.

Art. 163. — Les gardes arrêteront et conduiront devant le juge de paix ou devant le maire tout inconnu qu'ils auront surpris en flagrant délit dans les bois non soumis au régime forestier.

Art. 171. — Les gardes de l'administration forestière pourront, dans les actions et poursuites exercées en son nom, faire toutes citations et significations d'exploits sans pouvoir procéder aux saisies exécutions.

Art. 174. — Ils ont le droit d'exposer l'affaire devant le tribunal et sont entendus à l'appui de leurs conclusions.

Art. 197. — Ceux qui, dans les bois et forêts auront éhoupé, écorché ou mutilé des arbres, ou qui auront coupé les principales branches, seront punis comme s'ils les avaient abattus sur pied.

CALENDRIER DU CULTIVATEUR

Concernant les principaux travaux de l'année.

MOIS.	TRAVAIL DU SOL.	SEMAILLES ET PLANTATIONS.	RÉCOLTES.	GROS BÉTAIL.	ENTRETIEN.	VENTES ET ACHATS.	REPRODUCTION DES ANIMAUX.	VOLAILLES.	OBSERVATIONS.
Janvier........	Préparer la terre que l'on destine au chanvre et au lin, aux betteraves, aux pommes de terre. Continuation des labours. Étendre les fumiers.	Plantation des arbres.	....	Donner aux veaux de l'année précédente une nourriture abondante et substantielle. Engraissement du bétail. Séparer les brebis sur le point d'agneler.	Entretien des chemins et empierrage. Tondre et réparer les haies. Curer les fossés de clôture. Irrigation dans les prés tourbeux. Répandre des cendres, des marnes, de la chaux [da]ns les prés [...] es. [D]estruction des chenilles. [P]asser le corps des arbres à la chaux.	....	Les vaches commencent à vêler.	Les garantir du froid. Remplacer l'herbe par des criblures de grange et du sarrasin.	Profiter de ce mois pour activer le battage des grains. En ce moment de l'année il est important de soigner la nourriture de tous les animaux.
Février........	Préparer pour les labours la terre que l'on destine au lin et à l'orge. Continuation des engrais et fumiers suivant les différents sols.	Semer féveroles en lignes (elles rendent le double de celles semées à la volée) dans des terres fortes et argileuses. C'est une excellente préparation pour le blé. Pavots, avoines en sol léger, sablonneux, moins riches et profonds, à la volée ou en lignes. Topinambours. Semer les plantes hâtives pour la nourriture des abeilles.	Récolte des choux, des navets de Suède et des navets.	Engraissement des moutons. Modérer le travail des juments pleines. Continuer l'alimentation et les soins des animaux à l'engrais. Sevrer les agneaux venus en octobre et novembre.	Continuation de l'entretien des fossés d'écoulement. Immersion des terrains marécageux. Suite de la plantation des arbres.	Achat et vente de bestiaux. Vente des bœufs à l'engrais. Vente des grains.	Époque de la parturition des truies.	Commencement de la ponte. Époque où les dindes couvent. Accouplement des oies.	C'est à cette époque qu'il faut s'occuper de la bonne tenue des greniers, les débarrasser des insectes nuisibles, veiller à la conservation des harnais, etc. Nettoyage des ruches.
Mars..........	Labour pour les semailles. Herser et rouler les prairies et les blés d'hiver. Transport des engrais pulvérulents. Labour des vignes.	Semer les trèfles rouges et blancs sur blé et sur règle d'automne. Les avoines, le sainfoin, qui se sème dans l'avoine ou dans l'orge. Les pois dans les sols meubles et légers. Les vesces en terres non fraîches.	....	Époque de la castration. Augmentation d'une nourriture fortifiante pour les chevaux et les bœufs. Cesser l'engraissement des cochons et sevrage des cochons de lait.	Binage des gaudes, colzas, navette, cardères. Cesser les irrigations.	Vendre les animaux d'engrais, veaux, agneaux, moutons.	....	Époque où couvent les poules, les canes, les oies, les dindes et les pintades.	Séparer les couveuses dans un endroit bien chaud. Continuation du nettoyage des ruches. Enlever les couvains pourris.

MOIS.	TRAVAIL DU SOL.	SEMAILLES ET PLANTATIONS.	RÉCOLTES.	GROS BÉTAIL.	ENTRETIEN.	VENTES ET ACHATS.	REPRODUCTION DES ANIMAUX.	VOLAILLES.	OBSERVATIONS.
Mars (*Suite*)....		et un peu argileuses. Les carottes, les panais, à la volée ou en lignes, dans des sols profonds et ameublis par des cultures préparatoires. Pommes de terre, chicorée sauvage, choux, rutabaga, gaude d'été, lin. Taille et plantation des mûriers. Taille et greffe des vignes.							
Avril.........	Travailler le terrain entre les plantes. Mettre en butte. Nettoyer et herser les prés artificiels. Conduire les fumiers. Deuxième labour de jachère. Hersage des blés, luzernes en terres compactes. Roulage en terre calcaire pour les blés qui se déchaussent. Binage des plantations de mûriers.	Terminer les semailles des céréales du printemps. Semer l'orge, les lentilles, le lin, les choux, les betteraves, les pommes de terre, le pastel, la garance, le colza, la navette, les haricots, le houblon, la moutarde. Semer dans les prairies les trèfles, les luzernes et ceux qui ne l'ont pas été en mars. Semer les amendements sur les trèfles, vesce, minette, luzerne. Taille des arbres fruitiers.	....	Donner aux vaches des racines et des aliments cuits. Les faire pâturer de temps en temps à la fin de ce mois. Engraissement des veaux. Choix des reproducteurs. Donner pendant la 1re quinzaine aux moutons et aux agneaux une nourriture substantielle : foin de trèfle, orge écrasée, tourteau de lin ou de colza. Les conduire au pâturage vers la fin du mois lorsque le sol est sec. Sevrage des poulains nés en décembre et janvier. Mise au vert des chevaux atteints de la pousse. Cesser la nourriture des racines et de la paille pour mettre au vert à l'étable. Engraissement des bêtes maigres.	Planter les perches pour le houblon. Nettoyage complet des cours. Irrigation intermittente des prairies, un jour sur trois. Planter les échalas des vignes.	Continuation des ventes de bêtes mises à l'engrais.	Saillie des truies qui n'ont pas mis bas en février et mars.	Continuation des couvées de toutes espèces. Enlever le duvet des oies ne couvant pas. Donner tous ses soins aux petits poulets et aux dindonneaux et les garantir de l'humidité et du froid.	Il est bon de faire pâturer les prairies qui ont été semées l'année précédente et de retirer le bétail de celles prêtes à être fauchées. Époque de la grande ponte des abeilles.
Mai............	Préparer la terre pour les semis et les repiquages.	Continuer les semailles qui n'ont pas été faites en avril.	Faucher l'escourgeon, le trèfle incarnat.	Modification de la nourriture des chevaux par l'ad-	Diminuer l'irrigation des prairies.	Vendre les vaches laitières prenant de l'embonpoint.	Monte des vaches.	Continuer à préserver les jeunes poulets	Profiter de cette époque pour faire aérer les écuries, les étables et les bergeries.

MOIS.	TRAVAIL DU SOL.	SEMAILLES ET PLANTATIONS.	RÉCOLTES.	GROS BÉTAIL.	ENTRETIEN.	VENTES ET ACHATS.	REPRODUCTION DES ANIMAUX.	VOLAILLES.	OBSERVATIONS.
Mai *(Suite)*.....	Hersage des avoines, des carottes, des pommes de terre et des topinambours. Enfouir les engrais destinés aux vignes.	Repiquer les betteraves, le tabac.	Ébourgeonnement et cueillette du mûrier.	dition des aliments verts. Parcage des bêtes à laine. Sevrage des agneaux de janvier et février. Castration des porcs de mars.	Premier soufrage des vignes.			contre le froid et l'humidité.	Surveiller la transition progressive des aliments verts ou celle des substances sèches pour qu'elle ne se fasse pas trop brusquement. On profite de ce mois pour apposer les marques sur les troupeaux. C'est vers la mi-mai que se récoltent les essaims; se tenir en garde pour ce moment. Éloigner entre eux les nouveaux essaims.
Juin...........	Biner les pommes de terre et autres récoltes sarclées et les butter. Dernière façon des jachères. Deuxième labour des vignes.	Semer les navets en lignes espacées. Le sarrasin en seconde récolte. La navette du printemps à la volée, sur sol léger, sablonneux et calcaire. Le trèfle, la luzerne et le sainfoin dans le sarrasin, où ils réussissent fort bien.	Coupe des herbages pour le bétail à l'étable. Dans les prairies, faucher trèfle, luzerne, vesces, etc., pour fourrages secs. Commencement du fauchage des prairies naturelles. Arracher le lin. Fin de la cueillette des feuilles de mûrier.	Mettre les jeunes élèves au pâturage. Lavage et tonte des moutons. Le soleil étant très fort, abriter le troupeaux à l'ombre. Préserver le bétail des mouches par des frictions de plantes aromatiques. Sevrage des poulains de mars. Éviter les courants d'air pour les chevaux et les bœufs : les essuyer lorsqu'ils sont en sueur. Lavage et tonte des moutons. Laver les porcs matin et soir.	Arracher les mauvaises herbes à racines vivaces : chardons et autres. Mettre le foin en meules pour le conserver. Nettoyer les cours d'eau, les puits, les citernes. Lier les ceps de vigne. Commencement de la taille des mûriers. Ne pas négliger l'aération des écuries et des étables.	....	Monte des brebis vers la fin du mois pour avoir des agneaux en décembre. Cesser la monte des chevaux commencée en juin.	Vente des poulets, des pigeons et autres volailles. Mener les dindes aux friches.	Récolte du miel dans les ruches à hausser. Dans les prairies il est bon de cesser l'irrigation et l'arrosage quelques jours avant la fauchaison. Ne laisser entrer aucun ouvrier dans les vignes pendant la floraison. Les meilleurs essaims sont ceux de mai. Soufrage des vignes (deuxième).
Juillet........	Herser les navets semés en juin et les carottes semées dans le seigle. Binage des récoltes sarclées. Labours et façons pour les jachères. Charrois des fumiers. Troisième façon aux vignes.	Semer le colza d'hiver à la volée, en rayon ou en pépinière (le semis en ligne est le plus économique). Semer entre des pommes de terre. Semer les navets en seconde récolte. Semer le sarrasin après les vesces pour être fauché en vert ou être enfoui.	Continuation de la fauchaison des foins. Récolte du colza et de la navette, de l'escourgeon. Couper les seigles. Récolte de la gaude, du pastel. Rentrée des fourrages. Récolte des baies du mûrier. Récolte du miel et de la cire.	Sevrage des agneaux qu'on ne veut pas engraisser. Veiller à ce que le bétail soit à l'ombre et ne manque pas d'eau; éviter de le faire courir. Choix des reproducteurs. Lavage et entretien des chevaux. Conduite des troupeaux sur le chaume.	Établissement des meules. Mettre les javelles en moyette. La récolte des foins terminée, recommencer à arroser les prairies et y déposer des engrais fertilisants. Transport des ruches, la nuit, dans les bruyères ou le sarrasin.	Continuation de la vente des bestiaux.	Faire couvrir les vaches. Monte des brebis pour l'agnelage d'hiver.	Fin des couvées. Chaponnement des jeunes coqs. Commencement de la conservation des œufs pour l'hiver.	Faire battre le seigle pour la semence. Ne pas négliger de faire remuer souvent les grains et d'aérer les greniers. Enlever les pampres aux vignes et dégager le raisin pour l'exposer au soleil. Éviter de donner aux animaux des boissons trop froides et glacées.

MOIS.	TRAVAIL DU SOL.	SEMAILLES ET PLANTATIONS.	RÉCOLTES.	GROS BÉTAIL.	ENTRETIEN.	VENTES ET ACHATS.	REPRODUCTION DES ANIMAUX.	VOLAILLES.	OBSERVATIONS.
Août	Après la moisson, donner une ou plusieurs cultures superficielles à la herse ou à l'extirpateur pour faire germer et périr les mauvaises herbes. Charriage des gerbes. Déchaumage. Dernière façon des jachères. Enfouissement des semences à la charrue dans les terres légères. Sarclage des jeunes pousses de mûrier. Enfouir à la charrue ou à l'extirpateur les engrais du parcage pour éviter qu'ils ne perdent une partie de leur propriété.	Semer la navette après deux ou trois labours et une fumure. Le trèfle incarnat (sol léger), fourrage très hâtif, donnant une ou deux coupes. Semer la gaude à la volée, semer le seigle dans les terres calcaires.	Faucher les blés, l'orge, les avoines, le millet, les lentilles, les féveroles, les cardères. Arracher les chanvres, la moutarde noire. Arracher ou couper les œillettes. Arracher le lin.	Mise en pâture des vaches sur les chaumes et les prés. Conduire les cochons aux champs où ils trouvent une abondante nourriture.	Lier les javelles mûres en moyette. Continuer l'arrosage des prés la nuit, excepté ceux qui sont naturellement humides. Ébourgeonnement de la sève d'août pour les mûriers. Aérage en grand des écuries.	....	....	Continuer les provisions d'œufs pour l'hiver. Choix des coqs reproducteurs. Conduire les oies et les dindes dans les chaumes. Époque de la récolte des plumes d'oie.	C'est dans ce mois qu'il est bon de visiter les fûts pour le vin et de les nettoyer. C'est le fort de la moisson, mais il ne faut pas pour cela négliger la propreté des étables. Pour éviter l'odeur des gaz ammoniacaux, jeter de temps à autre une couche d'environ 2 millimètres de plâtre ou de chaux pour les désinfecter. Préparation des fromages de garde.
Septembre	Achever le déchaumage. Labours et apprêts pour les semailles.	Semer féveroles d'hiver, escourgeon, épeautre, lentilles, gesse, avoine d'hiver, pois gris, blé, soit à la volée ou en ligne. Plantation des colzas.	Récolter le sarrasin, le maïs, les féveroles, le houblon. Récolte des pommes de terre à la charrue. Rentrée des dernières moyettes de blé. Deuxième coupe des fourrages. Récolte de la graine de trèfle. Coupe du regain dans les prairies. Récolte des raisins pour sécher. Récolte des feuilles de mûrier pour les animaux à l'étable. Vendanges. Récolte du miel. Récolte des pommes tendres.	Sevrage des derniers poulains. Commencer à donner plus de fourrage sec aux chevaux. Préparation des bœufs pour l'engraissement. Feuilles de betteraves pour les vaches. Commencement de l'engraissement des porcs. Pâturage des glands.	Curage des canaux et rigoles.	Vente des graines destinées aux semences. Vente des volailles.	Cesser la monte pour l'agnelage d'hiver.	Engraissement des poulardes, des chapons. Engraissement des oies.	Il faut dans ce mois préparer tout ce qui est nécessaire pour assurer les vendanges dans de bonnes conditions. Pour les troupeaux, éviter l'humidité des pâturages.
Octobre	Labours pour les semailles. Préparation de la	Semer le blé et féveroles sur sol bien ameubli par	Récolte des racines, pommes de terre, carottes,	Les poulains ne doivent sortir qu'une fois la	Continuation du curage des fosses et rigoles.	Vente des bœufs et moutons gras.	Monte des brebis pour l'agnelage tardif.	Époque de la mue des volailles. Orge et avoine	Les racines se conservent très bien en cave ou en silos.

MOIS.	TRAVAIL DU SOL.	SEMAILLES ET PLANTATIONS.	RÉCOLTES.	GROS BÉTAIL.	ENTRETIEN.	VENTES ET ACHATS.	REPRODUCTION DES ANIMAUX.	VOLAILLES.	OBSERVATIONS.
Octobre (*Suite*).	terre pour la plantation des mûriers.	les cultures antérieures. Ensemencement des terres arables; grande et petite culture. Finir de semer l'avoine d'hiver.	betteraves et des derniers fourrages. Récolter les pommes pour le cidre. Vendanges.	rosée ressuyée. Sevrage des jeunes veaux. Époque de la castration des jeunes veaux et des taureaux destinés à l'engraissement. Fin du parcage.	Réparations diverses de la ferme, murs, toitures, etc. Arrosage des prairies. Nettoyage des ruches.	Achat de bœufs pour l'engraissement.		pour les soutenir. Suite de l'engraissement des oies.	Rouissage et tillage du chanvre; la récolte rentrée, il faut s'assurer si la provision est suffisante pour passer l'hiver.
Novembre......	Labours pour l'ameublissement des terres argileuses. Amendements et engrais. Charrois divers. Plantation des mûriers après labours et fumure.	Semer vesces d'hiver dans un sol pas trop argileux. Plantation des mûriers.	Récolte des navets et des topinambours. Récolte des feuilles de vigne pour fourrage. Récolte des pommes demi-dures.	Commencer à diminuer l'avoine des chevaux et remplacer par carottes. Nourriture succulente pour les vaches laitières. Rentrée des moutons à la bergerie.	Saigner les sols humides. Continuation de l'entretien des silions d'écoulement. Veiller à ce que les racines récoltées ne pourrissent pas. Irrigations des prairies; ne les suspendre qu'en cas de gelée.	....	....	Engraissement des oies. Préserver les poulaillers contre le froid.	Battage des grains. Ne pas oublier de suppléer à l'alimentation des ruches faibles.
Décembre......	Époque des labours. Défoncer profondément. Transport des fumiers. Charrois de toutes espèces. Marnage et fumage des terres. Époque du provignage, les terrer dans les tranchées préparées à cet effet.	Planter l'épine blanche pour la formation des haies. Les réparer. Continuation de la plantation des mûriers.	Fin de la récolte des navets de Suède et des choux-navets. Récolte des pommes d'arrière-saison pour fabriquer les gros cidres de conserve.	Nourrir les vaches et les bœufs à l'étable. Donner aux poulains des carottes et de la paille hachée, le tout mêlé ensemble. Continuer l'engraissement des bêtes à cornes à l'étable. Engraissement des cochons; c'est le moment de les faire passer de la nourriture crue à la cuite. Diminution de la ration des chevaux et des bœufs. Engraissement des bœufs. Pâturage des moutons dans les prés secs et sur les céréales d'hiver.	Empierrer les chemins; réparer les clôtures. Visiter les harnais, voitures, instruments aratoires, pour y faire exécuter les changements ou réparations nécessaires. Botteler les pailles et les fourrages. Extraction de la marne. Continuer les irrigations des prairies excepté pendant les gelées.	Vente d'animaux si les approvisionnements ne peuvent suffire.	Venue des agneaux de primeur. Commencement de la monte des chevaux pour se terminer en juin.	Engraissement des dindons. Eau tiède aux poules dans les fortes gelées.	C'est dans ce mois que le fermier doit mettre complètement à jour ses écritures et faire son inventaire. Continuation du battage des grains. Pour l'engraissement des bœufs il faut une étable chaude et peu éclairée, du repos et des aliments tièdes. Rentrée des ruches dans un endroit abrité. Les nettoyer et les préserver des rongeurs.

TROISIÈME PARTIE

PLAISIRS EXTÉRIEURS

ET

INTÉRIEURS A LA CAMPAGNE

CHASSE. — PÊCHE. — JEUX.

21*

CHAPITRE XXV

Les premiers rayons du soleil printanier commencent à
peine à franchir l'horizon et à percer la brume enveloppant les villes, que déjà le citadin, sentant renaître en
lui son amour pour la campagne, n'attendrait même pas
que les Pâques fleuries soient passées pour s'y rendre, s'il
ne redoutait ces longues et froides journées de mars et
d'avril rendues insupportables par le froid vif et glacial
du matin et du soir que ne parvient encore à réchauffer le
soleil déjà matinal à cette époque. Puis que faire !... à la
campagne, lorsqu'elle est privée de son feuillage que seul
lui redonnera le mois de mai.

Force donc est de modérer, quelques mois encore, son
ardeur, tout en songeant à l'aise aux préparatifs du voyage
pour, deux mois plus tard, y aller élire domicile avec toute
sa suite.

Pour les privilégiés, ceux dont les propriétés se trouvent desservies par une gare de chemin de fer, ce déplacement n'est rien, quelques malles, un billet de chemin
de fer et les voilà partis, laissant en moins de quelques

instants derrière eux cette fumée empestant les grandes villes, jusqu'à ce qu'un coup de sifflet prolongé leur annonce le point d'arrivée. Mais tout le monde ne voyage pas ainsi : il faut recourir à d'autres moyens de locomotion par nécessité ou par genre.

Le **Mail-Coach** (fig. 254), espèce de grande berline, surmontée de quatre sièges, est le suprême du genre et

Fig. 254.

de l'élégance dans les grandes maisons; c'est la voiture consacrée spécialement aux parties de campagnes et aux courses.

Attelé de quatre chevaux conduits par le maître, la maîtresse de maison à ses côtés, à l'arrière deux laquais munis d'une longue trompe pour se faire livrer passage, les serviteurs à l'intérieur; qui n'a vu ces voitures de luxe brûler le pavé de la capitale : qui ne se souvient, pour peu que l'on parcoure les grandes routes, de les avoir rencontrées transportant à travers la brume matinale tout un monde de serviteurs qui ne doivent revoir la ville qu'à l'approche de l'hiver. C'est là, pour quelques gens fortunés, la véritable manière d'effectuer leur transport à la campagne.

Un voyage dans de telles conditions doit produire une certaine impression sur ceux qui l'effectuent, lorsque l'on songe que c'est ainsi que s'est accomplie plus d'une royale fugue. Puis, que d'imprévu le long de la route!... Quel singulier spectacle offrent ces femmes, ces enfants enveloppés de moelleuses fourrures, perchés au sommet d'un tel équipage car, qu'il vente ou qu'il pleuve, le suprême du chic est pour les maîtres de se tenir toujours à l'extérieur.

Le Mail-Coach (1) est quelquefois accompagné du *Breack* de chasse (fig. 255) contenant le surplus des gens et les bagages.

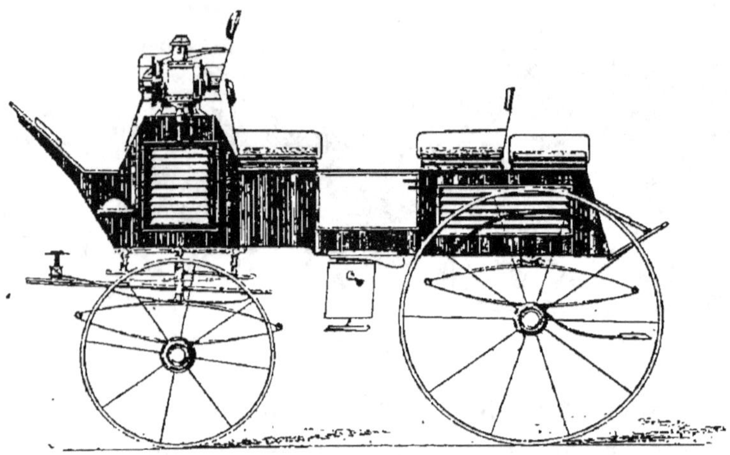

Fig. 255.

Quel remue-ménage, quel échange de propos joyeux s'échappe de toutes ces bouches, lorsqu'enfin l'on s'arrête à l'auberge pour reposer les chevaux. Chacun prenant son service, déballe par-ci et range par-là pour atteindre au plus vite le but du voyage. Non, jamais cela ne s'oublie : c'est la vie à grand tapage, l'existence de grand seigneur, la vraie manière de voyager.

Le petit châtelain, le bourgeois, se contentent de l'omnibus à quatre ou six places (fig. 256), suivant l'importance de la famille. Il est vrai de dire que leur propriété se trouve sou-

(1) Les figures que nous donnons ici viennent des maisons Belval-lette, 21, avenue des Champs-Élysées, et Bourgeois, 95 et 97, avenue des Champs-Élysées.

vent à proximité de la ville qu'ils habitent, et que ce

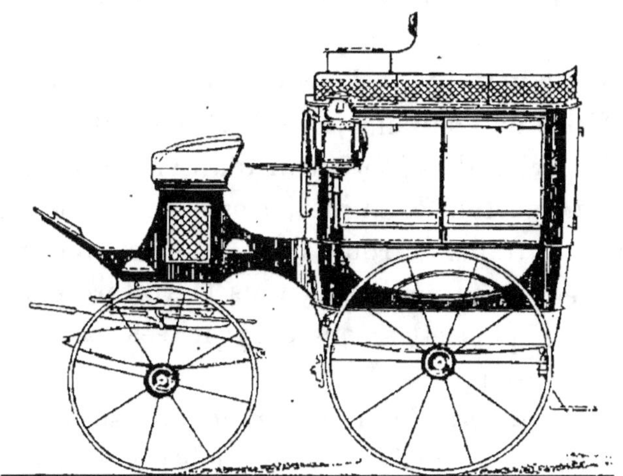

Fig. 256.

genre de voiture est plus pratique que le Mail-Coach.

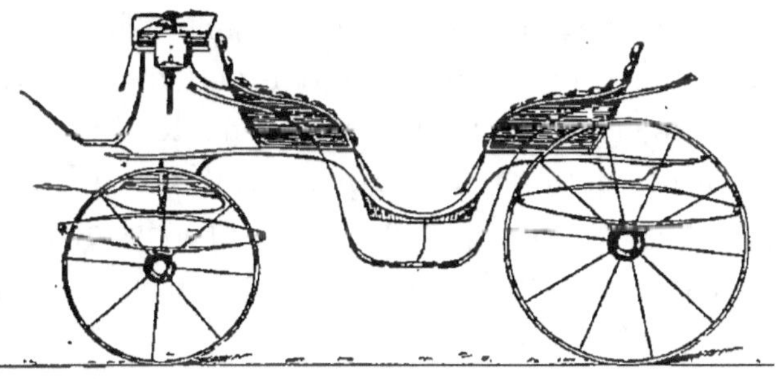

Fig. 257.

Viennent enfin pour les visites de château à château, les promenades, les excursions, le *vis à vis avec ou sans capote* (fig. 257) et la charrette anglaise à deux ou quatre roues (fig. 258). Toutes ces voitures, dites de fati-

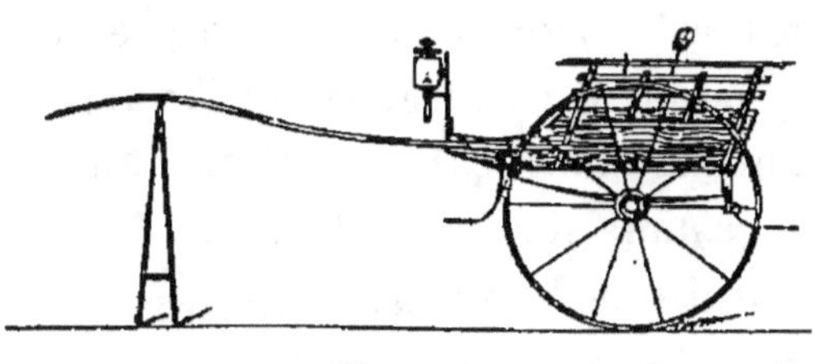

Fig. 258.

gue, ont besoin d'une perfection de fabrication que l'expérience met à même de vérifier en s'adressant aux bonnes maisons.

Choix d'une voiture. — L'acquisition d'une voiture neuve est une affaire de confiance, car il est bien difficile, à moins d'être de la partie, de s'apercevoir d'un vice de construction. Ce qu'il faut surtout examiner, c'est l'écartement compris entre les deux trains de roues et se rappeler que, plus elles sont éloignées l'une de l'autre, plus la voiture est lourde à traîner et que, plus elles sont rapprochées, plus la voiture est légère à rouler.

En l'examinant par derrière, lorsqu'elle est en marche, les roues doivent être sur deux voies, celles d'avant-train plus étroites que celles de derrière; pour le reste, s'il existe des défauts, ils sont complètement dissimulés sous les quadruples couches de peintures.

Voitures d'occasion. — Pour ces sortes d'achats, il est préférable de voir la voiture avant qu'elle ne soit repeinte, car la peinture, comme nous venons de le dire, dissimule toutes les imperfections, principalement les joints, ce qui est une preuve évidente que la voiture se disloque en roulant (les voitures de maîtres sont ordinairement à patente ou graissage à l'huile).

L'inspection portera ensuite sur les bagues ; on s'assurera qu'elles sont bonnes, car la bague seule qui est en bronze, tient la roue sur l'essieu. Il faut aussi regarder si le cercle de fer placé sur les roues est encore bon, car sa grande usure dénote un long service de la voiture, ce qui l'indique encore lorsque les roues ont été châtrées, ce dont on s'aperçoit par les anciens trous restant sur les jantes. Les jonctions des ressorts, autrement dit les brisures, menottes, rouleaux ou pincettes doivent être en bon état; les trous ne seront pas agrandis par l'usure, les boulons coupés ou détériorés. On doit aussi regarder si les fonds de la voiture sont solides, car bien souvent le parquet en toile cirée qui les couvre, engendrant de l'humidité les fait pourrir. Pour l'écartement des roues d'avant-train, il doit être plus étroit que celles de derrière comme nous venons de le dire pour les voitures neuves.

Passant aux panneaux de la voiture, celui de la coquille, (sur laquelle se posent les pieds en conduisant) sera exempt de piqûres et de taches d'humidité, ce qui dénote son usure. Si ces mêmes taches existent sur les côtés du coffre, il ne faut pas négliger de les sonder en appuyant l'ongle dessus; si l'on sent que le bois est tendre, c'est que le ou les panneaux sont à remplacer.

On doit également vérifier s'il se trouve des pièces à la capote, si le cuir n'est pas soulevé des panneaux, ce qui est toujours très défectueux même après la peinture et le vernissage.

Nettoyage et lavage des voitures. — Tout le monde lave plus ou moins bien une voiture, mais peu de gens savent la laver dans les véritables principes : c'est cependant de ce lavage habilement exécuté que dépend la bonne conservation de sa peinture et de son vernis. Une voiture bien lavée conserve longtemps l'apparence du neuf et évite de la faire repeindre trop souvent, ce qui devient très onéreux ; voici la manière de s'y prendre : on se procure deux éponges, deux peaux de chamois ou de daims, dont une éponge et une peau sont exclusivement consacrées au lavage de la caisse et les deux autres pour le train. La plus grande propreté est de rigueur pour les éponges et les peaux qui ne doivent jamais servir à d'autres usages.

On commence par donner un coup de plumeau à la capote, on brosse l'intérieur de la voiture, on bat les coussins de manière à ne plus avoir de poussière à faire à l'extérieur.

Ceci fait, on se met au lavage de la caisse, et pour éviter que l'eau ne fasse pas de taches, on ne lave à pleine eau qu'une face à la fois. On presse l'éponge et on tamponne avec pour absorber l'eau (ne pas frotter, ce qui fait des raies au vernis) on passe ensuite à la peau (1).

Lorsque la caisse est bien lavée, on passe aux roues en se servant de la même éponge et de la même peau. Avant de commencer le lavage, on examine s'il n'y a pas sur le derrière du moyeu, de la graisse ou du cambouis; s'il y en a, on l'enlève avec un chiffon sec pour ne pas graisser son éponge et sa peau.

Pour laver le train, il faut toujours commencer par les ressorts de derrière et l'essieu, ce qui se fait avec la deuxième éponge et la deuxième peau.

Il faut éviter de laver les trains avec ces espèces de brosses appelées *passe-partout* (2), car avec le gravier se trouvant sur le train et les roues, on sillonne le vernis d'une foule de raies lui faisant perdre son brillant.

Une fois les ressorts lavés, on passe au-dessus du train de devant et de l'avant-train qui tiennent ensemble; on les lave également à pleine eau, conservant le lavage des quatres roues pour terminer, car si on les lavait avant le train, l'eau en tombant par terre les éclabousserait et ce serait un travail à recommencer.

Pour laver les roues, il faut se servir d'un pied-de-chèvre, que l'on place sous l'essieu, du côté de la roue que l'on veut soulever. On opère comme pour le train, toujours à grande eau, épongeant bien avant de passer la peau. Il va sans dire que l'eau doit être bien fraîche et bien claire, renouvelée le plus souvent possible. Le lavage est ainsi terminé dans toutes les conditions voulues.

---

(1) La peau ne doit jamais être employée sèche; il faut la faire bien tremper et la tordre avant de s'en servir.

(2) Le passe-partout n'est bon que pour les vieilles voitures dont le vernis est usé.

Peinture. — Pour qu'une voiture se conserve bien, il faut apporter les plus grands soins à sa peinture; ne pas pousser son usure outre mesure. Une voiture nouvellement peinte, bien soignée, peut aller deux ans, sauf quelques petits raccords forcés : au bout de ce laps de temps on lui fait redonner une couche de vernis, pour, l'année suivante, la faire repeindre entièrement, en ayant soin de bien recommander d'enlever toutes les couches de fond; pour cela il faut s'adresser à un homme consciencieux, et ne pas regarder à quelques francs, car, en pareille matière, le bon marché est toujours trop cher. On peut repeindre une voiture à tout prix en escamotant une ou plusieurs couches, en ponçant plus ou moins superficiellement chaque couche, enfin en employant un vernis plus ou moins bon, par conséquent plus ou moins cher : avis aux amateurs de bon marché.

Le séjour d'une voiture près d'une fosse à fumier ou dans une partie de l'écurie ne tarde pas à opaliser le vernis, ce phénomène provient des vapeurs ammoniacales que celui-ci dégage.

Lorsque la voiture a été mouillée il faut l'éponger de suite au retour et l'essuyer avec la peau.

Le séjour trop prolongé d'une voiture au soleil fait fendiller les vernis et disjoindre les panneaux.

Tout mélange gras, ajouté aux eaux de lavage, ternit le vernis de même que tout mélange acide.

Lorsqu'il y a des garnitures en argent ou en cuivre les liquides sont préférables aux poudres pour leur nettoyage.

Écuries et remises. — Les voitures doivent être rangées dans de vastes remises, carrelées en briques placées de champ ou en planchers, le tout fort simple.

Le luxe des remises et des écuries n'est guère de mode qu'à la ville, où il fait merveille. A la campagne, sauf de

rares exceptions, on se contente de vastes et spacieux espaces;
mais peu ou point d'ornementation, des râteliers, des mangeoires en fer forgé ou en fonte émaillée, voilà tout; mais
d'une propreté irréprochable. Aucune de ces somptuosités
inutiles et coûteuses n'est admise, ce serait en pure perte.
Les harnais eux-mêmes cèdent le brillant de leur argenterie aux harnais de cordes, avec bricoles au collier.

La livrée du cocher fait place, dans bien des cas, à la veste
du postillon avec ou sans plaque à armoiries ou initiales et
le perpignan remplace le fouet.

Les seuls équipages pratiques à la campagne sont les pos-
tières, allant vite, permettant l'emploi de gros chevaux de
fatigue dont il est bon d'utiliser la force en les attelant le
plus possible aux omnibus, aux breaks ou toute autre espèce
de véhicules, pour éviter qu'ils ne deviennent méchants.

Pour les personnes qui se contentent de leurs chevaux de
ville, elles ont des harnais plus simples, sans tapis de sellettes,
sans cuivre ou argenterie; alors la couleur du cuir et celle
des voitures est empruntée, comme pour la livrée, à celle
des armoiries. Il est cependant presque indispensable, comme
nous avons eu déjà l'occasion de le dire, d'avoir un ou deux
chevaux souffre-douleur, destinés à faire les corvées, à porter
les paquets au chemin de fer, les y chercher, ou conduire
les domestiques; des chevaux s'attelant aussi bien à la charrette qu'aux équipages de luxe, et qui puissent, le cas
échéant, remplacer ceux-ci s'ils sont fatigués ou malades.

Il nous semble tout à fait inutile de parler de la manière
de harnacher un cheval : cette affaire rentre exclusivement
dans les attributions du cocher; aussi la laissons-nous
volontairement de côté.

Dressage des chevaux. — Élever et dresser convenablement les chevaux demande un outillage spécial. Il faut
posséder des pâtures convenables, et tout un personnel

d'hommes entendus sur cette matière ; ce qui est généralement très rare.

Les chevaux que l'on élève chez soi reviennent à beaucoup plus cher que ceux qu'on achète ; mais aussi on court moins de risques au sujet de la maladie, car, élevés chez soi, les chevaux ne la contractent que rarement.

Le grand secret pour se faire de bons chevaux consiste à ne les faire travailler que très tard ; à ne les atteler à la voiture que vers l'âge de cinq ans révolus. Dès l'âge de trois ans et demi, on peut déjà les utiliser à la charrue, tout en les ménageant : c'est le meilleur moyen de les dresser, pour les personnes qui n'en font pas métier.

Une belle paire de chevaux, identiquement marqués et conformés, est chose rare à rencontrer, aussi doit-on soigneusement les ménager (fig. 259).

Le dressage du poulain commence vers l'âge de deux ans. Il consiste d'abord à le familiariser avec l'homme et avec tous les objets pouvant s'offrir à sa vue ; l'emmenant avec sa mère sur des routes passagères ; le tenant quelques instants avec le licol, en lui passant la main dans la bouche, en lui faisant lever le pied, le bouchonnant, etc., tout cela en employant la plus grande douceur, jusqu'à ce que l'on puisse l'habituer à recevoir le mors en bois d'abord, puis, plus tard, le véritable mors en acier.

Pour le cheval destiné à la course ou à la selle, on se sert du *surfaix d'entraînement* ; son éducation est dans ce cas confiée à des gens spéciaux.

S'il est destiné à la voiture de luxe, on le rend d'abord familier avec le harnais, le lui mettant et le lui retirant en le caressant chaque fois ; puis on procède au tirage, à la régularité du pas, à la marche en avant et au recul, à la position, et enfin à tout ce qui peut assurer la régularité calculée de ses mouvements.

Fig. 259.

Conduite des voitures. — Nous dirons peu de choses sur la manière de conduire ; tout le monde sait se laisser conduire par un cheval croyant le diriger : savoir réellement bien conduire est une science ne s'apprenant qu'avec de bonnes leçons d'un maître expérimenté ; ce qui fait que peu de cochers savent réellement conduire, surtout lorsqu'il s'agit de chevaux de luxe ; les bons cochers sont fort rares, aussi leur passe-t-on bien des petites fredaines.

La précision, le sang-froid, sont les qualités premières de celui qui conduit les chevaux. Laissant de côté les règles ordinaires et élémentaires de cet art que tout le monde connaît, nous recommanderons seulement, lorsque l'on conduit à une ou deux mains, à deux ou quatre chevaux, de laisser toujours une certaine souplesse aux guides pour éviter que les chevaux ne s'en fassent un point d'appui, et pour qu'ils puissent mieux apprécier le moindre mouvement de la main et lui obéir.

Dans les montées, les chevaux de devant ont besoin d'être modérés ; dans les descentes rapides, il n'y a que la course à diriger, évitant les chocs, prévoyant les tournants, en un mot tout ce qui peut encombrer la route, et modérer l'ardeur des chevaux, coupant en biais les ruisseaux et les prévenant de la main, sur les guides, de tout ce qui peut nécessiter un changement dans leur allure.

A quatre chevaux, les guides sont placées sur les quatre doigts ; aux tournants, on ramène à soi, du côté ou l'on veut tourner, la guide de volée, tout en laissant glisser légèrement celle du côté opposé, maintenant la guide du timonier pour éviter qu'il ne tourne avant que le cheval de volée ait décrit la première partie du cercle.

Voitures de louage. — Malgré tout le désir que l'on puisse éprouver à conduire un cheval, nous engageons fort ceux qui ont recours à ce mode de transport à renoncer à conduire eux-mêmes ; ils y gagneront sous tous les rapports. Je sais bien qu'il est fort ennuyeux d'avoir tout le temps avec soi un étranger dont on n'est souvent pas sûr, mais il arrive tant d'accidents avec les chevaux de louage, que la personne la plus habile et s'y entendant le mieux est souvent celle entre les mains desquelles ces chevaux tombent et se couronnent.

Le cheval de louage est un outil ou instrument dont les loueurs usent et abusent afin d'en retirer le plus possible, aussi n'est-il pas rare qu'ils vous donnent un cheval à moitié fourbu pour un bon cheval ; un animal rentrant le soir d'une course de 15 à 20 lieues pour entreprendre le même trajet le lendemain ; que voulez-vous faire en pareil cas ? la nature réclame ses droits, le cheval prenant un point d'appui sur le mors, dort en marchant et finit par butter à la moindre petite pierre qu'il rencontre ; c'est sur vous alors que retombe la faute. Que de fois ai-je vu ces accidents se produire ! Conduits par un homme de la maison, vous êtes à l'abri de tout, même du bris de voiture quand il ne provient pas de votre fait : et les accidents d'écurie, les jambes cassées, les chevaux mordus, etc. Enfin quelle charge de soigner et conduire un cheval qu'on ne connaît pas, dont on ignore les vices ou les caprices… Non… croyez-moi, faites-vous conduire mais ne conduisez jamais un cheval qui ne vous appartient pas, la responsabilité est trop grande.

Équitation. — Les promenades à cheval sont, avec la chasse et la pêche, une des grandes distractions de la campagne.

Nous n'avons aucune recommandation à adresser au cavalier, mais comme cet exercice est souvent partagé par les femmes et les enfants, quelques mots à ce sujet ne seront pas inutiles.

Enfants. — Commençons d'abord par les enfants : s'agit-il d'une jeune fillette ; il faut, tant qu'elle grandit, la faire monter sur une selle à trois fourches, si elle n'en a que deux il faut que celle du bas puisse se placer indistinctement du côté droit ou du côté gauche (fig. 260); de manière à éviter les

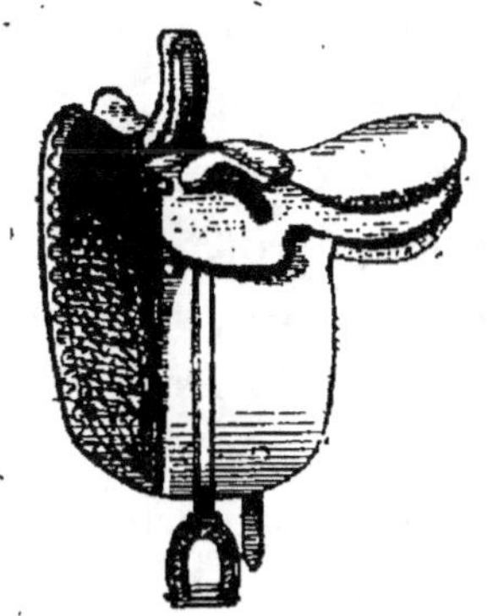

Fig. 260.

déviations de la taille, et donner en même temps de l'équilibre à l'enfant.

On peut préluder longtemps à l'avance à cet exercice par des promenades à âne, sur une simple torche, ce qui évitera plus tard, étant à cheval, de prendre l'étrier comme point de support et de faire tourner la selle.

Pour les petits garçons, l'exercice du cheval doit commencer dès l'âge de sept ans et se faire avec un petit poney excessivement bien dressé pour ce genre d'apprentissage. Dès que l'enfant sait se tenir en équilibre, on le laisse aller seul, tenant le cheval par la longe.

L'usage de l'étrier et de la selle ne leur est permis que lorsqu'ils sont en état de pouvoir aller seuls ; jusque-là, ils ne montent qu'avec une simple couverture et surfaix.

Femmes. — La qualité de la selle a pour la femme une grande importance, surtout lorsqu'on se trouve en présence d'un cheval peu habitué à être monté ainsi; nous ajouterons même qu'à la moindre fredaine qu'il tenterait, on se trouverait exposé à faire la culbute, ce qui est excessivement dangereux, car la jupe du costume restant accrochée aux fourches, le pied retenu dans l'étrier, la cavalière est exposée à être traînée ainsi bien longtemps avant que l'on puisse arrêter le cheval.

La selle à trois fourches se réduit quelquefois à deux ; mais ce n'est guère pratique à la campagne où les chemins sont parfois difficiles. L'équilibre y est moins sûr, et au moindre faux pas du cheval, on se trouve exposé à rouler devant lui, la jambe droite n'étant retenue par aucun support.

Toutes les selles, aussi bien conditionnées qu'elles soient, ne peuvent aller indistinctement à tout le monde ni même indifféremment à chaque cheval ; il faut qu'elle soit proportionnée à la forme de l'une et de l'autre ; pour la femme, la fourche sera placée à la hauteur voulue pour la cuisse, et pour le cheval elle ne devra pas le blesser au garrot. Au début, l'étrier doit être supprimé pour les deux sexes, afin d'assurer la stabilité de la position et faire trotter à la française.

Au sujet du garrot, lorsque tout le poids du corps porte sur cette partie, les blessures qu'il occasionne sont aussi longues que dangereuses à guérir ; on doit, pour les prévenir, placer entre la selle et le dos du cheval une peau de chevreuil. Un seul gonflement du garrot exige un repos de quelques jours pour le cheval. Il ne faut pas le monter avant que le mal soit complètement disparu pour éviter une plaie.

Une autre recommandation importante est celle de ne donner à une femme que des chevaux exempts de tout vice, bien dressés, car la force de résistance, pour la femme à cheval, est bien moins grande que celle de l'homme, celle-ci n'ayant aucune action directe sur sa monture.

On devra, pour cette raison, ne donner à une femme qu'un cheval solide sur ses jambes, car le moindre faux pas peut entraîner une chute mortelle.

C'est donc un *cheval bien mis*, comme on dit en terme d'équitation, qu'on doit donner à une femme ; facile à diriger, changeant facilement d'allure et de main, sûr de lui en un mot et n'ayant pas le vice de s'emballer. Un peu de dureté de bouche se trouve souvent compensée par la finesse de la main féminine.

Le cavalier accompagnant la femme doit montrer autant de réserve que de prudence, ne pas exciter sa compagne à ces tours de force, ces caracolades, qui, faciles pour lui, sont dangereuses pour elle. Sa véritable place se trouve à la droite de sa cavalière.

Il n'est pas d'usage qu'une femme monte seule à cheval ; un domestique en tunique, chapeau haut, culotte courte, cein-

Fig. 261.

ture et bottes, doit toujours l'accompagner, se tenant à une distance respectueuse de 50 mètres environ (fig. 261).

Costume. — On donne au costume que porte la femme le nom d'amazone. Ils sont peu variés de forme, et demeurent le type de toute une catégorie de vêtements portant ce nom (fig. 261).

La dernière mode, sans modifier la coupe, nous les montre très courtes, très étroites, ce qui fait qu'elles tournent et se relèvent beaucoup moins ; mais elles ne souffrent alors aucune médiocrité dans la coupe.

Les tailleurs seuls sont susceptibles d'exécuter ce genre de vêtement. En ville, des élastiques maintenant la rigidité de la robe sont nécessaires ; mais à la campagne, cette précaution devient inutile, et un danger de plus si l'on vient à tomber.

L'étoffe préférable pour ce genre de costume est le drap noir ou bleu marine ; seules couleurs pratiques dans le nord de la France.

Quelques élégantes préfèrent, dans les grandes chaleurs, le costume de toile ou de coutil ; mais son entretien est fort dispendieux par suite des fréquents lavages et dégraissages qu'entraîne forcément la poussière et la sueur du cheval.

L'hygiène les proscrit parce qu'ils entretiennent longtemps l'humidité, et sont cause de bien des bronchites inavouées où de rhumatismes attribués à d'autres causes, de crainte de se voir privé de monter à cheval.

Sous la jupe, le caleçon en tricot, puis une culotte courte remplaçant l'affreux et disgracieux pantalon à sous pieds d'autrefois. Ajoutez à cela une paire de véritables petites bottes, ce qui est le comble de l'élégance, et vous serez une belle et gracieuse amazone ; rien ne saurait être trop beau pour une jeune femme.

Au traditionnel chapeau à haute forme, vulgaire tuyau de poêle, dont nous devrions rougir, s'est substitué, pour la campagne, le petit chapeau de paille plat, ou le chapeau melon selon la saison, offrant moins de surface aux branches et broussailles que notre majestueux couvre-chef.

Dans les visites à cheval que les dames se rendent de château à château, lorsque ces visites doivent se prolonger d'un repos de deux heures au moins, il est bon de faire débrider le cheval et de desserrer la selle sans la retirer complètement, pour ne pas écorcher le cheval en la replaçant.

Le cheval sera attaché court de longe, surveillé par le domestique pour qu'il ne puisse se rouler, se frotter ou forcer la selle de femme que le moindre froissement peut mettre hors d'usage.

Harnachement du cheval de selle. — Un bon cavalier doit

savoir harnacher lui-même son cheval, afin de pouvoir vérifier avant de le monter si ce travail a été bien exécuté.

La selle préparée, les sangles et les étriers relevés sur le siège, on saisit la selle à deux mains, puis on la place, du côté du montoir, sur le dos du cheval, non pas en la glissant, mais assez haute pour la laisser tomber doucement et d'aplomb. Ceci fait, on dégage de dessous la selle le peu de crins qui peuvent s'y trouver rebroussés, surtout sur le garrot ; puis on boucle les sangles, ne serrant que progressivement, évitant qu'elles ne se tordent et que les boucles ne froissent la peau.

On passe alors à la mise de la bride : après avoir placé les rênes dans le pli du bras gauche, tenant à la main droite la têtière, on déboucle le licol : on présente le mors de la main gauche en le tenant près de l'anneau porte-rêne, et on l'introduit dans la bouche du cheval. L'oreille droite, puis l'oreille gauche, dégagées des crins formant le toupet, sont introduites sous la têtière, et l'on boucle la sous-gorge. La gourmette est mise en place, le cheval est prêt à être monté. Il n'y a plus, étant sur le terrain, qu'à abattre les étriers et à vérifier si la selle n'a pas besoin d'être resserrée par suite du gonflement du cheval.

Pour desseller on enlève d'abord la gourmette, puis on déboucle la sous-gorge ; on relève les rênes par-dessus la tête pour les laisser retomber dans le pli du bras gauche ; on enlève alors la bride en dégageant les oreilles ; puis on remet le licou retenant le cheval au râtelier.

On passe ensuite à la selle, en procédant dans le sens inverse de ce que l'on a fait pour la mettre, c'est-à-dire en relevant les étriers, débouclant les sangles, et enlevant la selle des deux mains.

Pour toutes ces opérations, on doit constamment se tenir du côté gauche.

Fig. 262.

Courses. — Certains chevaux de sang sont dressés spécialement en vue des courses (fig. 262), et sont livrés à des jockeys spéciaux chargés de leur entraînement. Ceux-ci sont chargés de les rendre aptes à fournir le maximum de vitesse possible, par le régime tout particulier auquel ils les soumettent. Le pur sang anglais est réputé le meilleur des chevaux de course ; mais il pèche par le fond et la sûreté des allures. Ce n'est donc qu'incidemment que nous parlons du cheval de course ; car les courses elles-mêmes sont des plaisirs réservés plus spécialement aux habitants des grandes villes.

CHAPITRE XXVI

DE LA CHASSE

Pour l'homme robuste et vigoureux, la chasse, par ses marches et contre-marches, devient une nécessité, un exercice hygiénique qui, par le surcroît de fatigue qu'elle occasionne, use et dépense cette exubérance de santé et de vie devenant une véritable maladie chez certaines natures réclamant impérieusement l'activité, la fatigue et le grand air.

Chez les jeunes gens, l'exercice de la chasse, pris avec modération, développe en eux la force musculaire et fortifie la poitrine.

L'homme faible et délicat trouve dans ce plaisir, pris suivant ses forces, une véritable récréation reconstituante dont le grand air et la marche sont les principaux agents revivifiants.

Pour parler chasse, il faut être chasseur soi-même... allez-vous me dire... Je m'attendais à cette question.

Oui et non ! vous répondrais-je, et je m'explique. Pour apprécier les qualités d'un bon et beau cheval, est-il nécessaire d'être un grand écuyer?... Non, me répondrez-vous : il suffit de s'y connaître...

Le vétérinaire, vous procurant cet excellent cheval, serait peut-être bien embarrassé pour le monter, à notre époque surtout où toutes ses visites se font en voiture ou en chemin de fer.

Pour parler chasse, c'est absolument la même chose...
Point n'est besoin de savoir tirer un coup de fusil, ni même
de savoir confectionner une cartouche, surtout maintenant
qu'elle est mathématiquement fabriquée, qu'elle contient
toujours la même qualité et la même quantité de poudre et
de plomb, suivant son numéro ; qu'il n'y a qu'à l'introduire
dans le canon et que la justesse et la précision des armes
ne laissent plus rien à désirer, tout ce qui, autrefois, consti-
tuait le véritable savoir du chasseur.

On peut parler chasse avec autorité, lorsque l'on connaît
le dressage des chiens, les mœurs et la nature du gibier, ses
ruses, la fabrication des armes, les lois régissant la chasse, etc.

La théorie, pour parler sur cette matière, est plus utile que
le coup d'œil pratique.

On peut aimer passionnément la chasse, en connaître tous
les secrets, et ne jamais chasser, ou être un très mauvais
tireur... affaire de tempérament et de vue.

Si je vous avouais être grand chasseur, vous souririez de
mes conseils ... quelques coups du hasard m'ayant fait
proclamer roi, diriez-vous. Si, au contraire, j'affecte une trop
grande modestie en me déclarant le plus maladroit tireur
de mon département, vous souririez encore, vous ne me
croiriez pas.

Pour couper court à tout cela, je vous avoue humblement
que je suis grand chasseur, que mes relations me mettent
constamment en présence de chasseurs émérites.

Mon fusil, à moi... c'est le chevalet porté en bandou-
lière !... ma carnassière, la boîte à couleurs !... mon gibier le
paysage ! voilà qui est parler franchement. Je vous confes-
serai même que jamais, non jamais, de mémoire d'homme,
je ne suis rentré bredouille ; qu'à chaque partie de chasse où
j'ai été invité, et elles sont nombreuses, j'ai toujours rapporté
à la maîtresse du logis une aquarelle rappelant ma présence ;

ce qui, je vous l'avouerai entre nous, lui était beaucoup plus agréable qu'une perdrix en plus parmi tant de gibier et une en moins dans les champs.

Or donc, chasseurs! écoutez les sages conseils d'un homme fort au courant de la question, complètement impartial par son désintéressement.

ÉQUIPEMENT DU CHASSEUR.

Le choix du costume pour le chasseur n'est pas aussi indifférent qu'on semble le croire : ce n'est point toujours par coquetterie que l'on prend telle ou telle étoffe, que l'on adopte un genre de coupe ou l'autre. Les vêtements les plus commodes sont, sans contredit, le veston et la blouse. L'été, le veston de toile imperméabilisée (fig. 263 B), avec poche et gilet, à poches cartouchières; le tout couleur olive ou havane est extrêmement commode : outre qu'il permet par sa coupe une grande liberté dans les allures, rien dans sa forme n'est susceptible de laisser prise aux branches ou aux chiens de fusil. Pour l'arrière-saison, nous conseillerons la blouse en laine ou en drap imperméabilisé, à plis, avec ceinture (fig. A et C), cartouchière et poches carnier, assez ample pour se prêter à tous les mouvements du corps. Enfin, à l'amateur fashionable, recommandons le costume en velours d'Utrecht à côtes, couleur olive (fig. D), se rapprochant de la forme que nous avons citée (fig. B) (1).

Le pantalon, assez ample pour permettre de franchir facilement les fossés sans se déchirer, sera de même couleur que la blouse ou le veston. Une paire de molletières ou de guêtres, en courpon veau fin ou en toile tannée, protégeront

(1) Au moment utile on n'a que l'embarras du choix pour trouver dans de grands magasins comme le Bon Marché ou le Louvre, auquel nous empruntons nos vignettes tout ce qui est utile pour s'équiper.

le mollet des ronces et des épines, tout en maintenant le pied. Les bottes, quoique plus coûteuses, seront de beaucoup supérieures aux guêtres.

Une chose sur laquelle il faut apporter une sérieuse attention, c'est la chaussure ; car personne n'est plus piteux à voir qu'un chasseur mal chaussé. Il faut qu'elle soit large et solide, sans être lourde, d'un cuir souple assez épais pour ne point se déchirer aux épines et aux ronces ; enfin, qu'elle tienne bien au pied.

Le chapeau ou casquette en cuir simple (fig. A) ou la cape imperméable (fig. B) termine cet accoutrement qui, bien porté, ne manque pas d'élégance. Les prix varient suivant les étoffes. Celui représenté figure A vaut 64 francs, celui figure B, en bonne qualité extra-forte, 49 francs ; et celui en velours, figure D, 51 fr. 65. La chaussure et le gilet de dessous ne sont pas compris dans ces prix. Outre ceux cités, il y a un grand choix de complets pour chasse depuis 15 francs jusqu'à 60 et 70 francs ; cela dépend de la qualité de la marchandise, mais comme vêtement de chasse le bon marché est toujours le plus cher.

Parmi les autres accessoires mentionnons :

La ceinture cartouchière, en toile tannée, avec tube, et celle avec pochette dont les prix varient de 3 fr. 50 à 10 fr. 75 selon le genre et la matière employée (fig. 264, 265, 266).

Le filet de chasse (fig. 267) est indispensable lorsque l'on sort sans carnier ; son prix modique, de 2 fr. 50 à 6 fr. 90, le fait adopter par une foule de chasseurs.

Le carnier (fig. 268) dont on ne saurait se passer, doit être souple et léger. Il y en a d'une foule de formes ; mais le plus commode et le plus pratique est toujours celui en veau, avec filet à frange et rabat en peau. Outre le gibier qu'il est destiné à recevoir, on y renferme encore le couteau, le tourne-vis, la ficelle, les chiffons, le briquet, la pipe et la

D   C   B   A

Fig. 263.

petite pharmacie de poche (fig. 269), indispensable à l'homme et au chien en cas d'accident : piqûre, coupure, entorse, etc. Son prix est de 9 à 10 francs.

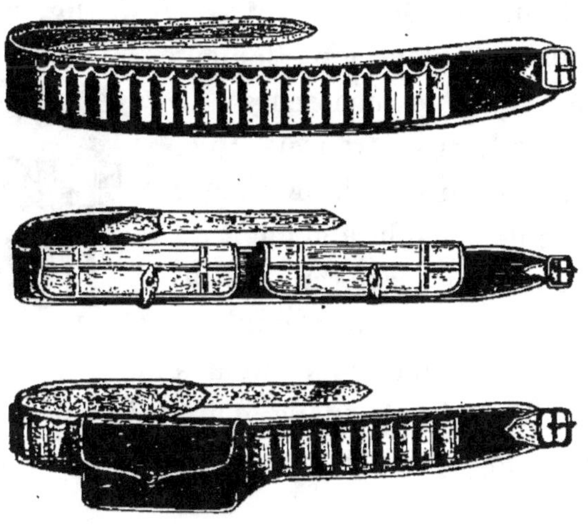

Fig. 264, 265, 266.

Pour le voyage et les transports, l'étui en cuir (fig. 270). pour fusil démonté, est l'accessoire obligé de tout chasseur.

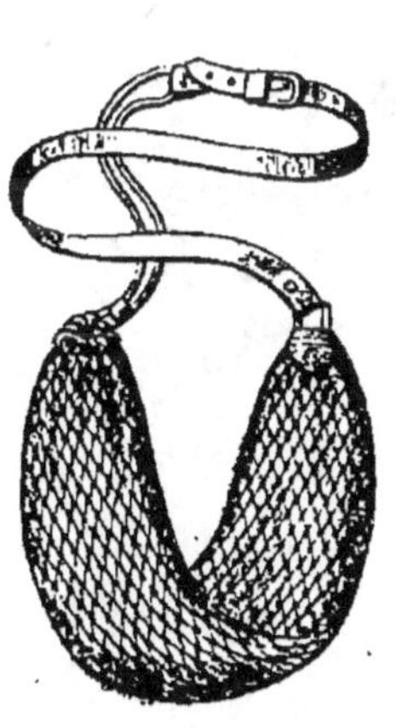

Fig. 267.

Fig. 268.

Son prix varie entre 10 fr. 75 et 14 fr. 75 selon sa force et son système de fermeture.

Le sertisseur pour cartouches de tout calibre (fig. 271) fait partie également des accessoires du chasseur.

Nous avons réservé pour la fin de ce chapitre la partie la plus importante de l'équipement ; *le fusil* (fig. 272 et 273). Deux systèmes semblent actuellement jouir de la faveur des chasseurs : le fusil anglais et le fusil français. Bien qu'ils soient tous deux à canon d'acier en augmentant considérablement la portée, les chasseurs préfèrent les canons de Paris aux canons anglais.

Fig. 269.

Les armuriers belges fabriquent à la machine d'excellents fusils d'un prix relativement bon marché, mais ne valant pas, à beaucoup près, ceux fabri-

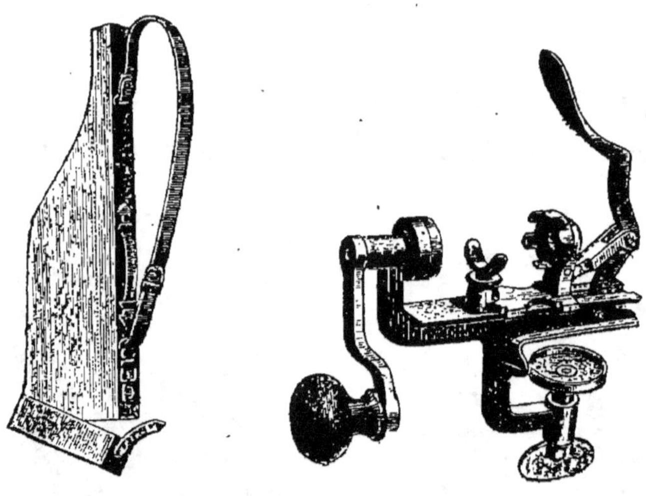

Fig. 270.

Fig. 271.

qués à la main que nous venons de citer... Un bon fusil n'est jamais payé trop cher (1).

(1) Les fig. 269, 271, 273, 274 que nous reproduisons ici proviennent du catalogue de la maison Brun-Latrige, 7, cours Fauriel, à Saint-Etienne (Loire).

Les chiens des fusils, auteurs de bien des accidents devenus de plus en plus petits, disparaissent aujourd'hui complètement éclipsés qu'ils sont par les fusils à percussion centrale,
sans chien et sans aucune aspérité, évitant tout danger;

Fig. 272.

aussi engageons-nous les amateurs à se pourvoir de cet
excellent système.

Poudre. — La quantité plus ou moins grande de poudre
introduite dans une cartouche, sa séparation du plomb par
la bourre, ont une grande influence sur la régularité du tir.

Fig. 273.

Cette dernière ne doit être ni inflammable, ni laisser les
gaz de l'explosion se mêler au plomb pour le disperser.

La poudre de bois présente sur la poudre noire d'immenses
avantages; d'abord l'absence de fumée après l'explosion, et
son peu de résidus laissés dans le canon. La charge de
cette poudre doit être moitié de celle de poudre noire pour

produire le même effet par rapport à la plus grande quantité de gaz qu'elle produit.

Sa combustion, étant plus rapide, procure aussi une vitesse plus grande que la poudre noire. Lorsque la capsule n'est pas trop chargée de fulminate, la décharge donne peu de poussée. Un avantage précieux résulte encore de l'emploi de cette poudre, c'est que l'absence de fumée permet au chasseur de suivre de l'œil la pièce tirée.

Tout ceci réuni l'a fait adopter de suite par une foule de jeunes chasseurs ; mais ils doivent, en même temps que cette poudre, lorsqu'ils font eux-mêmes leurs cartouches, se procurer les chargettes fabriquées exprès, et n'enfoncer que faiblement la bourre sur la poudre au lieu de la frapper avec le mandrin.

Il faut une charge d'une régularité mathématique et n'employer que la poudre à gros grains si l'on veut obtenir de bons résultats.

Choix du fusil. — C'est là, sans contredit, ce qu'il y a de plus embarrassant pour le chasseur : il ne suffit pas de posséder l'argent nécessaire pour en faire l'acquisition, il faut encore savoir où et à qui s'adresser pour obtenir une arme de première qualité, et cela, en présence de l'immense quantité de systèmes que l'on rencontre.

Il n'est guère possible pour celui qui n'est pas de la partie, de se rendre compte, à la vue, de ce que vaut un fusil ; aussi conseillons-nous de ne fixer son choix qu'en procédant par élimination, nous voulons dire en éloignant de prime abord tous ceux que l'on sait défectueux pour ne conserver que les systèmes en faveur et choisir parmi ces derniers. Les fusils les plus commodes sont assurément ceux se démontant en deux parties ; on n'en fait plus guère autrement ; ils ont l'avantage de pouvoir se renfermer dans les étuis de voyage dont nous venons de parler ci-dessus.

Lorsqu'on se trouve livré à sa propre expérience pour cet achat, il faut s'enquérir auprès de ses confrères des meilleurs systèmes ; arrêter son choix sur tel et tel ; les étudier dans tous leurs détails, demander, puis écouter les explications fournies par ceux qui en possèdent ; tenant compte de l'exagération, et une fois toutes ces observations réunies prendre l'avis d'un bon armurier vendant indistinctement tous les genres de fusils : lui parler, sans paraître en avoir envie, de tel ou tel système, de celui que l'on préfère et l'écouter sans faire aucune réflexion ; prendre l'avis d'un autre ou de plusieurs sur le même sujet ; et essayer l'arme, ce qui se fait maintenant dans une foule de grandes maisons.

Je ne viendrai pas vous dire, pour choisir un fusil, de vous rendre compte si les canons sont bien redressés intérieurement, cela est affaire de métier, et en vous indiquant même ce qu'il faut faire vous auriez beau examiner l'arme à distance en faisant pénétrer les rayons de lumière horizontalement dans le canon, pour vous assurer de sa régularité, votre œil, peu exercé à ce métier, n'y verrait rien de ces protubérances qui apparaissent dans l'ombre, et que l'ouvrier marque et redresse au marteau sur son enclume ; à quoi bon tout cela si l'on n'est pas du métier. Ce qui seul peut vous servir, c'est, en pareil cas, le certificat du contrôleur de l'épreuve première du canon et celle de l'arme complètement achevée.

L'acheteur doit donc rechercher : 1° une marque de fabrique jouissant d'une bonne réputation : 2° une arme poinçonnée une deuxième fois sur les canons, indiquant la première l'essai sur le canon non fini et la seconde prouvant que l'arme essayée après son achèvement n'a subi aucune détérioration une fois terminée. Un bon canon sera donc partout d'égale épaisseur. La figure 274 indique le

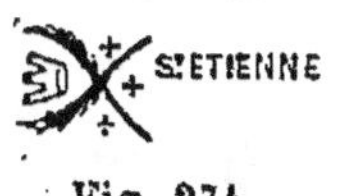

Fig. 274.

poinçon des armes de Saint-Étienne, Paris marque des lettres (P) ; les armes fabriquées à Liège portent les lettres

La simplicité dans le mécanisme est encore à observer, car plus il est compliqué, plus aussi il est sujet à se déranger, et à devenir coûteux par les réparations qu'il exige.

Le fusil ne doit être ni trop lourd, ni trop léger ; on atteint plus sûrement la pièce avec un calibre 12, qu'avec un calibre 20. Il faut qu'il soit parfaitement équilibré, et que la crosse présente une légère courbure évitant au tireur de trop pencher le cou sur l'arme.

L'arme doit joindre parfaitement au bois ; enfin elle doit s'épauler et se mettre en joue sans aucune peine, sans aucune contrainte.

Gardez-vous de faire des essais à double et à triple charge, cela ne vous avancerait à rien, et serait même dangereux pour vous. Toutes ces épreuves, comme nous venons de le dire, ayant été faites dans les manufactures d'armes avant que le fusil ne soit livré à la vente.

Fusils sans chien. — Depuis quelques années l'armement du chasseur, subissant le mouvement donné aux armes de guerre, s'est sensiblement modifié. La hauteur anormale des chiens, cause de tant d'accidents de chasse, avait été réduite à un tel point qu'elle donnait à pressentir sa prochaine disparition. C'est en effet ce qui est arrivé. L'arquebuserie, dans un dernier et suprême effort, est parvenu dans l'Hammerless à supprimer cette cause involontaire de tant d'irréparables malheurs, en créant le type du fusil sans chiens, à extracteur automatique et triple verrou, à percussion centrale, remplissant toutes les conditions exigées pour une arme de chasse d'une valeur irréprochable.

Bien que partie de l'Angleterre, cette invention nouvelle ne tarda pas à franchir le détroit, et partout maintenant s'étalent aux vitrines de nos armuriers, des systèmes perfectionnés de l'Hammerless, de fabrication française, dépassant toutes les espérances et garantissant de tout accident par l'adjonction d'une pédale de sûreté paralysant le mouvement des détentes.

Entretien du fusil. — Tous les chasseurs, en faisant l'acquisition d'une arme, reçoivent à ce sujet l'avis de l'armurier sur ce qu'ils ont à faire : Il est bon, malgré cela, de faire visiter de temps à autre son fusil, lors même que tout semblerait en bon état. Une vis resserrée à temps, un peu d'huile, par-ci, par-là, évitent souvent de fortes réparations si l'on attend trop tard, car l'arme éprouve souvent à notre insu des chocs qu'il est impossible de prévoir et dont on ignore même l'existence.

CHAPITRE XXVII

CHIENS DE CHASSE.

Le chien, on l'a dit bien des fois, est l'ami de l'homme ; il lui consacre son existence entière. Fidèle et dévoué, il est son gardien et celui de ses propriétés ; instruit, il devient l'instrument actif de ses besoins et de ses plaisirs. Courageux jusqu'à la témérité, il est aussi son défenseur.

Sensible aux caresses, accessible aux séductions, sous n'importe quelle forme, châtié ou non, il revient toujours à son maître. Intelligent de nature, il ne demande qu'à être instruit ; si l'instinct de quelques-uns est lent à se développer, on peut souvent l'attribuer aux mauvais traitements de ceux qui les dressent.

L'odorat étant, chez certaines races, un organe extrêmement délicat, et son aptitude pour la chasse un don naturel, l'homme a pensé s'en faire un précieux auxiliaire ; il a suffi de l'éduquer pour développer en lui cet instinct inné et le faire obéir au commandement pour devenir utile.

Chaque race de chien possède ses qualités particulières : les uns sont bons pour la quête du gibier et savent le faire tomber entre les mains du chasseur ; les autres, le nez au vent pour le découvrir par l'odeur qu'il exhale, se contentent de l'arrêter ; d'autres le poursuivent et s'attaquent à lui ; d'autres enfin l'attrapent à la course ou vont le chercher au plus profond de son terrier ou à l'eau une fois qu'il est tué.

Le chien supporte facilement la privation de nourriture : mais ce dont il ne peut pas se passer c'est de boire. Il est vieux à l'âge de quinze ans.

Il n'y a aucun inconvénient à retirer les jeunes chiens de leur mère à l'âge de quinze jours ; on peut alors facilement les élever avec du lait sans teter. Ce n'est guère qu'à l'âge de trois semaines qu'il faut commencer à leur donner de la nourriture, en plaçant auprès d'eux un plat de lait dans lequel on a fait tremper de la mie de pain. Lorsqu'on les a laissés à leur mère, on peut les en séparer au bout d'un ou deux mois.

A l'âge de douze ou quinze jours, on coupe la queue aux chiens d'arrêt avec une pelle rougie au feu : si l'on attend plus tard, l'opération n'est plus possible qu'avec un couteau, alors il faut cautériser la plaie avec un fer rouge afin d'empêcher l'hémorragie.

Un jeune chien a besoin d'être purgé au bout d'une vingtaine de jours ; pour ce faire, on lui donne un peu de manne dans du lait, et on le sépare de sa mère pendant le jour. Huit jours après cette purgation, on le sèvre.

On fait passer le lait de la mère en frottant les mamelles avec de la terre glaise délayée dans un peu de vinaigre, ou bien encore en les frottant avec du vin blanc dans lequel on a fait bouillir du persil.

Jusqu'à l'âge de dix à douze mois, on doit purger plusieurs fois les jeunes chiens de manière à prévenir ou attendre la maladie.

Ce n'est qu'à l'âge d'un an que l'on commence l'éducation du chien.

Le chenil. — Si la niche est l'habitation du chien isolé, le chenil est la maison de la meute, et cette maison a besoin d'être tenue en tout temps dans le plus grand état de propreté. Ce n'est qu'à cette condition que l'on parvient, quand la meute est nombreuse, à éviter les maladies. L'exposition la plus favorable est celle du levant ou du couchant. Que le chenil soit de forme circulaire, octogonale (fig. 275),

Fig. 275.

carrée (fig. 276), son sol doit être parfaitement carrelé, et exempt de toute humidité. On les fait maintenant en dallage de portland, ce qui permet de les laver facilement à grande eau, sans qu'il y reste la moindre trace d'eau, même présa une pluie, pour peu qu'il soit légèrement en pente.

Aucune ordure ne doit y séjouner. Il faut les y laisser en repos et bien chez eux.

La litière intérieure doit se renouveler fréquemment et être remuée tous les jours comme on le fait pour celle des chevaux; la trop menue paille et les ordures doivent être enlevées tous les matins, l'eau renouvelée et la chambre bien aérée.

L'hygiène exige que les chiens soient parés tous les matins; brossés, peignés, lavés la veille et le lendemain de chaque chasse. Il faut mener souvent les chiens à l'eau pour les débarrasser de leurs puces et éteindre les boutons d'échauffement. Une promenade deux fois par jour, matin et soir, d'une heure chacune en été, et d'une demi-heure en hiver, les entretient en bon état.

Pour les chiennes en gésine il est bon de les tenir séparées des autres; de même tout chien malade aura un endroit qui lui sera spécialement affecté.

Pour les meutes étrangères, elles seront parquées à part, pour n'avoir aucun contact intérieur avec celle de la maison; cela évite des batailles et la contagion des maladies.

Nourriture des chiens. — Le chien, bien qu'omnivore, est essentiellement carnivore; il recherche même les viandes corrompues : il ne s'ensuit pas pour cela qu'on doive le nourrir exclusivement de viande, cette nourriture trop forte, lui deviendrait contraire. Le pain sera donc le principal aliment, arrosé avec du bouillon gras, légèrement salé, formant soupe. De temps à autre, pour varier cet ordinaire, on remplacera le pain par une pâtée de pommes de terre cuites ou de betteraves. Cette soupe se sert tiède, car la nourriture trop chaude altère l'odorat.

C'est toujours le fouet en main que l'on doit pénétrer dans le chenil, même pour y porter à manger en criant : *Arrière, chiens!* pour les faire passer derrière, puis le tout

Fig. 276.

disposé on crie : *Allons, chiens!* et chacun se précipite sur le manger; cela habitue à l'obéissance (fig. 277).

On doit veiller à ce que chacun prenne sa part au banquet (fig. 278); car il y en a toujours de trop craintifs qui n'osent approcher que quand les autres ont fini, et de trop gloutons qui ne laissent jamais rien; alors de quoi vivraient les craintifs?

Les plus timides sont mis à part et mangent ensemble; cela évite toute espèce de bataille.

On doit donner au chien peu de nourriture avant la chasse, pour qu'il ne soit pas trop lourd, essoufflé et paresseux. Le chien d'arrêt ne doit pas manger avant de chasser. Il est bien entendu que lorsque l'on ne possède que deux ou trois chiens d'arrêt tout ce cérémonial est inutile : ils trouvent dans la desserte de la table et de la cuisine de quoi se satisfaire amplement; mais il ne faut pas, pour cela, leur retrancher la soupe, que l'on fait alors avec le fond du pot au feu.

Maladies des chiens. — Une grande partie des maladies que contractent les animaux proviennent de l'état de domesticité auquel ils se trouvent astreints; aussi les personnes possédant beaucoup de chiens, doivent-elles recourir constamment aux conseils du vétérinaire, *vous entendez bien,* au lieu d'écouter et de se fier aux remèdes indiqués par l'un et par l'autre, et qui, appliqués à contretemps, sont plus nuisibles qu'efficaces.

Si le diagnostic des maladies extérieures permet de reconnaître la nature du mal, il n'en est pas de même pour les maladies internes, et nulle autre personne, mieux que le vétérinaire, n'est en état de les distinguer.

On s'aperçoit bien qu'un chien est malade parce qu'il est triste, qu'il recherche les endroits sombres pour se coucher; parce que son poil devient terne, mais voilà tout : pour ce qui est de la nature et du genre de maladie, qu'elle

Fig. 277.

ait son siège par tout le corps, à la peau, aux nerfs, à la
tête ou aux extrémités, le vétérinaire peut seul le déterminer et prescrire les remèdes nécessaires à la combattre,

Fig. 278.

soit par l'emploi des saignées, des lavements, soit par les
bains, le feu, les sétons ou les onguents pour le pansement
des plaies.

DRESSAGE DES CHIENS DE CHASSE.

Le limier. — La véritable race des limiers, originaire
des Ardennes, est entièrement disparue. On se contente
de prendre maintenant des limiers parmi les chiens de
meute.

Le rôle du limier, dans la chasse du gros gibier, sert à

indiquer au veneur les voies de l'animal, à le faire sortir de son *fort* quand on veut le courir.

C'est généralement sur les meilleurs chiens courants que se porte ce choix. Il en faut un pour chaque genre de chasse, le même ne pourrait servir à plusieurs usages, il se rabattrait sur toute espèce de pistes sans pouvoir s'y reconnaître.

Rien n'est plus difficile à dresser qu'un bon limier; ses deux premières qualités sont un mutisme absolu et une grande docilité. Lorsqu'on le dresse étant jeune, il faut commencer son éducation à l'âge d'un an, se l'attacher par la douceur et non par la crainte. Une fois

Fig. 279.

qu'il est habitué à porter la *botte* (1) et à se bien laisser conduire, on le mène souvent sur une quête connue de l'animal à la chasse duquel on le destine.

Pour l'encourager, lorsqu'il prend un de ces animaux, on lui donne comme régal sa part de la curée, il est même bon, pour qu'il ne se lasse point dans ses recherches, d'en déposer, de temps à autre quelques morceaux sur le chemin qu'on lui fait parcourir.

Pour le cerf, l'époque du *rut* est très favorable, car l'odeur est plus accentuée, c'est vers la mi-septembre qu'elle a lieu.

La première fois qu'on le conduit, il faut le laisser agir

(1) Botte; on donne ce nom au collier de cuir auquel s'attache la longe de cuir nommée trait destinée à le conduire pour éviter qu'il ne se blesse avec le trait dans l'ardeur de ses recherches.

par lui-même, flairer le chemin et les coulées. Le veneur
le ramène ensuite sur la voie, sans rien lui dire, s'il la
sur-alle (1) il l'y maintient un instant, le caresse et la lui fait
sentir lui donnant quelque douceur pour l'encourager : puis,
s'il ne prend ses dispositions, il faut lui adjoindre un limier
déjà dressé. Plusieurs jours de suite on le conduit au même

Fig. 230.

endroit en le tenant avec la botte et on le remet sur une piste
fraîche ; s'il reste indifférent, il ne fera jamais un bon limier,
il vaut mieux renoncer à son éducation. Dans le cas contraire,
s'il montre de l'ardeur et de l'acharnement, il faut l'arrêter de

(1) On désigne par le mot *sur-aller* l'action du chien de passer sur la
piste sans s'en apercevoir. Le veneur lui-même peut sur-aller une voie
sans la voir.

temps à autre pour voir s'il tient ferme. S'il crie, on lui donne une légère secousse avec le trait, lui disant : *toucoi, chien toucoi.* Il finit par comprendre qu'il faut se taire : persiste-t-il, on lui fait prendre le *contre-pied* (1) au lieu du droit (2). Lorsqu'il abandonne la bonne piste pour prendre celle d'un autre animal, on le secoue de nouveau, sans brutalité, en lui disant *fi le vilain, fi.*

Dans toutes ses recherches, le chien ne doit pas tirer sur son trait. De temps à autre on le récompense en lui faisant lever l'animal, puis on le caresse d'une manière sensible. *Douceur et patience* font tout dans le dressage, une réprimande à chaque faute fait souvent plus qu'un coup de fouet. Un limier bien dressé est un trésor dans un équipage, il assure le succès de la chasse.

On en dresse pour le sanglier; mais il faut pour cela un chien fort et vigoureux.

Le limier pour la chasse au loup est également très pénible à dresser, vu l'odeur répugnante de l'animal.

DES CHIENS D'ARRÊT

Parmi les chiens d'arrêt de races française et anglaise se rangent : le braque (fig. 280), l'épagneul, (fig. 282), le griffon (fig. 283), le barbet.

Le chien d'arrêt a pour mission de battre et rebattre le terrain, le nez au vent, cherchant à recueillir une trace d'odeur pouvant le pister et lui révéler la présence du gibier.

L'ayant découvert, il s'arrête sur le coup, tenant une patte levée et reste immobile et fixe, attendant le mot *pille* (3) ou le coup de feu : c'est *l'arrêt.*

(1) Le contre-pied est le côté d'où l'animal vient.
(2) Côté vers lequel l'animal s'est dirigé.
(3) *Pille* veut dire foncer sur le gibier.

L'éducation du chien d'arrêt commence dès l'âge de quatre à cinq mois jusqu'à la maladie ; on la reprend ensuite, une fois celle-ci disparue.

Au début on l'apprend à connaître son nom, en le lui répétant souvent, en le caressant et en le nommant. On

Fig. 281.

l'habitue à revenir lorsqu'on l'appelle ; ensuite on s'efforce de lui faire comprendre ce que veulent dire les mots, *tout beau, ici, derrière.*

On ne peut bien dresser un chien qu'en l'ayant toujours avec soi, en employant toute son intelligence à connaître son caractère. Nous ne parlerons pas ici du dressage des chiens de meutes (il y a des gens spéciaux pour cette besogne longue et fatigante), mais seulement du chien de chasse, pris isolément.

Pour le faire revenir à soi, lorsqu'il s'éloigne, on crie : *ici*, faisant mine de lui offrir quelque chose. S'il vient, on le caresse, on le récompense ; puis on renouvelle plusieurs fois de suite l'exercice, à de courts intervalles, sans pour cela le fatiguer. S'il se sauve, il ne faut pas y faire attention, ne point courir après ; mais l'attirer dans un endroit clos et renouveler la leçon. S'échappe-t-il encore, on le rattrape sans

Fig. 282.

peine et on lui inflige une légère correction. On tente à nouveau l'épreuve, et l'on finit, tôt ou tard, par l'habituer à revenir parfaitement au commandement ; il ne faut pour cela que de la patience.

Marcher *tenu en laisse* est encore une étude ; s'il est trop récalcitrant, on le tient quelques jours à l'attache.

On l'apprend ensuite à rapporter, ce qu'il fait volontiers étant jeune, surtout avant la maladie, car plus tard cela devient moins aisé.

Durant la maladie il faut le laisser tranquille et s'appliquer simplement à ce qu'il ne perde pas ce qu'il a appris pour pouvoir achever son éducation. La maladie passée, on commence à le faire aller à l'eau ; s'il s'y refuse, gardez-vous bien de l'y jeter de force, ce serait le rebuter pour toujours ; voici comment il faut s'y prendre. Le matin, par un temps chaud, avant de lui avoir donné son déjeuner, on le conduit au bord de l'eau, lui présentant un peu de pain dont on s'est pourvu, on le lui montre, on lui en jette ensuite de petits morceaux tout près de la rive, de manière que pour l'attraper, il n'ait à se mouiller que l'extrémité des pattes ; on lui dit : *Apporte!* jetant ainsi successivement les morceaux de plus en plus loin, suivant ses dispositions, et chaque fois on le flatte et le caresse bien. Il ne faut pas vouloir aller trop vite en besogne, et se contenter qu'il aille simplement à l'eau, sans se mouiller entièrement le corps, à la première leçon. Lorsqu'il sait parfaitement aller à l'eau, on lui donne une leçon pratique sur un canard vivant, auquel on a coupé l'aile, et que l'on place sur un étang, lui disant : *Apporte!* en le lui montrant ; il le poursuit sans pouvoir l'attraper. On tue le canard et on le lui fait rapporter, le voilà dressé : plus vite bien entendu sur notre papier que cela ne se fait en réalité, mais, nous le répétons, avec de la patience, de la douceur et de la ténacité, on y arrive parfaitement.

Il ne faut lui passer aucune faute, ne lui laisser contracter aucune mauvaise habitude, ne jamais le corriger brutalement, et ne se servir avec lui d'autres mots que ceux consacrés par l'usage : *à moi! apporte! donne!*

Lorsque le chien se montre par trop rétif à rapporter, on se sert du collier de force (1).

On rend ensuite la dent du chien légère en lui faisant rapporter des œufs sans les casser.

(1) Le collier de force est garni intérieurement de gros clous, il fait pression de lui-même lorsque l'on tire sur la corde ou laisse, et les pointes pénètrent dans le cou de l'animal qui finit par céder contraint par la douleur.

Pour le faire se coucher on lui crie sèchement : *A terre !* en
même temps que l'on fait mine de tirer.

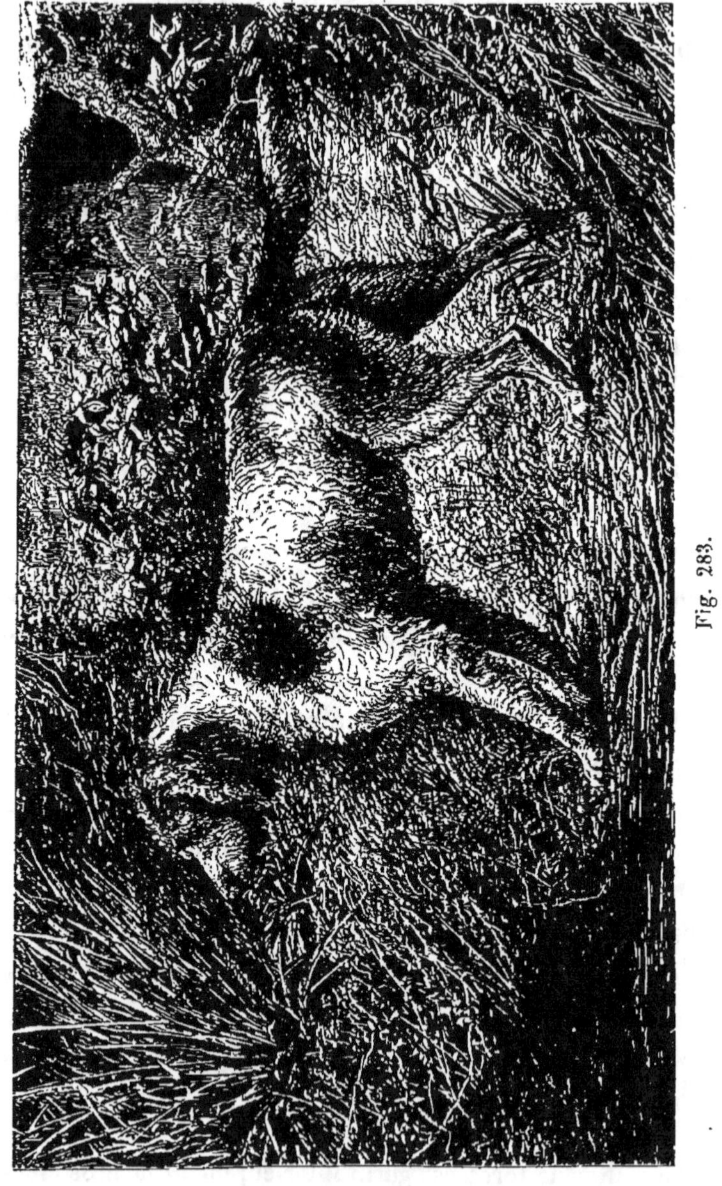

S'il quête trop vite ou étourdiment on lui crie : *Tout doucement !* s'il continue de même on crie : *A terre !* pour le faire

relever on dit : *A moi !* le cri d'arrrêt est : *Tout beau !* mais tout ceci ne s'apprend pas en une seule fois; il faut, nous le répétons, beaucoup de temps et une grande patience. Pour le faire coucher au commandement, il faut l'y contraindre les premières fois pour lui faire comprendre ce que l'on exige de lui par ce mot : *Terre !* Lorsque l'arrrêt n'est pas naturel chez un chien, on le lui apprend en lui montrant, en lui présentant souvent sa nourriture, lui répétant le mot : *Tout beau !* le retenant par la peau du cou, ne lâchant qu'en criant : *Pille !* cette leçon se reprend avec le moulinet, ensuite avec le fusil, le chien étant libre, mettant en joue le moulinet criant : *Tout beau !* marchant en cercle autour de ce moulinet, maintenant le chien immobile; puis, simulant le coup de feu pour lui faire comprendre qu'il remplace le mot pille on lui dit: *Apporte !*

Le mot *A moi !* lui fait quitter l'arrêt.

On renouvelle cet exercice avec une pelote de chiffon garnie d'ailes de perdrix, ainsi que sur une peau de lièvre bourrée de foin ou de mousse.

Pour lui apprendre à quêter sagement, on le tient au cordeau ; lui jetant le lièvre empaillé on lui dit : *Apporte !* Avant qu'il l'atteigne on crie : *Halte !* l'arrêtant brusquement avec le cordeau. On se rapproche de lui, disant : *Tout doucettement !* arrivé près de la peau, on lui crie encore : *Tout beau !* L'arrêt du lièvre est le plus difficile à faire prendre au chien.

Le même exercice a lieu avec la perdrix.

On lui enseigne à *barrer* devant soi, à droite et à gauche, passant devant lui, criant: *A moi !* craignant de s'éloigner il marche en zigzag.

Haut le nez ! est le cri employé pour lui faire relever la tête lorsqu'il quête le nez à terre, ce que font souvent les jeunes chiens.

Sachant tout cela, il est alors apte à la chasse, son éducation est terminée.

Le barbet (fig. 283) est un chien extrêmement intelli-

Fig. 284.

gent, s'éduquant avec la plus grande facilité et rapportant on ne peut mieux.

Si le braque, par nature arrête le gibier, le barbet, lui, le ramasse et le rapporte très bien. On s'en sert tout particulièrement pour la chasse au marais.

CHASSE AUX CHIENS COURANTS.

Les chiens employés pour cette chasse sont : le braque, le griffon à poil rude et les bassets à jambes torses, de race anglaise ou française ; ces derniers sont préférables comme facilité d'éducation (fig. 284).

Nous n'entreprendrons pas de décrire toutes les variétés de chiens, elles sont trop nombreuses. Ce sont ces chiens qui, réunis en meute, forment ce que l'on appelle *les grands équipages* de chasse ou à courre, destinés à trouver et poursuivre la bête légère ou la bête noire.

Chaque genre de chien a sa spécialité : au braque convient mieux le lancer du cerf, du daim, du chevreuil, etc. : au griffon appartient le sanglier, le loup, le renard, le blaireau, la loutre, etc. ; aux bassets la poursuite du renard, du lièvre, du lapin; sa conformation lui permet de suivre, même dans le terrier, ces animaux pour les y pourchasser.

Fig. 285.

L'éducation de tous ces chiens est celle que nous avons décrite pour le limier en y ajoutant les termes suivants : *Allons mes toutous! allons mes beaux! allons!* pour les porter en avant. S'agit-il de ralentir leur allure on dit : *Bellement là! bellement mes chiens!* on les arrête aux cris de : *Derrière chiens! derrière donc!*

Suivant leur force on en compose des railés (1).

(1) Un *railé* est un assemblage de chiens de même taille, de même force, ayant les mêmes aptitudes.

Pour l'éducation des bassets on se sert des mots *Couley! finaut couley! petit chien !*

Les lévriers (fig. 285), sont aussi des chiens de chasse susceptibles d'attraper un lièvre à la course, mais leur emploi comme chiens de chasse est interdit en France.

CHIENS COURANT APRÈS LES VOLAILLES.

Un procédé infaillible pour empêcher les jeunes chiens de courir après les volailles consiste, avant qu'il n'en ait encore eu la pensée, à le mettre en présence d'une couveuse très méchante, en possession de jeunes poussins. Son inexpérience et sa témérité le font s'en approcher de trop près : la poule alors devenue subitement furieuse par la présence du danger que courent ses poussins ne manque pas de lui infliger une terrible correction qui le fait déguerpir sur-le-champ. Cette excellente leçon est toujours suivie du meilleur résultat et on ne l'y reprendra plus.

Si le chien est déjà vieux, que ce vice soit enraciné chez lui, c'est une autre affaire, on aura bien de la peine à le corriger : on peut, quand même, essayer du même moyen en le tenant en laisse pour qu'il ne songe pas à répondre aux coups de bec par un coup de dent et qu'il n'étrangle la poule. Le corrigera-t-on?... peut-être... mais c'est bien aléatoire.

Ce chapitre serait interminable si nous voulions traiter à fond toute la matière qu'il comporte; nous avons encore tant à dire relativement à la chasse, qu'il nous est impossible de le prolonger : il nous suffit d'en avoir indiqué les principales données pour que nos lecteurs le complètent eux-mêmes de leurs propres observations.

CHAPITRE XXVIII

Jeunes chasseurs, absorbés par la joie et les émotions que présentent les premières chasses, n'oubliez pas votre permis: qu'il ne quitte même jamais votre carnassière. Étant en règle vis-à-vis de l'autorité, la vue d'un gendarme ou d'un garde n'a rien pour vous de bien inquiétant.

Gardez-vous, même étant en règle, de fuir à leur approche : ils sont gens à vous renseigner plutôt qu'à vous nuire. Ce qu'ils défendent, ce sont les droits de la propriété; ce qu'ils cherchent à réprimer, c'est votre ennemi, le braconnage.

En vous mettant en marche, répétez-vous cette importante maxime, et surtout tenez-en compte :

> Dans la direction d'une poitrine humaine,
> Pas même à trois cents pas, ne tire dans la plaine.

Ceci dit... dussions-nous encourir les malédictions du chasseur novice,... dans l'intérêt de vos invités, du vôtre et du leur, n'admettez jamais à vos chasses de jeunes débutants, n'ayant pas suffisamment fait leurs preuves : ils peuvent occasionner de terribles accidents et transformer une partie de plaisir en un enterrement.

Les jeunes gens doivent apprendre à chasser en compagnie d'un homme prudent, toujours prêt à modérer leur ardeur, leur apprenant la manière de bien tenir l'arme en marchant, que le canon soit dirigé vers la terre ou vers le ciel, puis ensuite leur indiquant le danger qu'il y a à tirer trop précipitamment étant surpris par le gibier dont on ne soupçonnait pas la présence ; le sang-froid qu'il faut et la manière de se conduire dans les battues sous bois, genre de chasse demandant autant d'expérience que de prudence.

Ceux-ci doivent écouter ces leçons avec la plus grande docilité, et bien se pénétrer qu'il vaut mieux manquer dix et cent pièces de gibier que de s'exposer à faire à son semblable même la plus petite égratignure.

Ce qu'il manque généralement aux jeunes chasseurs, c'est le sang-froid.

Aux maîtresses de maison. — Les jours de grande chasse, tout le monde doit être sur pied à la maison, et les préparatifs de la chasse sont dévolus par moitié entre le maître et la maîtresse du logis.

Cette dernière doit veiller à ce qu'un domestique spécial transporte dans la chambre de chaque invité les valises qu'ils apportent avec eux, qu'il les ouvre et prépare le costume sur le lit, afin que chaque invité n'ait plus qu'à le prendre en rentrant.

Le feu sera allumé dans chaque cheminée de chambre, et aussitôt leur retour, ils trouveront un bain de pied préparé, une bouillotte d'eau chaude devant le feu, du savon, des serviettes, tout ce qu'il faut enfin pour délasser, d'une longue et pénible marche.

Pendant le repas, le tout sera remis soigneusement dans les valises de chacun, en ayant bien soin de ne pas commettre d'erreur. Il faut, bien entendu, pour cela un domestique aussi intelligent que probe.

Autrefois, dans certains départements, cela se fait même encore aujourd'hui dans l'Oise, si ma mémoire est fidèle, il était d'usage que chaque chasseur emportât le gibier qu'il avait tué : singulière mode de reconnaître les lois de l'hospitalité, et présentant bien des inconvénients. Le gibier n'est-il pas la propriété de celui qui, se mettant déjà en frais pour vous recevoir, vous procure la satisfaction de pouvoir chasser sur ses terres, sans venir encore lui enlever le plaisir de faire des heureux, en le privant même de pouvoir offrir une seule pièce à ses invités n'étant pas chasseurs ? Singulière coutume, que celle d'être obligé de mendier son bien, enlevé à son nez par autrui, sans pouvoir en disposer à sa guise, et tout à fait contraire aux règles du savoir-vivre.

Il est maintenant d'usage de laisser tout le gibier au maître de la maison, qui, lui, dressant une liste de tous ses invités, mentionne en regard de chaque nom le nombre de pièces attribué à chaque chasseur. Cela complique bien un peu la besogne, mais c'est plus équitable.

Lorsque le gibier n'est pas emporté, qu'il est destiné à la vente, on le met en caisse pour l'expédier aux Halles Centrales à Paris, l'adressant à un correspondant avec lequel on se trouve en relation. Le gibier s'emballe étant frais : s'il a été mouillé on le laisse se sécher pour le brosser ensuite (1). Après avoir pesé chaque pièce séparément, on la dépose par lits dans des paniers *ad hoc*, intercalant entre chaque rangée du gibier une couche de paille : puis une fois le panier complet, on le ferme, inscrivant sur l'adresse son contenu et le poids total qu'il renferme, *sans indiquer le nombre de pièces qu'il contient.* Si cette formalité n'est pas remplie, l'octroi prend le maximum du poids passible pour chaque pièce, ce qui fait que l'on paye beaucoup plus que la taxe réelle.

Deux ou trois jours après, en recevant les paniers ayant

____

(1) Une brosse de chiendent est nécessaire pour cet usage.

servi aux emballages, les agents des halles vous font en même temps parvenir l'argent provenant de la vente, défalcation faite des droits d'octroi, des frais de vente et de port ; le tout absorbant généralement la moitié du prix de la vente. Il ne faut envoyer que de belles pièces, proprement tuées, car le gibier abîmé, se vendant pour presque rien, ne couvrirait pas les frais.

Pour la chasse d'automne, la maîtresse de maison doit envoyer au bois le goûter des chasseurs. Lorsqu'il fait froid, il se compose de bouillon, de punch, de vin chaud, de sandwichs, de pâté de foie gras et autres victuailles. Si les chasseurs n'ont pas été invités à déjeuner à la maison, le goûter sera beaucoup plus copieux.

Pour les gardes et traqueurs, on leur distribue du porc ou du gigot froid, ce qu'ils préfèrent ordinairement au porc ; comme boisson, du cidre ou du vin, selon le pays, et toujours un peu d'eau-de-vie.

Chaque fois que l'on porte à manger aux chasseurs, il ne faut jamais oublier de porter de l'eau pour les chiens ; cela est essentiel dans tous les genres de chasse.

La saison étant très avancée et ne permettant pas de déposer les victuailles sur le sol, on envoie, au lieu désigné pour le goûter, des tables et des bancs pour que les chasseurs puissent s'asseoir : un fourneau portatif, à charbon de bois, sert à réchauffer le punch et le vin chaud.

Un grand feu préparé à l'avance réconforte tout le monde pendant le déjeuner ou le goûter.

On fournit à chaque traqueur une blouse et une casquette imperméables, ce qui leur permet de marcher même par la pluie, sans crainte de souiller ou de déchirer leurs propres vêtements.

La place que chaque chasseur doit occuper est tirée au sort, le numéro sortant indique le compagnon et l'endroit que l'on doit prendre dans chaque traquée : de cette façon, point de contestations ni de réclamations.

Une charrette suit les chasseurs de traquée en traquée, recevant le gibier et évitant qu'il ne s'en perde ou qu'on en vole. Chaque pièce y est attachée suspendue par la tête à des nœuds coulants préparés à cet effet, sur des bâtons placés de distance en distance dans la charrette.

Pour les chasses d'aventure, autrement dit au chien d'arrêt, on porte également à goûter aux chasseurs; mais comme elles se pratiquent pendant la belle saison, on n'y sert que des choses rafraîchissantes.

Le porte-carnier se substitue au traqueur.

Le savoir-vivre exige que chaque chasseur ayant séjourné dans une maison fasse une visite de politesse s'il demeure dans les environs, ou, s'il est trop éloigné, qu'il adresse une lettre de remerciement : cet usage n'est pas toujours rigoureusement suivi.

Hygiène. — Les précautions hygiéniques dont le chasseur doit se faire une loi d'observer les règles sont : de ne jamais partir en chasse sans être revêtu d'une chemise de flanelle et d'une ceinture de même étoffe, d'éviter les coups de soleil en restant tête nue; d'avoir une coiffure légère dont l'air intérieur se ventile facilement au moyen de trous, pour éviter le surchauffement de la tête; une double visière protégeant le cou et la nuque des rayons directs du soleil.

Lorsque l'on est en sueur, éviter de s'arrêter dans les endroits frais, malgré tout le bien-être qu'on en puisse ressentir sur le moment : craindre également les courants d'air; ne s'arrêter qu'après avoir ralenti pendant quelques instants sa marche, donnant ainsi au corps le temps de se ressuyer de lui-même sans transition brusque. Se découvrir la poitrine étant en sueur, boire de suite étant très altéré, sont encore de graves imprudences: boire peu, de préférence une gorgée de cognac, étant en cet état, vaut mieux que toute autre boisson froide pouvant provoquer une congestion ou une fluxion de poitrine. Le moindre refroidissement pris étant assis à l'ombre des arbres, sur la terre ou le gazon humide, peut devenir fatal.

Au retour de la chasse il faut *immédiatement*, avant de rien faire, changer de vêtements des pieds à la tête, ayant soin, même au plus fort de l'été, de ne pas se laisser surprendre par le froid. Un bain de pied chaud rafraîchit et délasse.

La petite pharmacie de poche dont nous avons parlé (page 386, fig. 269) est le complément indispensable de toutes ces précautions.

Les quelques conseils que nous venons de donner relativement aux usages ne sont point des règles absolues; elles se modifient suivant les coutumes des pays, le monde que l'on reçoit, les relations plus ou moins intimes existant entre chaque invité.

CHAPITRE XXIX

La chasse, la seule préoccupation de l'homme primitif, a eu sa période d'enfance comme tous les autres arts; il a fallu que l'œil et la main s'habituassent à manier la fronde, la sagaie, l'arc, les flèches, et toutes les armes qui se sont succédé jusqu'à notre fusil moderne perfectionné, ce qui a exigé, chez chaque génération, un exercice et des efforts réitérés pour développer l'adresse.

La chasse, autrefois une nécessité, un travail, une lutte pour la vie, est devenue, aujourd'hui, un amusement, la passion favorite d'un grand nombre d'entre nous, que chacun satisfait à sa manière, en raison de sa position sociale, de ses aptitudes physiques et de sa fortune. De là prirent naissance plusieurs sortes de chasse : la *chasse à courre*, que l'on nomme aussi chasse à cor et à cri, désignée autrefois sous le nom de *chasse royale*; la *chasse à tir*, dans laquelle se trouvent renfermées toutes les autres chasses se faisant au fusil, au chien courant, ou au chien d'arrêt.

La chasse à courre est de tous les plaisirs de Diane la plus belle de toutes les chasses, les chiens seuls en sont les véritables héros; aussi la nommait-on jadis la chasse royale. Le cerf, le daim, le chevreuil et autre gibier léger y étaient courus aux chiens de meute et équipages. La chasse aux chiens prend le nom de *vénerie*, celle à l'oiseau celui de *fauconnerie*.

On nomme *équipage de chasse* : les chiens, les chevaux, les piqueurs, et tout ce qui est mis en usage dans la chasse à courre.

Les chiens dont on se sert sont des chiens légers. Le limier (fig. 286) a pour mission d'indiquer sûrement la re-

Fig. 286.

traite de l'animal; les chiens courants le lancent, le poursuivent et le forcent.

Le cerf (fig. 287) en est le point de mire et la première victime.

Le bon veneur sait à la vue des traces de pied et avec les fumées reconnaître l'âge de l'animal.

La biche porte huit mois, et met bas, vers le mois de

mai, un ou deux petits que l'on désigne alors par le nom de *faons*. A six mois, ils sont des *hères* ; pendant leur seconde année on les nomme da-guets ; ils deviennent, trois ans plus tard, dix-cors (fig. 288), pour enfin, toutes les périodes de leur ramure accom-plie, prendre la dénomi-nation de grands vieux cerfs (fig. 287). Le ve-neur, pour cette chasse, dispose ses relais suivant l'espace et la vigueur de l'animal à chasser. Pour éviter qu'il ne s'é-carte de la route qu'on veut lui faire prendre ou qu'il ne se retire, on dispose les don-neurs de trompe en conséquence, et à l'ap-proche de la chasse, ils sonnent pour faire fuir l'animal d'un autre côté.

Rusé par nature, il essaye, par un bond vi-goureux, de donner le *change* aux chiens ; il faut alors bien se gar-

Fig. 287.

der de faire donner un autre relai et rechercher sa piste pour y lancer de nouveau les chiens, auxquels il fait parcourir quelquefois des espaces de 40 à 80 kilomètres.

Une fois que les chiens ont terrassé le cerf (fig. 290), et que le veneur est parvenu à le mettre bas, il faut immédiatement donner aux chiens leur part à la curée.

Le **daim**, plus petit que le cerf, est aussi moins vigoureux, bien qu'en ayant toutes les ruses.

Sa chasse est la même que celle du cerf; il est devenu très rare en France, et ne se rencontre plus que dans les grandes forêts : Fontaine-bleau, Crécy, Eu, etc.

Chevreuil. — Plus commun que le cerf et le daim, il se trouve dans les grands bois : son extrême agilité, sa finesse et ses ruses exigent un équipage de premier ordre. On le chasse soit en *battue*, soit en *quête* ou à *l'affût*.

Fig. 288.

En *battue*, le chevreuil, effrayé lorsqu'il est sorti de la première enceinte, ne traverse jamais la deuxième dans la même direction ; aussi faut-il poster les traqueurs et les tireurs dans des directions opposées.

En *quête*, on le rencontre souvent, au printemps, loin de sa demeure, broutant, tout en folâtrant, les jeunes pousses des arbres.

Le chevreuil est plus difficile à forcer que le cerf et le daim ; sa voie allant toujours en se refroidissant, on est forcé, pour en assurer la curée, de découpler le quatrième relais ; c'est le coup de fusil : il se tire avec la grosse chevrotine ou la balle.

La femelle, sous aucun prétexte, ne doit jamais être tirée.

Chasse de la bête noire et de la bête puante. — Aux chiens de force est réservée cette chasse; ce sont eux qui, guidés pas le limier, vont la lancer jusqu'à sa *bauge*, la poursuivent, l'arrêtent, la combattent, qu'il s'agisse d'un sanglier, d'un loup, d'un renard ou d'un blaireau.

Fig. 289.

Si la chasse au sanglier est simple et facile, elle n'en présente pas moins de grands dangers; elle est féconde en incidents aussi bien pour les chasseurs que pour les chiens.

Il est nécessaire pour ce genre de chasse de posséder un grand sang-froid, une grande prudence, de l'audace et du courage même au besoin. Poursuivi par les chiens, le san-

Fig. 290.

glier se sauve, et ne connaît aucun obstacle, il les franchit tous : acculé, il se défend ; gare alors aux coups de boutoir ! ils sont terribles. Touché par la balle, il devient furieux et fait chèrement payer sa peau, non sans avoir mis hors de combat plus d'un chien (fig. 289).

Lorsque le sanglier attaque séparément chaque chien, et que l'on voit qu'il va abîmer par trop la meute, il ne faut pas hésiter à le tirer. Aussitôt le coup de grâce donné, on doit lui couper les *suites*, car sans cette précaution la chair deviendrait immangeable en quelques heures.

On laisse un moment les chiens le piétiner, puis de retour au logis on le grille et on le *fouaille* (1). Une partie des intestins et du sang cuits avec des tranches de pain est donnée aux chiens comme régal.

Chasse au loup. — Carnassier par nature, le loup est l'ennemi acharné des bergeries : non content d'attaquer les animaux, il se jette sans merci sur l'homme lorsqu'il se trouve affamé ; aussi lui fait-on une guerre impitoyable.

Le veneur reconnaît ses traces et sa taille aux *flatrures*, qu'il laisse sur l'endroit où il a dévoré sa victime. La vue du loup est perçante, son odorat très développé ; il est infatigable et d'une grande prudence.

Le limier à loup est très rare, l'odeur de cet animal répugnant à tous les chiens.

Tous les moyens pour détruire ces animaux sont licites : on les tire en *battue* ; on les prend au piège (2).

Chasse au renard. — De même que le loup, le renard

(1) Fouaille. La curée est le repas donné aux chiens sur le cuir ou sur la nappe du gibier qu'ils ont pris, mais le sanglier ne s'écorchant pas, on le fouaille.

(2) Loup. Voir l'ordonnance du 22 août 1814, du 24 juillet 1832, l'instruction ministérielle du 9 juin 1818 et la circulaire du 19 juillet 1818.

prend rang parmi les animaux nuisibles. Braconnier émérite, grand ravageur de gibier et de volailles, qu'il égorge toutes, pour les emporter l'une après l'autre dans son terrier, il ne se nourrit ordinairement que de lièvres, de lapins, de cailles, de perdrix ou de faisans (fig. 291). Si sa chasse est facile par l'odeur forte qu'il laisse après lui, elle est quelquefois très

Fig. 291.

fatigante pour les chiens qu'il tient en haleine autant que le fait le cerf par la puissance de fond qu'il possède.

Pour le forcer, il faut boucher les ouvertures de tous les terriers, plaçant devant quelque chose d'éclatant : papier blanc, branche privée de son écorce, chiffons ou toute autre chose. Fin et astucieux, sa méfiance est telle que, craignant un piège, il s'en éloigne au plus vite.

Lorsqu'il parvient à se terrer, on lance à sa poursuite de

petits chiens bassets; on le tire alors à coup sûr au moment où il s'élance hors du terrier.

Un autre moyen consiste à l'enfumer, en bouchant toutes les gueules, sauf celle se trouvant au-dessus du vent : on y enfonce alors, le plus loin que l'on peut, une mèche soufrée : dès qu'elle brûle bien, on ferme l'ouverture. Le lendemain, en débouchant les ouvertures, on trouve maître renard asphyxié près de l'une d'elles.

On peut encore le prendre en vie comme on fait pour le blaireau.

On le capture également au piège; pour cela il est nécessaire d'empoisonner l'appât avec de la noix vomique, car il est si fin et si adroit que bien souvent il emporte l'appât tout en laissant le piège.

Chasse au blaireau. — On peut le chasser à courre, mais il faut profiter de la nuit, au moment où il est hors de son terrier. On en ferme toutes les issues et l'on allume un grand feu pour l'en éloigner.

Peu taillé pour la course, il est bientôt acculé par les chiens : parvient-il à se terrer, on l'y force avec de petits chiens qui ne tardent guère à être hors de combat, tant sa défense est vigoureuse.

On n'arrive à le prendre qu'en défonçant sa retraite, sondant çà et là pour découvrir l'endroit précis où se livre le combat. La vue de la lumière l'effraie et rassure le chien; il cherche en se terrant davantage à échapper au danger qui le menace. Piochant, bêchant avec ardeur, on le rattrape bien vite : c'est là, qu'avec un coup de fusil on lui donne le dernier coup.

CHASSE AU LIÈVRE ET AU LAPIN.

La manière de chasser ces deux petits animaux est trop connue de nos lecteurs pour que nous ayons la moindre

pensée de vouloir leur en apprendre sur ce sujet (fig. 292) :
aussi, nous contentons-nous de leur rappeler les trois apho-

Fig. 292.

rismes suivants, résumant la manière de les tirer et devant
leur servir de règle :

> Un lièvre vient sur toi : mais tu le tireras
> Un demi-pied devant ou tu le manqueras.
>
> . . . .
>
> Un lièvre fuit devant toi : toujours le tireras
> Au-dessus de l'oreille, et le ramasseras.

Le dernier résume les deux ci-dessus :

> Un seul mot pour le poil : heureux qui s'en souvient!
> Tirez haut ce qui fuit, tirez bas ce qui vient.

Lapin. — Depuis quelques années un grand nombre de
propriétaires se sont décidés à détruire tous leurs lapins,
car les exigences des paysans en matière de dégât deviennent tellement exagérées qu'il vaut mieux y renoncer.

Ceux qui ont agi ainsi trouvent qu'il y a un immense
avantage à acheter des lapins dans les garennes, même en
les payant à raison de 2 et 3 francs, et à les lâcher le matin
même des battues, plutôt que de supporter les tracasseries et

l'exorbitante rançon imposée par les trop rapaces paysans.

Il faut bien se garder de les lâcher la veille de la chasse, car les colleteurs ne manqueraient pas d'en faire une rafle pendant la nuit, et vos chasseurs buisson creux.

CHASSE AU GIBIER A PLUME.

Faisan. — La chasse au faisan (fig. 293) se fait au chien courant, mais elle n'est guère qu'accidentelle en France : la reproduction de ce bipède ne s'y fait qu'artificiellement.

Fig. 293.

On le chasse dans les grandes propriétés ayant des faisanderies, car dans les bois il est bien rare d'en trouver ; il n'habite guère que les fourrés humides traversés par un ruisseau.

Lorsqu'il est jeune il se nourrit d'œufs de fourmis ; passé un certain âge, il s'accoutume à manger du grain et des baies d'arbustes sauvages.

A l'approche de la pluie il se retire dans les hautes futaies ;

pendant la chaleur il se tient dans les buissons humides et touffus.

Il se branche sur un arbre élevé, où il passe la nuit. Au départ son vol est lourd, une fois enlevé il devient rapide ; il n'est pas alors facile de le toucher.

Un chasseur qui se respecte ne doit jamais tuer une poule de faisan.

Le faisan se chasse toute l'année, excepté au mois de mars, époque de la ponte.

Lorsqu'on veut les attraper vivants, il faut les prendre au collet.

Perdreaux et cailles. — Ces deux oiseaux, comme le lièvre et le lapin, sont les victimes désignées de l'ouverture de

Fig. 294.

la chasse : que d'écloppés se soir-là ! que de mères éplorées ne retrouvent plus leur couvée tombée sous le plomb meurtrier de l'inexorable chasseur (fig. 294).

Le matin, la perdrix se trouve dans le chaume et les genêts ; il faut alors marcher contre le vent pour que le chien en perçoive plus facilement l'odeur, au lieu que ce soit l'oiseau qui soit prévenu de la présence du chien.

A partir de midi, la perdrix va se remiser dans les herbes séchées ; elle devient rare en plaine à partir de cette heure.

Avec l'expérience, la perdrix est devenue méfiante et rusée : aussi est-il moins aisé de l'approcher ; elle se cache tellement bien, ou s'échappe de si loin, qu'elle met en échec chien et chasseur. Ce dernier cependant, en se promenant le soir, peut, en examinant le terrain, entendre son rappel ; il est sûr alors de la retrouver le matin de bonne heure à l'endroit où il l'a entendue la veille.

Pour la chasse du gibier à plumes, chasseur, gravez-vous ceci dans la mémoire :

> Tire, sur la perdrix qui fuit directement,
> Le dessus du dos ; c'est trop bas autrement.

Puis :

> Perdrix file rez-terre, il faut absolument
> Tenir le coup très haut, surtout s'il fait du vent.

Mais à quoi bon dire tant de choses sur un genre de chasse qui vous est familier et que vous pratiquez assurément mieux que nous ne saurions le faire.

Nous abandonnons donc à votre sagacité et à votre adresse le *râle de genêt*, la grive, l'outarde, la bécasse et autres petits gibiers, pour parler du gibier d'eau.

CHASSE AU MARAIS.

Rien n'est plus attrayant pour le chasseur que la chasse au marais par la diversité du gibier qu'il y rencontre ; mais cette chasse, on ne peut se le dissimuler, présente bien des dangers. Il est très imprudent de s'engager seul dans une tourbière, si l'on n'en connaît pas parfaitement la topographie, car les apparences sont trompeuses ; sous une herbe

fraîche et verdoyante, se cache le plus traître des dangers :
les *mortes*, gouffres boueux dans lesquels périt sans secours
plus d'un imprudent chasseur.

Si un jour, par malheur (je ne vous le souhaite pas), vous
tombez, jeune chasseur débutant, dans un de ces endroits,
n'hésitez pas à vous jeter à plat ventre pour regagner au
plus vite la rive en rampant. Ainsi étendu, votre corps présente plus de surface et de résistance. Marchez doucement,
avec prudence, regardant à chaque pas si un fossé, un trou,

Fig. 295.

une racine, recouverte d'herbe ou de roseau, n'est pas là
pour vous tendre un piège. Dans les endroits douteux, son-
dez le terrain avec une perche avant de vous y aventurer,
car vous côtoyez sans cesse des abîmes sans fond, où, seul,
vous seriez infailliblement perdu. Rassurez-vous, cependant, bon nombre y sont allés et revenus sains et saufs.
Pourquoi seriez-vous la victime ?.... Étant prévenu, soyez
prudent comme eux.

A la chasse au marais se rencontre la bécassine, la poule
d'eau, le pluvier, le vanneau, le courlis, la sarcelle, le râle
d'eau, les chevaliers, la grue, l'oie sauvage, le héron, et une
foule d'autres oiseaux de passage.

Nous terminons par la chasse au canard (fig. 295), qui n'est pas une des moins difficiles, car cet oiseau prudent a une vue perçante et une ouïe qui ne le trompent guère sur la présence de l'homme.

Lorsqu'on le chasse à découvert, dans les roseaux, on ne l'aborde pas facilement ; il faut agir de ruse : aussi les chasseurs préfèrent-ils la hutte. Je les laisse, chaussés de leurs grandes bottes de marais, à demi ensevelis sous leurs roseaux, passer leur nuit à attendre patiemment la venue de leurs victimes ; pour moi, je préfère mon lit bien chaud, quoiqu'il y ait toujours quelque chose à attraper, à la hutte, ne serait-ce qu'un rhumatisme. Mais la passion est là, et le véritable huttier sait mieux que nous ce qu'il a à faire.

CHASSE SUR LES COTES.

Le **goéland** est l'oiseau des côtes ; il ne se laisse guère approcher ; lorsque l'on est armé, son œil est si perçant et si fin, qu'il semble apercevoir le fusil ; son odorat si développé, qu'il sent la poudre : il se tire posé ou au vol.

La **mouette** se tire posée ; il suffit d'en tuer une pour que toutes les autres viennent tourbillonner autour d'elle et se poser.

D'autres oiseaux, tels que l'hirondelle de mer, le grèbe, le harle, le cormoran, et une foule d'autres, complètent la série des oiseaux fréquentant les parages des côtes.

Ces quelques pages sur la chasse ne s'adressent point aux véritables chasseurs, elles ne sauraient leur enseigner ce que leur propre expérience leur a appris à ce sujet.

Lorsque l'on parle chasse, du reste, ce sont des volumes entiers qu'il faut écrire, et notre but n'a pas été, en traitant cette question brûlante, de faire un guide du chasseur. Nous avons voulu seulement donner un avant-goût de ce véritable genre d'amusement que plusieurs de nos lecteurs partageront peut-être un jour ou l'autre, si ce n'est déjà fait, en devenant les plus fervents adorateurs de Diane l'intrépide déesse.

Législation. — Ne pouvant, vu sa trop grande étendue, donner ici tout au long la législation concernant la chasse, nous renvoyons nos lecteurs à la loi du 3 mai 1844, dans laquelle elle se trouve contenue tout au long, en 31 articles indiquant l'époque où elle est défendue ou permise; son ouverture et sa clôture; les permis de chasse, le gibier, les gratifications accordées; les peines encourues lorsqu'on les enfreint, l'aggravation, la récidive, la confiscation des armes et engins, les poursuites, enfin les décrets concernant la chasse des animaux nuisibles.

CHAPITRE XXX

LA PÊCHE.

Tout le monde ne peut se livrer au plaisir de la chasse, les uns faute d'argent, les autres par manque de goût pour ce plaisir, puis aussi par tempérament. La chasse, on ne peut se le dissimuler, est un plaisir fatigant et coûteux, entraînant une foule de dépenses auxquelles le simple pêcheur n'a pas à se livrer ; ce qui ne veut pas dire pour cela que la pêche ne réunisse pas en elle autant d'attraits que la chasse.

La pêche est, du reste, également une chasse: l'un poursuit le gibier de terre, l'autre l'habitant des ondes, le poisson. Ce que le chasseur voit, il le tire ; ce que le pêcheur ne peut apercevoir, il le cherche et s'en empare. A l'un l'œil, à l'autre le doigté ; c'est cette extrême sensibilité de main qui le rend maître de son art.

Si le disciple de saint Hubert connaît la plaine, les buissons, les taillis, et les bois, celui de saint Pierre, par sa grande expérience, sait à point nommé la profondeur des eaux dans lesquelles il pêche, les heures, le temps, les goûts et l'appât propice pour prendre tel ou tel poisson. Le moindre frémissement de l'onde, la plus légère *touche* sont pour lui toute une révélation que le crin téléphonique transmet en même temps de la main au cœur.

Tout le monde pêche ! peu cependant savent le faire dans

les règles de l'art. Cette passion caractérisant le véritable pêcheur à la ligne ou au filet, c'est-à-dire à la petite ou à la grande pêche, est sa jouissance.

MATÉRIEL DU PÊCHEUR.

Sur la rive du lac, le pêcheur matinal
De la pêche apporte le champêtre arsenal,
Le cordonnet mobile, et la ligne étendue
Qui dans ses mains s'allonge et dans l'eau diminue.
BOISJOLIN.

Pour le pêcheur ordinaire, une simple baguette en cornouiller suffit, pourvu qu'elle soit assez longue, assez forte, flexible et légère. Le véritable amateur ne saurait s'équiper aussi rudimentairement : il lui faut un outillage de choix, solide et résistant, facile à transporter, car la pêche entraîne souvent à de très grands déplacements. Ne lui parlez pas de *cannes rentrantes* (fig. 303), il les méprise, les regarde comme de simples jouets d'enfants.

Ce qu'il lui faut : c'est la *canne anglaise* (fig. 302) se démontant en trois ou quatre bouts, avec tenons et viroles, anneaux porte-moulinet et scion de rechange, en bambou ou en bois d'hickorie ou noyer d'Amérique (1).

On donne le nom de ligne au fil de crin, de soie ou de toute autre matière souple se rattachant à la canne, et à l'extrémité duquel fil se place l'hameçon, qui varie de grosseur suivant le poisson que l'on désire prendre.

A dix ou douze centimètres au-dessus de l'hameçon viennent se fixer plusieurs grains de plomb fendus par moitié, de forme ronde ou olive, cubique ou conique (fig. 305, 306, 307 et 308), suivant la lourdeur que l'on désire obtenir.

(1) Toutes nos vignettes concernant la pêche sont extraites du catalogue de la maison Warner et Wyers, 30, quai du Louvre, à Paris, que nous recommandons d'une façon toute spéciale aux véritables amateurs pour la supériorité de ses produits.

Sur le crin ou la soie imperméable se place encore *la flotte* ou bouchon (fig. 299) en forme d'olive ou de poire, formée même d'une simple plume (fig. 300) coulissant aisément le long de la soie, suivant la profondeur de fond que l'on veut donner, pour permettre à l'appât d'aller toucher le fond, ou de rester entre deux eaux pour y trouver le poisson.

A la partie basse de la canne (fig. 302, A) s'adapte le moulinet (fig. 314), sur lequel vient s'enrouler la soie de la ligne, en passant auparavant dans l'intérieur des anneaux fixés le long de la canne de manière à pouvoir facilement, sans crainte de le voir se mêler, augmenter et diminuer à son gré la longueur. La ligne est ainsi complète et prête à fonctionner.

A ces engins, il faut ajouter l'épuisette (fig. 295), ou petit filet à manche destiné à enlever le poisson hors de l'eau lorsqu'il est trop gros pour le soulever avec le crin ou la soie.

Le panier formant siège (fig. 296), ou l'ordinaire (fig. 298), contenant les accéssoires de rechange servant à mettre le poisson, ustensiles qui sont de rigueur.

Le seau à poisson, rond ou ovale (fig. 313), la boîte à vers, dite aussi à asticots (fig. 309), sont en général les accessoires complétant l'attirail du pêcheur, auxquels viennent se joindre toute une série d'hameçons, de crins, de mouches et de poissons artificiels (fig. 312 à 320).

DES DIFFÉRENTES MONTURES D'HAMEÇONS.

L'hameçon ordinaire, à palette (fig. 314, D), se monte de la manière suivante : Pliant son crin en deux, d'inégale longueur, on le place contre la tige de l'hameçon en formant une boucle A ; puis, prenant le bout le moins long, on l'enroule sur les deux crins et la tige jusqu'à la boucle dans laquelle on fait passer l'extrémité du crin. Tirant ensuite assez fortement sur le crin, on le force à rentrer entre cette ligature et

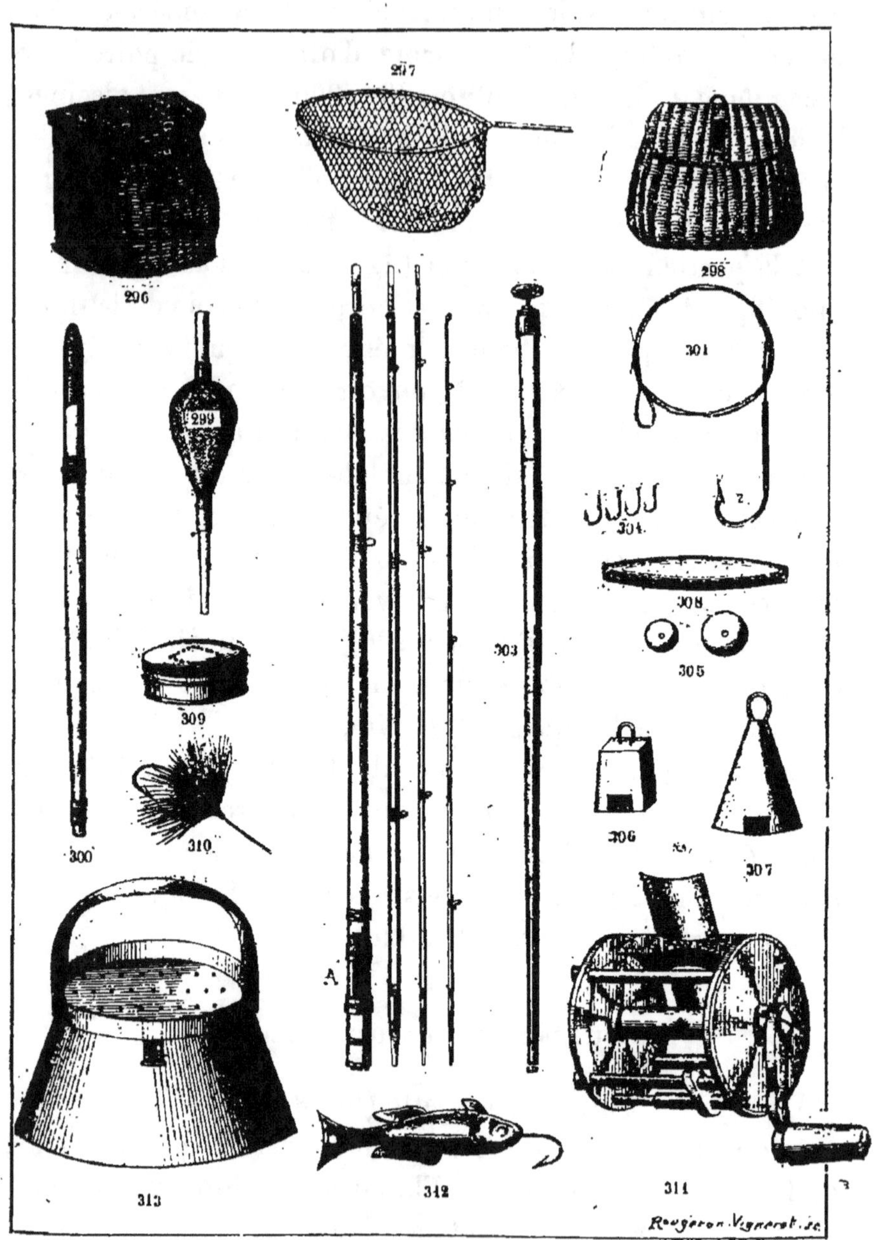

Fig. 296 à 313.

l'hameçon, absolument comme font certains fumeurs pour garnir de fil l'extrémité du tuyau d'une pipe en terre, et l'hameçon se trouve solidement fixé.

On opère absolument de la même manière pour monter les hameçons doubles ou triples (fig. 315).

Pour la monture des mouches et autres insectes on les vend entièrement montés; il n'y a plus qu'à les relier à la soie (fig. 316, 317 et 318). Il y a dans ce genre d'amorce artificielle tant d'espèces, de variétés de mouches et d'insectes, que le poisson serait bien difficile s'il ne se laissait prendre à des appâts si perfectionnés

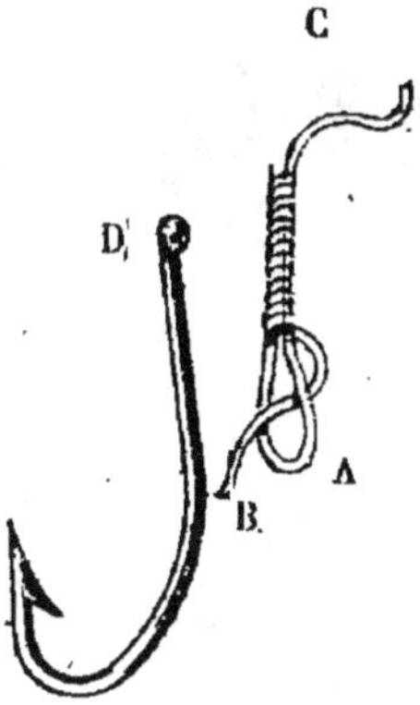

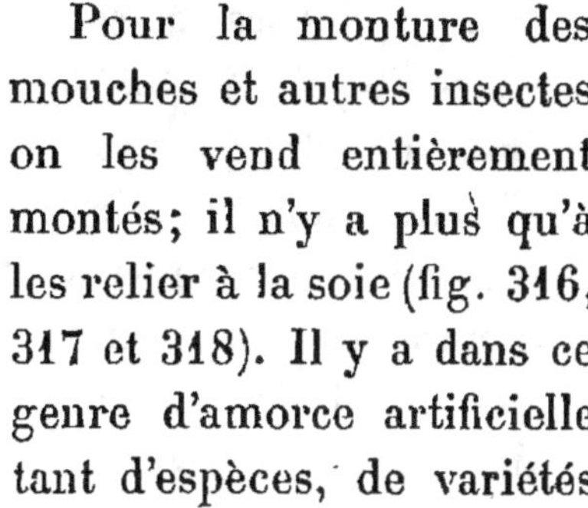

Fig. 314. 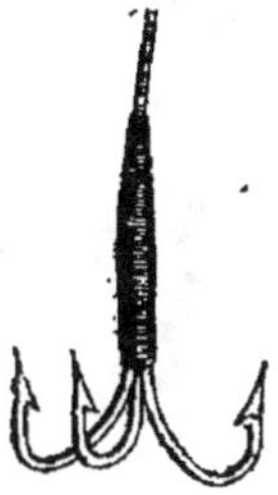   Fig. 315.

de mouches et d'insectes, que le poisson serait bien difficile s'il ne se laissait prendre à des appâts si perfectionnés

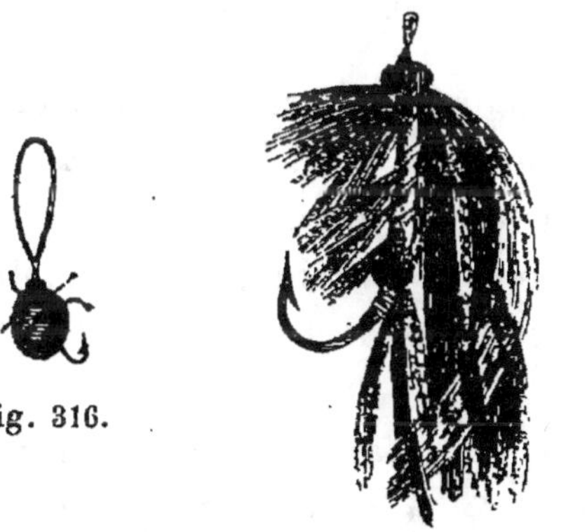

Fig. 316.

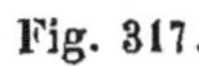

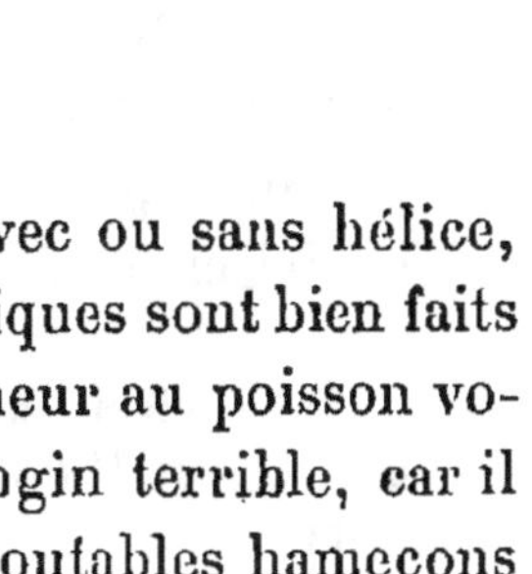

Fig. 318.

Fig. 317.

Viennent enfin les poissons artificiels, avec ou sans hélice, dont les formes bizarres, les reflets métalliques sont bien faits pour tromper l'œil le plus exercé. Malheur au poisson vorace qui par avidité s'approche de cet engin terrible, car il ne tarde pas à tomber sous le fer des redoutables hameçons dont ils sont armés.

Pour rendre l'illusion plus complète, on se sert également de petits poissons vivants, que l'on attelle à de véritables harnais (fig. 320) ou en les empalant complètement. Les poissons factices à hélices servent encore à cet usage (fig. 321, 322). Nous n'en finirions pas s'il nous fallait décrire toutes les supercheries employées pour surprendre la bonne foi de nos hôtes des rivières, aussi perspicaces que prudents, lorsque la faim ne les aiguillonne pas trop.

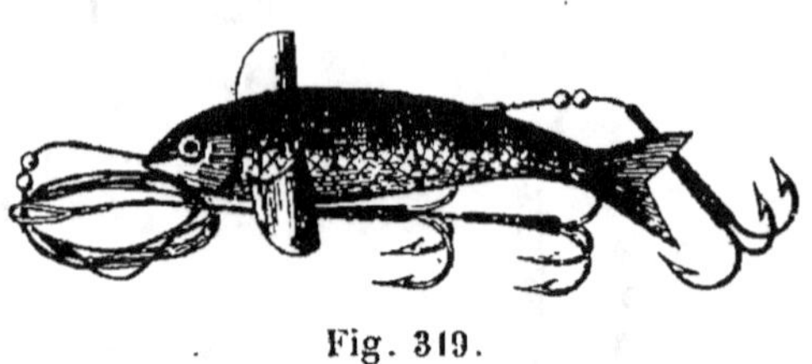

Fig. 319.

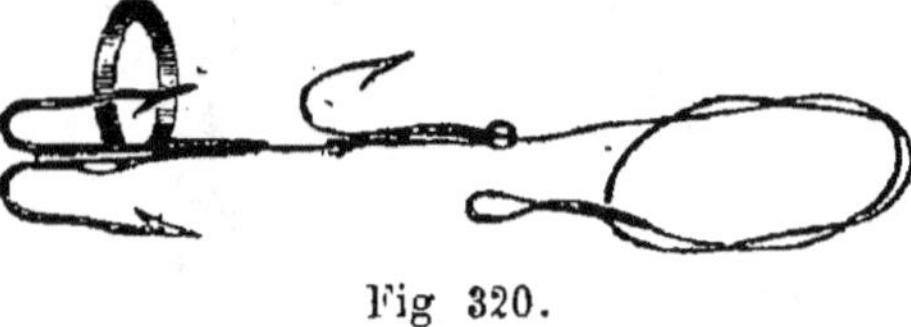

Fig 320.

CONSEILS AUX PÊCHEURS (1).

Si l'on ne veut pas que le plaisir de la pêche devienne funeste, il est nécessaire, tout en le pratiquant, d'observer strictement les règles de l'hygiène : sans cela, gare aux refroidissements, aux fluxions de poitrine, aux rhumatismes, etc., et à tout le contingent de maladies au-devant desquelles court le pêcheur.

En règle générale, il ne faut jamais partir à la pêche le matin sans avoir mangé : se vêtir en tout temps d'une chemise de flanelle; emporter avec soi un pardessus ou un manteau imperméable en cas de pluie; se rendre à l'endroit choisi en marchant lentement pour éviter d'y arriver étant

(1) La loi sur la pêche fluviale se trouve réglementée par le décret du 10 août 1875. Il ne contient pas moins de 23 articles, qu'il est important que tout pêcheur connaisse avant de se livrer à cet amusement.

en sueur et s'exposer ainsi à un refroidissement, éviter le plus possible de s'asseoir sur le sol humide, et porter toujours des bas de laine et des chaussures imperméables, avec fortes semelles. Ne pas craindre de mettre et d'ôter de temps à autre son pardessus, suivant les sensations de chaud ou de froid que l'on éprouve, abandonner même quelques instants la ligne pour aller et venir si l'on sent le moindre frisson, ne pas oublier de se couvrir la tête d'un chapeau de paille à larges bords pour se préserver la tête et la nuque des coups de soleil.

Le temps n'est pas indifférent pour la pêche; le vent de l'est et du nord est tout à fait contraire, de même que le froid.

Choisissez de préférence les endroits où l'eau est calme, et tenez-vous à distance pour que l'œil fin du poisson ne puisse vous apercevoir; faites le moins de bruit et de mouvement possibles en lançant votre ligne pour ne pas effrayer le poisson. Si vous pêchez à la mouche artificielle, lancez-la mollement comme si elle tombait accidentellement à l'eau, ne la retirez pas par secousse, et si vous sentez le poisson mordre laissez-le bien s'enferrer avant de tirer à vous.

Lorsque le poisson s'éloigne de votre amorce et en fait fi, c'est qu'elle est défectueuse, si c'est une mouche naturelle, elle est mal montée, dans les deux cas changez ou rectifiez votre appât.

A la tombée du jour le poisson devient méfiant et mord peu.

Le plus maladroit peut pêcher en eau trouble, le proverbe ne ment pas : il est toujours presque sûr d'attraper quelque chose.

Les temps orageux, couverts, le vent et les nuages bas, une petite pluie fine sont très propices pour la pêche.

Les haies ou refuges formés par les anses ou baies des

rivières sont d'excellents endroits où le poisson vient se reposer de la lutte contre le courant.

Appâts. — Désire-t-on faire une pêche fructueuse on amorce dès la veille l'endroit que l'on veut occuper le lendemain ; cela s'appelle *amorcer*.

L'appât servant à amorcer se compose d'une foule de manières : chaque pêcheur possède sa recette dont il fait un secret. En voici une qui donne d'excellents résultats. Formez une pâte ou mastic avec de la terre franche et de la terre glaise, et mélangez avec des graines cuites, pois, fèves, blé, graine de lin, des vers de terre coupés en morceaux et du sang caillé, renfermant au centre une poignée d'asticots.

D'autres font des boulettes composées de pommes de terre écrasées, de farine et d'un œuf, liant le tout ensemble ; elles y ajoutent quelques gouttes d'essence d'anis ou d'huile d'aspic.

Avant de commencer à pêcher, on fait tomber doucement dans l'eau deux ou trois nouvelles boulettes et l'on jette la ligne.

Comme maître corbeau dans la fable, le poisson par l'odeur alléché s'y est donné rendez-vous trouvant là une proie facile : rencontrant votre appât, il se laisse tenter sans défiance, tout comme il l'a fait avec vos boulettes amorces ; il paie alors de sa vie sa trop grande confiance, jurant, mais un peu tard, qu'on ne l'y prendra plus : serment inutile car le voilà déjà hors de l'eau, placé en lieu sûr dans le filet.

On appelle aussi amorcer, la manière dont on place l'appât sur l'hameçon, appât auquel on donne le nom de *esche*.

PÊCHE.

Pour ne point abuser de nos lecteurs, nous n'entrerons dans aucune des particularités relatives aux multiples manières de pêcher : nous nous contenterons seulement de décrire brièvement le genre d'amorce convenant le mieux pour prendre tel ou tel poisson, les endroits qu'il fréquente, où il se tient, et les époques les plus favorables pour le pêcher.

Le **brochet**, d'une nature très vorace, se prend avec des petits poissons vivants tels que goujons, chevesnes, gardons, ablettes, etc. Il s'inquiète peu de l'hameçon. Sa voracité lui fait oublier toute prudence. Une forte ligne avec double hameçon et moulinet est nécessaire pour la pêche de ce poisson, se prenant également à la ligne dormante.

Il se tient ordinairement dans les eaux dormantes, à l'ombre projetée sur l'eau par les arbres de la berge : c'est là qu'il guette sa proie; là que l'on est sûr de le rencontrer.

Il ne faut jamais le sortir de l'eau sans se servir de l'épuisette et prendre des précautions pour qu'il ne vous morde pas, la morsure étant terrible.

La **carpe** vit aussi bien dans les eaux courantes que dans les marais et les étangs : elle se nourrit d'herbes et de petits insectes aquatiques. Elle se plaît dans la vase et y barbotte à son aise, y trouvant probablement sa provende. On la pêche d'avril à juin à toute heure du jour, mais à partir de juin à septembre, on ne la trouve que le matin et le soir; le reste du jour elle s'envase et ne mord plus.

Fine et rusée, la carpe est très habile à flairer l'hameçon et pour peu qu'il laisse soupçonner sa présence, elle dédaigne la proie qu'on lui offre.

L'asticot, le ver blanc, le ver rouge, le chènevis, les fèves et le blé cuits sont ses appâts de prédilection.

Il faut la laisser bien mordre avant de l'enferrer d'un coup sûr.

La **brême** se tient dans les eaux dormantes à fond vaseux, près des berges, cachée dans les roseaux. Elle se pêche en juin et juillet avec de très fortes lignes et mord aux mêmes appâts que la carpe. Pour en prendre de grandes quantités, il faut avoir soin d'amorcer la veille.

On la pêche aussi à la ligne dormante.

Le **barbeau** et la **vandoise** séjournent dans les eaux courantes sur sol rocailleux. On les prend avec toute espèce d'appât, mais plus particulièrement avec les asticots, le ver de terre, le fromage de gruyère, la viande cuite.

Leur pêche se fait de mars à octobre, en variant les appâts suivant les saisons.

La ligne à la flotte, la ligne dormante et la ligne de fond servent indistinctement à cette pêche.

Le barbeau ne mord guère que deux coups : il faut donc l'enferrer de suite, sans attendre, il est très difficile à sortir de l'eau et vend chèrement sa vie.

Comme il se trouve dans les eaux vives, il faut amorcer au moment même où l'on pêche avec de la terre et des asticots, et pêcher dans la traînée trouble que produit la terre en se détrempant.

L'ablette habite les eaux vives. A l'époque des chaleurs on la pêche à la mouche commune avec une ligne à fouetter. Elle séjourne volontiers entre deux eaux et mord à l'asticot, au ver d'égout à queue, au ver rouge, au ver d'eau, au sang caillé; tout en un mot est bon à sa voracité.

Aussitôt qu'elle mord, il faut l'enferrer par un petit coup sec, mais pas trop violent, car elle est extrêmement molle, et la tête se détacherait du tronc si on l'enferrait trop vigoureusement.

Elle sert également d'amorce pour le brochet et l'anguille.

L'anguille est le plus grand ennemi de la lumière; elle la fuit à un tel point qu'il est impossible d'en rencontrer une en plein jour; c'est le hibou des eaux : elle se terre dans des trous, sous les berges, et ne sort que la nuit venue. Elle se prend à la ligne de fond amorcée avec de petits poissons, placée le soir et relevée de très grand matin.

On en pêche également le soir avec la ligne à soutenir et une pelotte de vers de terre comme appât.

A la ligne de fond il faut des hameçons d'une très grande solidité montés sur chaînettes et amorcés soit avec des goujons, vérons, lamproies, éperlans, ablettes, soit avec des limaces, de la viande cuite, de gros vers de terre.

Elle se prend aussi à la nasse, au verveux et au guideau.

La **perche** se pêche au ver rouge.

La **tanche**, habitant les étangs, les lacs, les marais, se

Fig. 321.

pêche à l'hameçon en mai et septembre; puis à la nasse amorcée de tripailles de poulet ou de lapin.

Fig. 322.

La **truite** habitant les eaux vives se pêche à la ligne garnie d'un émérillon ou d'une hélice (fig. 321 et 322) faisant tourner vivement l'appât comme s'il voulait s'enfuir. Elle se pêche ainsi en juillet et août.

Dans les autres saisons on la prend à la mouche, au véron, aux hannetons et aux sauterelles.

Les différents filets employés pour la pêche sont : Les *filets de main* et les *filets dormants*.

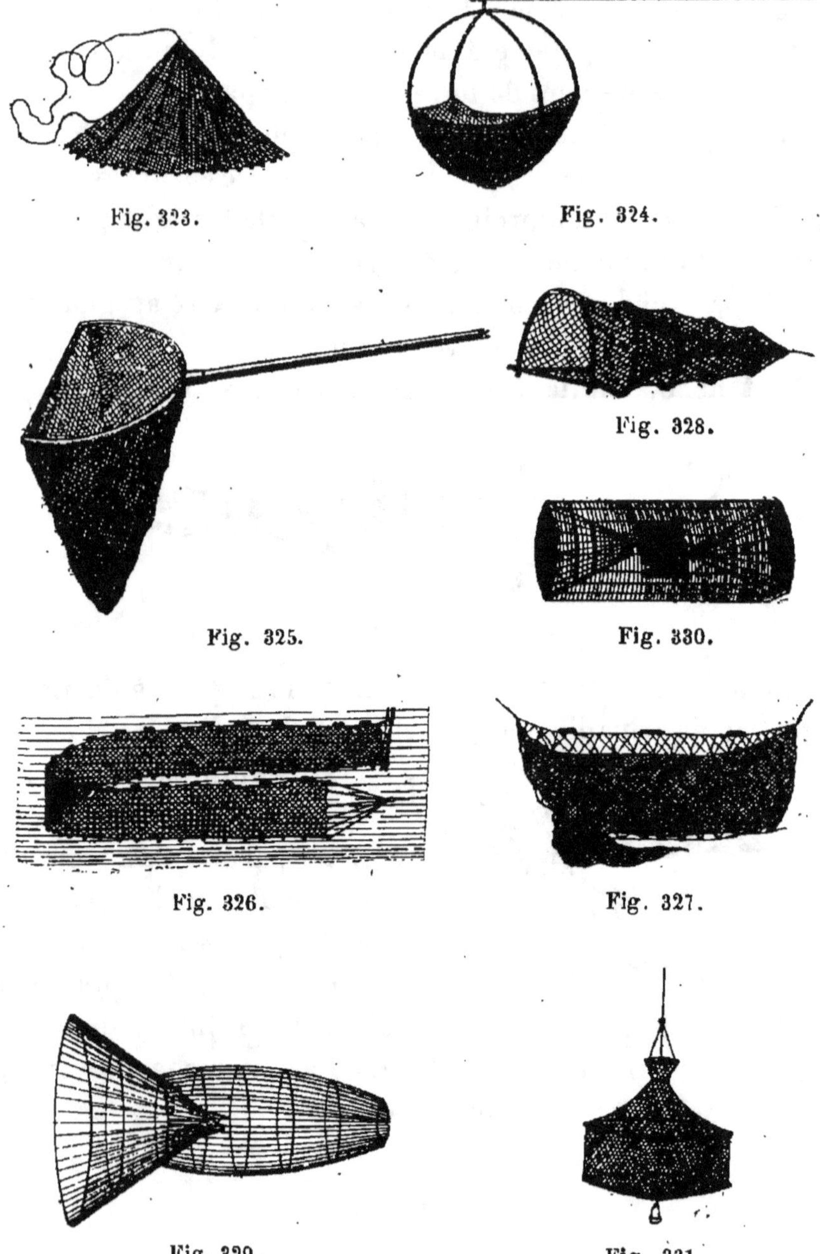

Fig. 323.

Fig. 324.

Fig. 325.

Fig. 328.

Fig. 330.

Fig. 326.

Fig. 327.

Fig. 329.

Fig. 331.

Les filets de main sont ceux sur lesquels la main du pêcheur exerce son action immédiate, tels que l'*épervier* (fig. 323) et l'*échiquier* et le *carrelet* (fig. 324), la *trouble* (fig. 325) si connue des habitués des bains de mer, leur servant pour la pêche aux crevettes. La *senne* à flotteurs en liège et plomb au bas rasant le fond (fig. 326) et le *tramail*, formé d'une nappe ou flue entre deux aumées à larges mailles (fig. 327).

Les filets dormants, sont ceux qui, une fois mis en place, doivent rester immobiles dans l'eau pendant un espace le temps plus ou moins long. Ce sont : la *nasse* (fig. 328), le *verveux* (fig. 329), le *tambour* à deux entrées (fig. 330), les *bourriches* ou sac à poissons à plusieurs cercles, enfin le *guideau*, grand filet dont l'ouverture forme le V et barre toute la rivière resserrée à l'endroit où on le place par deux digues qui en resserrent l'ouverture. Ce genre de filet ne sert qu'aux pêcheurs de profession.

Avec l'épervier se pêchent toutes sortes de poissons.

L'alose, le saumon, l'esturgeon, l'éperlan et autres poissons se prennent à la senne, à la nasse, à la trouble et au tramail.

Le saumon se prend aussi au *carré* à l'endroit des chutes d'eau.

PÊCHE A LA GRENOUILLE.

Cette pêche est très divertissante, mais il faut observer un grand silence. C'est en outre un mets succulent, fin et délicat.

On la prend de plusieurs manières : d'abord avec un appât formé de cœur de bœuf, ou avec un morceau de drap rouge, ou bien encore avec des insectes.

On l'assomme avec une perche, de très grand matin lorsque l'herbe est encore humide.

Enfin on la pêche au flambeau en plaçant une torche, près

de la rive, les grenouilles viennent sur la berge attirées par
la lumière, la personne qui est dans l'eau, à contre jour, n'a
qu'à les ramasser à la main ; elles se laissent prendre sans
aucune difficulté.

PÊCHE AUX ÉCREVISSES.

Ce genre de pêche fait l'amusement de toute une famille,
elle intéresse femmes et enfants :

Sur des plateaux en filets, maintenus par trois cordes, et
ressemblant exactement à ceux d'une balance, on dépose, en
les attachant bien, des
reins et pattes de der-
rière de grenouilles,
préalablement dé-
pouillées de leur peau,
puis on descend ces
balances dans l'eau ; le
plus près possible de
la berge (fig. 332). On
en place ainsi une
douzaine de distance
en distance ; les écre-

Fig. 332.

visses sentant l'odeur de la chair de grenouille, ne tardent
pas à venir pour la dévorer.

Lorsque l'on voit qu'il s'en trouve cinq ou six, on retire lentement la raquette de l'eau pour faire tomber les
écrevisses sur le sol, puis on replace la raquette à nouveau.

On les pêche également à la main, dans le creux des
berges ou sous les pierres.

Elles se pêchent aussi au flambeau, par les temps orageux.

27

Enfin au fagot, en plaçant au centre d'un fagot noueux des tripailles et en le plongeant au fond de l'eau, l'y maintenant toute une nuit. Toutes les écrevisses s'y donnent rendez-vous, mais pour les prendre, il faut sortir de l'eau le fagot de très grand matin.

CHAPITRE XXXI

Canotage. — Bien que cet exercice soit devenu depuis quelques années une des branches les plus importantes du sport, ce n'est guère que pour marquer sa place que nous allons parler du canotage, car il y aurait trop à dire sur cette matière. Le canotage se pratique d'une manière spéciale et continue dans les grandes villes en possession de vastes et spacieuses rivières; telles que Rouen, le Havre, Amiens, Lille, etc., etc.; et dans quelques campagnes rapprochées des villes où il existe de grands étangs particuliers. Les environs de Paris (1), Joinville, Asnières et autres localités, semblent prédestinés à ces sortes de promenades pour lesquelles la Seine, la Marne (fig. 333), l'Yonne, et la Loire offrent l'attrait de leurs sites pittoresques et sont parcourues par de nombreux canotiers appartenant aux différents boat-clubs d'Asnières, de Joinville, de Saint-Cloud, de Bercy. Il n'en faut pas conclure pour cela que ce genre de récréation soit cependant le privilège exclusif des grands centres. La campagne a aussi ses amateurs et ses fervents adeptes.

(1) A Paris les règlements de police ne tolèrent pas de canot de plaisance ayant moins de 4^m,60 de longueur.

On donne le nom de canot à l'embarcation de plaisance marchant soit à la rame, soit à la voile.

Le canotage se fait rarement seul, chaque embarcation est composée, suivant sa grandeur, d'une équipe comprenant deux, quatre ou six rameurs et un barreur ou timonier.

Une embarcation un peu importante est dirigée par un

Fig. 333.

chef qui en a le commandement et se sert des termes employés pour cet usage.

Tout le monde à son poste il commande *pousse au large*, ce qui veut dire qu'il faut s'éloigner de la rive; les rameurs qui, jusque-là, tiennent leurs avirons mâtés les laissent tomber au commandement de *laisse tomber!* prêts à nager et partent au cri de *avant partout!... Accoste à bord! tiens bon! mâte!* indique aux rameurs qu'il faut cesser de nager et amarrer où *bosse* est lancée du canot abordé.

On tourne sur place ou *vire de bord* aux mots *babord!*

scie tribord! l'embarcation vient-elle à s'engraver on commande *scie partout!* ou *pousse de fond!* les rameurs nagent alors du sens inverse.

Au commandement de *endure!* tout le monde cesse de ramer et maintient solidement l'aviron dans l'eau pour amortir la vitesse et arrêter instantanément.

L'aviron est en bois de hêtre ou en frêne, sa longueur est calculée sur celle de l'embarcation et doit avoir trois fois

Fig. 334.

sa longueur. On dit que les avirons sont montés à couple lorsqu'il y en a deux par chaque banc. Dans les petits canots il n'y a qu'un aviron par chaque banc et le rameur de tribord se tient à babord et *vice versa*. L'aviron dans les canots ordinaires est tenu sur le plat-bord par un anneau à un tolet : dans les canots de luxe il repose sur une fourche en cuivre mobile pivotant sur le plat-bord.

Lorsqu'on désarme, on enlève les avirons pour les placer sur les bancs en abord, les pelles sur l'arrière.

Le gouvernail. — On nomme *barreur* celui qui tient le gouvernail. Le mouvement qu'il lui imprime doit être peu accusé, surtout lorsque l'embarcation file rapidement, car alors elle obéit bien plus aux mouvements du gouvernail. Les mouvements brusques n'ont leur raison d'être que par la crainte d'un abordage ou toute autre circonstance imprévue, telle qu'un virage subit.

La barre se place du côté oposé où l'on veut se diriger, ainsi pour aller à droite on barre à gauche, et l'inverse pour se diriger à gauche. Le gouvernail, dans certaines embarcations, est monté *à barre franche*, c'est-à-dire que le barreur tient directement en main l'extrémité de la barre, d'autres fois, dans les canots de luxe, la *roue* ou deux cordages remplacent la barre.

L'ancre des petites embarcations de plaisance n'est autre chose qu'un crochet à plusieurs branches nommé grappin. Ce crochet sert à amarrer le canot ou à le tenir immobile au milieu de l'eau ; à le retirer d'un mauvais pas s'il se trouve engravé. On le jette alors à quelques mètres en arrière, et après avoir fait passer tout le monde à l'arrière, on hèle dessus ce qui le dégage immédiatement.

Navigation à la voile. — La manœuvre à la voile est une véritable science, demandant un long apprentissage, aussi n'avons-nous pas la prétention de l'enseigner ici en quelques lignes. Il nous suffira de dire que les bateaux plats n'offrent aucune résistance contre le vent; qu'ils chavirent aisément tandis que ceux à quille plongeante se comportent bien, leur force de résistance latérale augmentant sous l'effort du vent au moyen de la dérive (1), avec vent arrière la dérive devient inutile. Par un vent largue assez fort, on doit modérer son emploi ; lorsque l'on se trouve au plus près du

____

(1) On donne le nom de dérive à une petite voile en forme de semelle dont l'extrémité la plus étroite est fixée à une cheville du plat-bord.

vent on l'utilise au contraire amplement en tenant compte toutefois du vent et du courant, soit que l'on aille avec ou contre.

Entretien du canot. — Des soins apportés au canot dépend sa conservation plus ou moins longue. Le goudronnage est une des opérations les plus importantes et lorsqu'il est renouvelé souvent il évite bien des réparations.

Avant de goudronner, on commence par donner au bois neuf plusieurs couches d'huile de poisson à laquelle on a joint de la litharge. Le goudron s'applique à chaud.

Pour les canots de plaisance, on se contente seulement de plusieurs couches d'huile de poisson, puis une fois bien secs on passe à leur peinture ou vernissage. Dans la peinture des embarcations il faut éviter les bariolages de couleurs, de même que les tons criards et crus, ce qui est de fort mauvais goût.

Le canot retiré de l'eau sera placé dans une remise, la quille reposant sur un support, le tout à l'abri du soleil et des courants d'air, maintenu autant que possible dans une même température. On le visitera de temps à autre pour s'assurer qu'il ne se dessèche pas, et le cas échéant, il faudrait le remettre à l'eau pendant quelques jours.

La vélocipédie gagne du terrain, depuis la mémorable course entre Paris et Brest organisée si brillamment par le *Petit Journal* : chacun aujourd'hui désire posséder son cheval d'acier.

Ce n'est plus seulement le bourgeois retiré à la campagne qui s'occupe de vélocipédie ; mais tous les jeunes paysans qui veulent à leur tour devenir touristes, fendre l'air sur cette nouvelle machine appelée à faire tôt ou tard une véritable révolution dans nos mœurs. Aussi les voit-on sillonner en tous sens nos grandes routes, montés sur bicyclette ou tricycle, pour se rendre d'un village à l'autre, du pays à la ville (fig. 335), se portant mutuellement des défis de vitesse ne faisant qu'accroître leur force musculaire au profit de la santé et de l'hygiène.

D'un simple amusement qu'il était autrefois, l'art de la vélocipédie est passé dans le domaine de la pratique et de l'utilité.

Ses plus habiles coureurs font depuis longtemps le service de la Bourse à Paris. Des correspondances se sont régulière-

Fig. 335.

ment établies à l'aide de ce système, et dernièrement encore aux grandes manœuvres d'automne, la question de la vélocipédie militaire n'a-t-elle pas été mise sérieusement à l'étude, et aujourd'hui adoptée définitivement pour l'armée, pour les reconnaissances et la transmission des ordres et dépêches, service aussi périlleux qu'il exige de force, d'intelligence et de présence d'esprit.

Avec la vélocipédie, plus d'ennuis possibles, plus de voitures trop petites pour contenir toute une famille, plus de distances infranchissables ; chacun, enfourchant son pégase,

peut dorénavant fendre l'espace aussi rapidement que le
font les meilleures locomotives sur nos grandes lignes.
Nous ne tenterons pas de vous donner les principes sur
lesquels repose ce nouveau mode de locomotion ; ce serait
trop long et trop difficile à décrire ; l'exercice et l'expérience
seuls vous en apprendront plus en quelques leçons que
nous pourrions le faire même en traitant la question dans
le plus grand et le plus
volumineux des in-
quarto.

Caoutchouc creux,
caoutchouc pneuma-
tique, bielles et pédales.
rien ne manque pour
assurer la solidité et
le confortable.

Lawn-tennis. — Les
interminables parties
de croquet qui avaient
si longtemps fait le
délice de nos gentle-
men dans leur villa, et

Fig. 336.

sur le sable de nos belles plages, sont maintenant complètement abandonnées aux enfants en faveur du lawn-tennis
(fig. 336) (1), jeu d'origine anglaise, introduit en France
depuis quelques années, et qui y a pris aujourd'hui une
extension considérable. Par plus d'un côté il ressemble à
celui de l'antique jeu de paume et comme lui exige un terrain parfaitement préparé, très dur et très uni, pour que
l'humidité ou la pluie ne puisse détremper le sol. Le gazon

(1) Plusieurs des gravures reproduites ici sont extraites de l'ouvrage
les Jeux (jeux historiques, jeux nationaux et jeux populaires), par Louis
Barron. 1 vol, in-8, 3 fr. 50. H. Laurens, éditeur à Paris.

ne peut convenir pour ce jeu, il est trop glissant et occasionnerait de nombreuses chutes.

Hommes et femmes, pour le pratiquer aisement, revêtent un costume spécial : les femmes portent des jupes courtes, en flanelle fond blanc, avec chemisette, pour laisser une grande liberté dans les mouvements.

Il faut aussi une chaussure légère pour ne point abimer le terrain. Les hommes portent la vareuse, le pantalon et la casquette en flanelle. Ces costumes doivent être amples et pouvoir se laver facilement. Un gamin est nécessaire pour courir et ramasser les balles afin d'éviter qu'elles ne se perdent. Un homme au courant des règles de ce jeu marque les coups dans chaque camp. C'est à lui que l'on confie le soin de dresser le filet et d'entretenir le sol en bon état.

Tamis. — Les paysans se contentent du légendaire jeu de tamis, de celui de la balle à la main comme tous les jeunes lycéens, ou du ballon.

L'arc. — Dans quelques contrées le jeu d'arc trouve encore à recruter facilement ses archers et fait passer le dimanche d'agréables après-midi.

Une foule d'autres divertissements, variant suivant les contrées, attirent encore les habitants de la campagne au dehors de chez eux et aident, avec la promenade, à occuper les heures de loisir et de repos.

La carabine trouve aussi dans les campagnes d'habiles tireurs.

CHAPITRE XXXII

A côté de ces plaisirs tapageurs et bruyants des beaux jours d'été, il en est d'autres plus calmes, réservés spécialedans pour l'intérieur, soit pendant les jours de pluie, soit au moment des longues soirées d'automne et d'hiver : ce sont tous les jeux d'adresse, tonneau, cible à la main, anneaux, billards, etc.; l'escrime et la gymnastique de chambre, pour garçons et filles; puis enfin des jeux plus calmes, tels que les comédies, les jeux de sociétés, la musique, la danse, les cartes et une foule d'autres, que nous renonçons à décrire, tant la liste en est longue.

Les personnes adroites et aimant les arts trouveront dans la peinture, le dessin, la photographie, l'enluminure, le cartonnage et l'empaillage de quoi satisfaire leurs goûts artistiques.

Fig. 337.

Du **jeu de tonneau** (fig. 337) nous n'en parlerons que pour le remettre en mémoire, il est trop connu pour qu'il nous soit utile de rappeler la manière de lancer les palets pour faire le plus de points possible. Hommes, femmes et enfants peuvent y prendre part.

S'il se fait dehors pendant la bonne saison, il est également ment l'hiver un jeu d'intérieur. Le prix de ce jeu avec ses palets varie entre 8, 10 et 20 francs.

La cible à la main (fig. 338) est également un jeu d'adresse fort amusant pour tout le monde. Il consiste à lancer dans une cible en paille des petites flèches assez courtes qui viennent s'y loger, soit dans la mouche, le rouge ou le bleu suivant l'adresse du tireur ; c'est le chiffre de points le plus

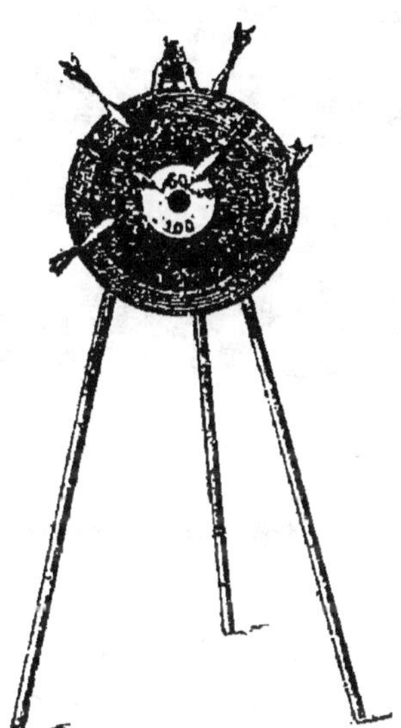

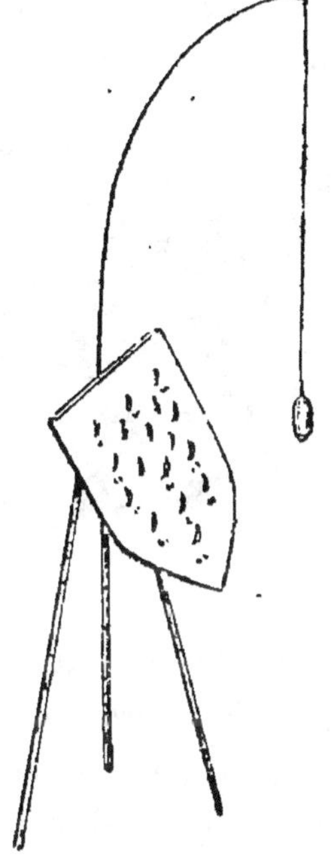

Fig. 338.   Fig. 339.

élevé qui naturellement gagne la partie. Ces cibles mobiles se vendent de 3 à 5 francs avec la série des flèches.

Le jeu de l'anneau (fig. 339) est encore très amusant, on y passe d'heureux moments. Tout le monde s'y intéresse, l'adresse et le coup d'œil sont seuls nécessaires pour le pratiquer avec succès. Il suffit, se plaçant à une certaine distance, un ou deux mètres de l'écusson porte-crochet, de lâcher l'anneau suspendu à la corde, en visant un des crochets pour le voir s'y fixer, si la visée a été bien prise.

Comme pour le jeu de tonneau le plus haut point gagne la partie.

Le **billard** (fig. 340) est un jeu intéressant bien du monde; c'est pour les hommes, après le déjeuner ou le dîner, le passe-temps le plus agréable des jours de pluie.

Il nous semble inutile de rappeler ici les règles de ce jeu, car elles accompagnent toujours la vente de ce meuble, et sa marche est tellement connue, que sur deux ou trois joueurs, il s'en trouve toujours un pour indiquer la ma-

Fig. 340.

nière de prendre la bille suivant tel ou tel coup ou l'effet qu'il faut produire.

Lorsque l'on se trouve réuni à plusieurs personnes, le simple carambolage devient insuffisant. Pour permettre à un plus grand nombre de personnes de prendre part au jeu, on fait soit la *partie aux quilles*, soit la *partie russe* ou la *poule*.

La partie russe se joue avec 5 billes; 2 blanches pour les joueurs, une rouge, une bleue et une jaune. La rouge se place sur la mouche du haut, la jaune sur le milieu, la bleue sur la mouche du bas. La rouge et la bleue ne peuvent être faites que dans les blouses des quatre coins et comptent pour quatre points chacune; la jaune 6, faite dans les blouses du milieu, le carambolage est compté pour 2 points, il se fait sur n'importe quelle bille. Lorsque les billes bleues, jaunes ou rouges vont dans d'autres blouses que celles qui leur sont affectées, on décompte le nombre de points indiqué. Cette partie se joue en 36 points. Ce jeu ne peut plus guère se jouer, car les billards sont généralement aujourd'hui dépourvus de blouses.

La poule. — Des numéros placés sur des boules et tirées au sort, enfermées dans un panier, indiquent aux joueurs l'ordre dans lequel ils doivent se succéder; on se sert de deux billes. Le premier joueur pousse sa bille de manière à rapprocher le plus possible, la bande du haut, sans toutefois la toucher. S'il ne dépasse pas les blouses du milieu, sa bille est alors placée sur la mouche du haut que l'on nomme la *pénitence*. On peut, lorsque la bille roule encore, la prendre et la placer soi-même sur la pénitence si l'on craint d'être mal placé.

Le numéro 2 joue alors sur l'acquit (1) avec la seconde bille, le numéro 3 joue avec la première et ainsi de suite.

Chaque bille faite, l'acquit est donné par le numéro suivant. Lorsque le joueur ne touche pas la bille, on dit que la bille est faite, il est marqué d'un point.

Tout conseil, tout manque de touche, une bille sautant hors du billard, ou son arrêt étant en marche, entraînent également un point pour le joueur.

Ces points d'après un chiffre fixé à l'avance entraînent la *mort* du joueur. On peut mourir en 4, 6, etc., suivant le nombre de joueurs. Un mort peut se racheter. Celui qui reste le dernier est le gagnant.

L'escrime (fig. 341), fort en vogue en ce moment, est un exercice aussi récratif qu'hygiénique. Il développe tous les muscles, provoque l'attention, exerce le coup d'œil,

(1) Acquit. On donne le nom d'acquit au premier coup que joue le joueur pour placer sa bille.

rend la pensée prompte, la décision rapide, tout en exigeant de la prudence et une grande sûreté de jugement. *Fleurets, masques, gants, plastrons*, en sont les instruments indispensables. Le jeu du fleuret consiste en *engagements* et *dégagements*; *en passes et contre-passes*; *en feintes et coups francs*; *en attaques et parades*, *prime*, *tierce*, *quarte*, etc., *en ripostes et contre-ripostes*, enfin en une foule de combinaisons et de ruses qui, entre tireurs de même force, sont constamment déjouées et empêchent les adversaires de se toucher l'un l'autre.

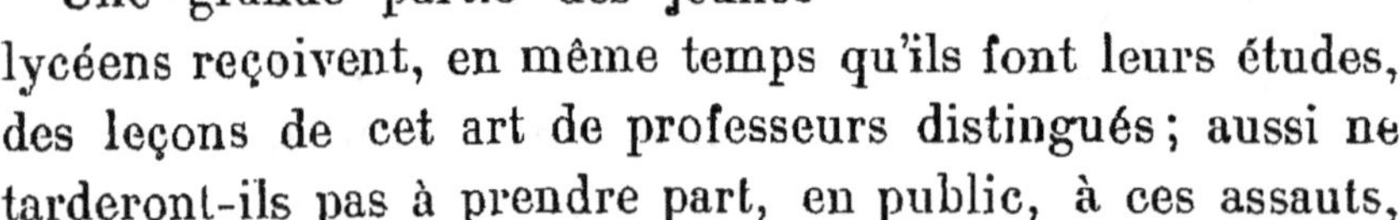

Fig. 341.

Non seulement l'escrime est un délassement, mais elle est aussi un art régi par des lois spéciales.

Une grande partie des jeunes lycéens reçoivent, en même temps qu'ils font leurs études, des leçons de cet art de professeurs distingués; aussi ne tarderont-ils pas à prendre part, en public, à ces assauts, qui passionnent si vivement le public.

Gymnastique. — A l'escrime vient s'ajouter la gymnastique, divertissement que garçons et filles peuvent, suivant leurs forces et leur tempérament,

Fig. 342.

prendre aussi bien dans un but de récréation que comme exercice hygiénique. A celui-ci convient le trapèze, les anneaux, à celui-là les barres parallèles.

Un autre prend son plaisir à la barre fixe, et trouve, dans ces amusements, à accroître ses forces.

La jeune fille se contente des mouvements assouplissant les membres, des exercices de la barre et des sphères dilatant la poitrine, d'autres enfin, plus entreprenantes et plus hardies (fig. 342) trouvent dans l'exercice des barres parallèles et des échelles, la suspension des anneaux, un divertissement plus viril, développant leur taille et leur force musculaire et physique. Ci-joints (fig. 343), quelques-uns des appareils formant le noyau d'un gymnase pouvant servir aussi bien à de jeunes garçons qu'à de jeunes fillettes.

Théâtre. — Voici un autre genre de passe-temps fort agréable à la campagne, fort recherché par les gens un peu lettrés qui, à la ville, fréquentent assidûment le théâtre : les comédies de société.

Il faut, autant que faire se peut, que la maîtresse de maison fasse partie de la troupe, ou au moins en garde la haute direction pour la distribution des rôles, la correction de la pièce, afin d'éviter les querelles qui surgissent inévitablement dans ces questions où la vanité de chacun est en jeu ; l'autorité de la maîtresse de maison peut seule maintenir chacun à sa place.

Il est très pratique, lorsque l'on veut faire jouer souvent la comédie chez soi, d'avoir une pièce consacrée spécialement pour les récréations, dans laquelle on installe tous les jeux. Cela se peut facilement à la campagne, soit dans l'habitation, soit dans les communs ; car les théâtres que l'on monte et que l'on démonte dans les salons abîment les tentures, les boiseries, les plafonds et les planchers, malgré toutes les précautions qu'on puisse prendre. Ils sont aussi la ruine des meubles que les domestiques entassent pêle-mêle, sans précautions, dans des endroits trop étroits pour les contenir à l'aise et sans frottement.

Fig. 343.

Il est aussi beaucoup plus économique de faire faire un décor que l'on conserve toujours, en le démontant, et que l'on range dans un hangar ou une remise.

Le parquet du théâtre sera plus élevé que celui des spectateurs, car il est très important, pour les acteurs, de dominer leur public.

Les acteurs de profession eux-mêmes se trouveraient gênés et intimidés s'ils ne dominaient leur monde. Un plancher est de plus nécessaire pour placer la niche du souffleur sur le devant de la scène, au milieu de la rampe ; car le souffleur se tenant dans la coulisse, est tout à fait inutile aux acteurs qui ne le voient pas et l'entendent beaucoup moins que les spectateurs.

Le plancher fait par panneaux de même longueur n'est pas une dépense inutile ; il peut, posé sur des tréteaux, servir de table dans maintes circonstances et pour une foule d'autres combinaisons intérieures.

Si l'appartement est bas de plafond, le plancher ne sera élevé du sol que de 40 à 50 centimètres pour que les acteurs ne soient pas écrasés par le plafond.

La toile ou rideau est encore une des questions importantes : son fonctionnement semble difficile à organiser.

Voici une manière très simple d'obvier à cette difficulté.

On dispose une draperie (1) fixe (fig. 344), sur les deux montants et le plafond du théâtre, on la relève et la drape à l'aide de cordelières à glands ; puis, derrière cette draperie, on pose sur une tringle de fer, retenue à son milieu par un piton, deux rideaux mobiles en étoffe, coulissant sur la tringle, exactement comme ceux des salons (fig. 344). Une seule personne suffit à les manœuvrer.

(1) Consulter à ce sujet, *le Livre de la femme d'intérieur*, pages 335 à 348 pour la confection des draperies, 1 vol, in-8°, 280 fig. Paris, H. Laurens, éditeur, 6, rue de Tournon.

Le rideau est indispensable, car une pièce perd beaucoup
de son effet quand les acteurs sont obligés de se mettre en
scène devant leur public. Les réflexions des assistants ne
manquent pas également de les intimider et de leur faire
perdre leur sérieux avant de commencer.

Fig. 344.

La rampe a besoin d'être fortement éclairée : l'emploi
des lampes à pétrole est excellent pour cet usage ; mais il
faut, pour éviter tout accident, les fixer sur une planche
que l'on attache à son tour sur le plancher. Une autre
planche placée verticalement, devant ces becs de lumière,

sur laquelle on a cloué quelques morceaux de fer blanc intercepte leur éclat du côté des spectateurs, pour projeter sur les acteurs les reflets de leurs éblouissants rayons.

Un grillage arrondi, en fil de fer, comme il existe dans les grands théâtres, enveloppant les lampes, écartera pour les acteurs tout danger de feu aux vêtements ; car dans les petits théâtres de société, où la scène est nécessairement plus restreinte, le danger est plus grand.

Les pièces à couplets, lorsqu'on en a les éléments nécessaires sont préférables aux autres ; elles sont généralement beaucoup plus gaies. Moins il y a de personnages dans une pièce, mieux cela vaut pour ce genre de récréation. On évite ainsi l'embarras d'une mise en scène compliquée, dans un espace trop restreint surtout pour des personnes n'ayant pas l'habitude du théâtre ; puis, plus on a d'acteurs, plus on court les risques que la comédie manque au dernier moment, soit par un deuil, soit par l'indisposition de l'un d'eux.

Il faut un grand nombre de répétitions, sauf pour les personnes qui ont l'habitude de jouer ensemble.

Certains rôles exigent que les acteurs se composent une tête en rapport avec le personnage qu'ils représentent. On est alors dans la nécessité de se farder.

Ce grimage est difficile, à moins d'avoir recours à des gens qui en ont l'habitude ; c'est aussi une souffrance pour la peau de ceux qui n'y sont pas habitués ; aussi pour éviter cet inconvénient, faut-il enlever de suite ce fard avec du cold-cream, après la représentation et non en se lavant avec de l'eau. Le cold-cream se passe en plusieurs couches avec un linge fin ; puis, la nuit, on en laisse un peu sur la peau avec de la pâte d'amande, ce qui évite toute brûlure.

Il est de bon ton de ne choisir que des pièces pouvant être entendues par les jeunes filles. Plus les auditeurs sont nombreux, plus il y a de monde dans la salle, moins les acteurs sont intimidés.

Avant d'entrer en scène, il est bon de faire prendre aux acteurs un verre de punch bien chaud, pour leur donner de la voix ; car les nombreuses répétitions qu'ils ont faites avant le jour de la représentation les ont énormément fatigués. Le punch très chaud jouit même de la propriété de faire disparaître, comme par enchantement, pendant une heure ou deux, l'extinction de voix ; c'est juste ce qu'il faut pour jouer la pièce.

Une recommandation, qui a bien aussi sa valeur, est celle d'attacher les chaises ensemble le jour de la représentation, pour que le public ne puisse les déranger en entrant et fasse perdre ainsi la moitié des places. Une personne de la maison doit faire placer le monde, sans quoi, au lieu de s'avancer pour laisser l'entrée libre, les premiers arrivés boucheraient les portes et personne ne verrait rien, tandis qu'il resterait beaucoup de places inoccupées.

Nous recommanderons également aux acteurs, la plus grande sobriété avant la pièce, quitte à eux à se dédommager ensuite par un copieux souper.

Il faut éviter pour les femmes, même pour les hommes, les costumes hideux, qui, malgré l'exactitude de leur ressemblance, sont désagréables à voir sur le moment et laissent pour la vie une impression désagréable sur les jeunes gens qui les ont portés.

Si nous nous sommes un peu longuement étendu sur ce genre de divertissement, c'est qu'il entre de plus en plus dans nos mœurs, et que ce plaisir, réservé autrefois à un petit nombre, tend maintenant à se propager parmi la jeunesse des campagnes.

Les jeux de société sont si nombreux et vieillissent si vite qu'il nous est inutile d'en parler ici. Depuis l'antique pied de bœuf, la main chaude, coton vole, pince-sans-rire, le colin-maillard, les jeux de mots, les proverbes, auxquels grands et petits, hommes et femmes, prennent leur part active, etc., que d'autres se sont succédé sans interruption dans les salons et ont fait les délices de ces soirées intimes.

Aujourd'hui encore, pendant les longues soirées d'hiver, chacun s'efforce d'y introduire les nouveaux jeux à la mode et de s'en faire les organisateurs.

Musique, danse, cartes. — A la jeunesse appartiennent la musique, la danse, et aux personnes sérieuses où âgées, les classiques parties de whist, de piquet, de boston, etc., ainsi que les échecs, le jacquet et bien d'autres jeux dont la nomenclature serait fastidieuse pour ceux qui nous lisent.

Dessin, peinture. — La sculpture, l'enluminure, etc., sont des arts d'agrément procurant aux personnes qui s'en occupent des heures remplies de charmes et d'agrément. Nous avons traité cette question avec toute l'importance qu'elle mérite dans notre *Livre de la femme d'intérieur*, formant, avec ce volume, le complément d'une véritable encyclopédie pratique; aussi nous croyons inutile d'y revenir ici, préférant y renvoyer nos lecteurs.

La photographie est également en voie de progrès et d'extension; c'est encore une des belles récréations de la campagne aussi bien pour les amusements extérieurs qu'intérieurs.

Qui ne possède, de nos jours, vu leur prix minime, un de ces charmants petits appareils à main avec lesquels on surprend et fixe sur le vif toutes ces scènes intimes de la vie d'intérieur et de famille, à la vue desquelles on revit à nouveau d'un plaisir passé que l'image empêche à jamais d'oublier.

Quelle précieuse ressource que ces petits appareils de

poche ! que de services ils rendent même au point de vue littéraire et scientifique ! et pour ne vous en citer qu'un ex-exemple, je vous avouerai que c'est grâce au petit appareil (1), reproduit ci-contre (fig. 345), et dont je ne me sépare jamais dans mes excursions et voyages, que vous devez une grande partie des illustrations contenues dans ce volume.

Fig. 345.

Empaillage des oiseaux. — La taxidermie est le terme scientifique correspondant au mot trivial d'empaillage : il se compose des deux racines grecques τάξις, arrangement, ordre, et de δέρμα peau. C'est encore un passe-temps agréable pour les mauvais jours ; il procure en outre l'avantage de se monter une superbe collection d'oiseaux du pays, et de conserver des sujets que l'on a eu l'agrément de tuer soi-même à la chasse.

Le matériel consacré à ce travail est peu encombrant : il consiste en *scalpels*, en *bruxelles*, en *pinces de dissection*, en *ciseaux* à lames pointues et recourbées, en *pinces* plates et rondes, en *limes*, *alènes*, *poinçons* et *pinceaux* en crin, une provision de fil de fer et des yeux d'émail de diverses nuances ; ajoutez à cela une provision d'étoupe ou filasse, du coton, et vous aurez tout ce qui est nécessaire pour commencer ce travail.

Pour dépouiller l'animal on fait, en se servant du scalpel, une incision longitudinale partant du sternum jusqu'au milieu du ventre ; on soulève alors alternativement les côtés de la peau en la tenant avec une pince à disséquer ; puis on la dégage de la chair avec les doigts. Arrivé à l'aile, on sau-

<hr>

(1) Appareils de la maison Marco-Mendoza, 148, boulevard Saint-Germain, Paris.

poudre la peau avec de la poussière sèche pour éviter que les poils ou les plumes ne s'y collent; puis on désarticule à sa naissance l'os de l'aile ou de l'épaule, on détache ensuite la peau autour du cou que l'on coupe aussi à sa naissance. On fait pour les cuisses ce que l'on a exécuté pour les ailes, en les séparant à la hauteur du tibia ou du fémur. Ceci fait, on retourne la pièce sur le ventre et on détache la peau juqu'au coccyx en laissant un petit morceau pour soutenir la queue : le corps se trouve ainsi séparé de la peau. L'oiseau ou le quadrupède, pour nous faire mieux comprendre, se dépouille de la même manière qu'on le fait lorsqu'on écorche un lapin; seulement on conserve la tête et les pattes. Pour éviter que la peau ne se détériore, on l'enduit de savon arsenical de Bécœur (1), ce qui la préserve des mites et des teignes qui, sans cette précaution, s'en empareraient infailliblement en peu de temps. Il ne reste plus alors qu'à remplacer la chair dans toutes les parties où l'on vient de l'enlever, par du coton ou de l'étoupe, suivant la grosseur de l'animal.

On passe une couche de savon arsénical sur le fémur et le tibia; puis on les garnit de coton afin de reconstituer les formes qu'avaient auparavant les jambes. Pour les ailes on se contente de les enduire de préservatif, sans en bourrer la partie charnue, que l'on a précédemment enlevée.

(1) Le savon arsenical de Bécœur se compose des matières suivantes :

Arsenic blanc du commerce........	240	grammes.
Potasse.....................	90	—
Chaux en poudre............... .	50	—
Savon.....................	240	—
Camphre................... ·	12	—

Faire dissoudre le camphre dans un peu d'esprit-de-vin, y ajouter ensuite la potasse, l'arsenic et la chaux. On se sert de ce savon en le coupant en morceaux et en le battant dans un peu d'eau.

On passe alors au nettoyage du crâne en enlevant les yeux, la langue et la cervelle; remplissant l'espace resté vide par du coton enduit de préservatif ou de savon; on fait rentrer la tête dans la peau, en tirant sur un fil qu'on a eu la précaution de passer dans les narines. On bourre de coton le cou et tout le reste du corps, évitant de le faire plus gros qu'il n'était chez l'animal vivant. Il n'y a plus qu'à le monter : Pour cela on prépare un fil de fer ayant un peu plus que la longueur de l'oiseau, on le lime en pointe à une des extrémités et on y ménage à environ un quart de sa longueur, une bague (ou anneau) destinée à recevoir et tordre le fil de fer destiné à la monture des pattes. On graisse cette pointe et on l'introduit dans le cou, la faisant ressortir sur le dessus du crâne.

Dans l'anneau qui doit se trouver alors à la hauteur du fémur, se passe un second fil de fer traversant l'os des pattes après avoir été tordu dans l'anneau pour le rendre fixe et l'empêcher de tourner. La queue se trouve maintenue par l'extrémité du fil transversal recourbé triangulairement.

Lorsque l'on veut étendre les ailes, on ajoute un troisième fil de fer, que l'on fait passer dans l'os des ailes. On achève de bourrer d'étoupe ou de coton; ceci fait, on recoud l'ouverture pour la rendre le moins visible possible. On pose les yeux, on campe l'animal, en ramenant chaque membre à sa place, lui donnant l'attitude qui lui est familière. C'est dans la disposition de l'armature, dans la pose du sujet que réside tout le talent du préparateur. Deux ou trois leçons chez un naturaliste suffisent amplement pour indiquer la marche à suivre; il n'y a plus que l'habileté à acquérir, ce qui vient par la pratique.

Cartonnages et découpures. — Êtes-vous patients, industrieux, adroits des mains? Lecteurs, occupez-vous de cartonnages et de découpures sur bois, et vous trouverez, tout en vous recréant, à faire plaisir à de nombreux amis en leur offrant toutes ces fantasies pour la confection desquelles le goût et l'imagination servent seuls de guide.

Rien n'est plus amusant que de fabriquer ces boîtes en forme de cœur, de trèfle, d'étoiles, dont la capricieuse originalité des contours et la diversité des couleurs attirent les regards et provoquent l'admiration.

Papiers de diverses couleurs, carton, lime à découper, ciseaux, équerre en verre ou en fer, colle, etc. : tels sont les outils nécessaires pour fabriquer ces sortes d'ouvrages.

Préférez-vous un travail plus rustique? abordez le découpage du bois : vous trouverez dans cette occupation matière à vous distraire tout en produisant des choses agréables à la vue et qui serviront à l'ornementation de vos appartements. Est-il plus grande satisfaction pour un fumeur, que de se fabriquer lui-même un râtelier indispensable à sa nombreuse collection de pipes, un porte-cigares ou une boîte, une étagère, une horloge, des corbeilles de toutes formes dont les fines découpures, repercées à jour, semblent emprunter leurs plus beaux rinceaux aux riches dentelles d'Alençon ou de Venise et vouloir, dans leur genre, rivaliser avec elles en finesse et en légèreté?

Nous avons vu certains travaux d'amateurs où la gouge, venant en aide au travail de la scie, en faisait de véritables merveilles. A l'œuvre, messieurs! et vous en ferez tout autant.

Que vous faut-il pour cela? une scie à découper, des ciseaux, des gouges, des limes, des vrilles, un marteau, du papier de verre.

Les modèles dessinés, collés sur le bois, et prêts à découper, vous les trouverez tout préparés chez les quincailliers vendant ces articles et vous n'aurez plus qu'à les repercer à jour.

Illuminations et feux d'artifice. — Il n'est belle fête publique ou joyeuse récréation de famille qui ne se termine le soir par des illuminations et un feu d'artifice (1).

Ces sortes de fêtes, bien que féeriques par elles-mêmes, ne s'improvisent pas; elles exigent souvent de longs et minutieux préparatifs; aussi tout le monde, en cette occasion, doit-il prêter son concours pour en rehausser l'éclat et chercher dans son génie inventif le moyen de la rendre la plus belle et la plus originale possible.

Aux plus agiles sera dévolue la mission de grimper aux échelles, de placer les oriflammes et drapeaux, de suspendre aux arbres ces cordons de lumières qui, suivant les contours capricieux des allées du parc, en indiqueront le soir de la fête les tortueux méandres.

Aux autres, plus calmes et moins hardis, le soin de la décoration des buissons ; tout cela exécuté sous l'unique direction d'un chef habile, prévoyant et entendu.

Je ne vous engagerai pas à fabriquer vous-mêmes ces lanternes vénitiennes; elles se vendent à des prix trop minimes pour vous donner la moindre peine à les confectionner ; il faut du reste un outillage spécial. Vous aurez assez à faire de préparer les bois et montures en fil de fer servant à leur groupement artistique et à leur mise en lumière le soir venu.

Que d'heures agréables et pleines d'imprévu s'écouleront dans l'agencement et les préparatifs de tous ces objets concourant à un même succès, et dont la réussite viendra couronner votre persévérance et vos peines.

Est-il rien de plus enchanteur, de plus féerique en effet que ces lanternes multicolores en forme d'étoiles, de lune, de soleil, de rosaces, de ballons, suspendues aux arbres des promenades publiques, des parcs, des jardins, se balançant

(1) C'est à l'amabilité de **MM.** Berthier et Cie, artificiers à Monteux (Vaucluse) que nous devons les figures représentées page 477.

mollement au gré de la brise, sur la silhouette sombre et noire des grands arbres, répandant au loin les rayons pourprés et dorés de leur vacillante et incertaine lumière ; que de voir sortir de terre et des buissons touffus ces fleurs lumineuses s'épanouissant en forme de tulipes, projetant sur tout ce qui les environne leurs fantastiques reflets.

Vient ensuite la préparation du feu d'artifice qui est tout un travail : depuis la mise en place du mortier devant lancer la première bombe, annonçant l'ouverture de la fête de nuit, jusqu'au montage et à la pose des soleils, des ailes de moulins, éventails, serpenteaux, fusées volantes, flammes du Bengale, bouquet final, etc., car tout réclame de la part de chacun de la bonne volonté et une certaine somme de travail et d'activité.

Les diverses matières entrant dans la composition des feux d'artifice sont tellement dangereuses à manier, que nous ne saurions jamais trop recommander la plus grande prudence aux jeunes gens qui veulent se livrer à ces préparations : un accident, un malheur est si vite arrivé, que ce n'est qu'en tremblant que nous les verrions prendre cette détermination ; aussi n'en assumons-nous pas la responsabilité, et leur conseillons-nous d'acheter chez un artificier toutes ces pièces préparées. Ce sera la sécurité de tout le monde, on s'évitera bien des ennuis et des déceptions ; car, si par hasard quelques pièces viennent à rater, on ne pourra mettre en doute leur savoir.

Demandez donc à un artificier les pétards, postillons, cannes à feu, fusées volantes, bombes de couleur, soleils, éventails, caprices chinois, cocardes, gloires, palmiers, etc., enfin tout ce dont vous aurez besoin ; vous serez sûr, en évitant tout danger, de voir le succès couronner dignement la fête.

Pour ceux qui persistent à vouloir tout préparer eux-

Fig. 351.

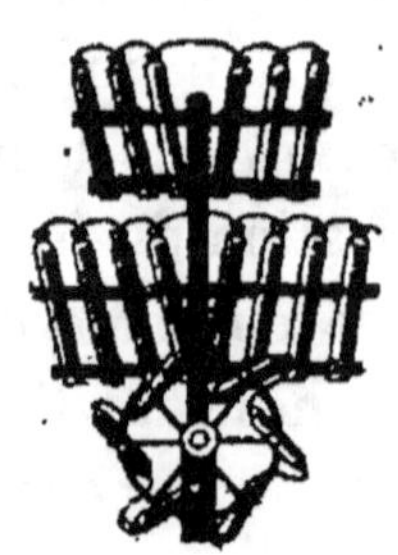

Fig. 349.

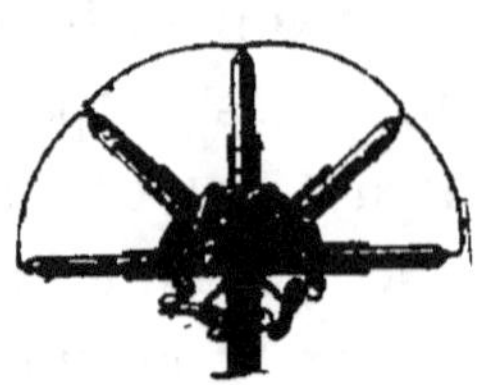

Fig. 352.

Fig. 347.

Fig. 350.

Fig. 348.

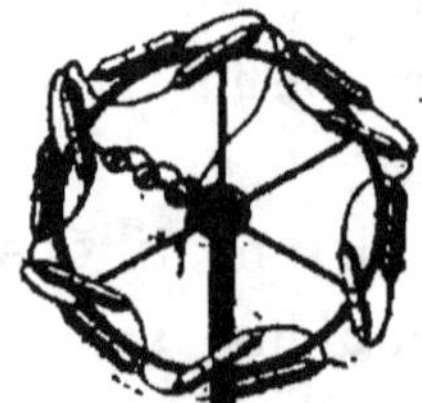

Fig. 346.

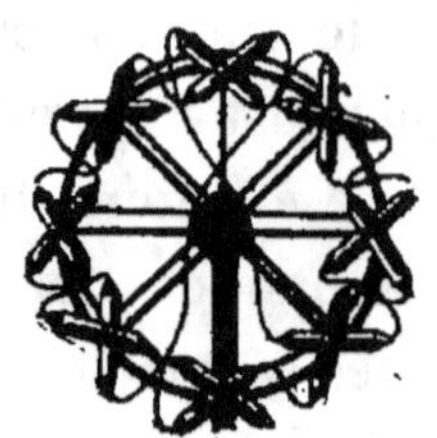

Fig. 353.

mêmes, voici quelques formules appelées à les aider dans leur dangereux travail.

Étoiles. — Mélanger les substances suivantes :

Pulvérin ou poussier de poudre........	3 parties.
Antimoine...........................	1 —
Salpêtre............................	8 —
Soufre.............................	4 —

On ajoute une partie d'alcool et un peu de gomme, de manière à former une pâte assez épaisse que l'on découpe par petites rondelles et que l'on saupoudre de pulvérin sec pour servir d'amorce, on laisse sécher à l'ombre, un peu de régule d'antimoine, ajouté à cette composition, donne des étoiles plus brillantes.

Pluie d'or ou de feu. — Cette pluie est formée par un mélange de :

Charbon............................	5 parties.
Pulvérin............................	16 —
Salpêtre............................	8 —
Soufre.............................	4 —

On en remplit des cartouches de diverses grandeurs.

Jets de feu. — Pour les jets de feu colorés soit en bleu, en vert ou en rouge ; on s'y prend de la manière suivante :

Feux bleus	Salpêtre..............	2 parties.
	Pulvérin..............	4 —
	Soufre................	3 —
	Zinc.................	3 —
Feux verts	Cuivre...............	1 partie.
	Pulvérin..............	5 —
Feux rouges	Pulvérin..............	15 —
	Nitrate de strontiane....	4 parties.

Ces diverses compositions se mettent également dans des

cartouches plus ou moins grosses, suivant la durée et le jet que l'on veut obtenir.

Feux de Bengale. — Mélangez ensemble :

Antimoine............................. 1 partie.
Pulvérin.............................. 2 parties.
Salpêtre.............................. 4 —
Soufre................................ 4 —

Passez au tamis et versez dans de petits cylindres en carton ; vous recouvrez d'un peu de pulvérin et d'une mèche traversant le papier qui la recouvre, que l'on allume pour communiquer le feu.

Les feux de couleur rouge s'obtiennent ainsi :

Soufre................................ 18 parties.
Antimoine............................. 6 —
Noir de fumée......................... 3 —
Chlorate de potasse................... 60 —
Nitrate de strontiane................. 60 —

Pour les feux bleus :

Salpêtre.............................. 15 parties.
Charbon en poudre..................... 8 —
Zinc.................................. 17 —

Pour les feux verts :

Chlorate de potasse................... 3 parties.
Nitrate de baryte..................... 40 —
Calomel............................... 12 —

Pour les feux jaunes :

Nitrate de soude...................... 60 parties.
Soufre................................ 18 —
Antimoine............................. 6 —
Noir de fumée......................... 3 —

Chaque substance est pulvérisée séparément, puis mélangée

et passée au tamis comme nous l'avons indiqué ci-dessus.

Pour ce qui est des fusées, chandelles romaines, soleils, etc., leur fabrication présente trop de dangers pour que nous en donnions ici les recettes, on se les procurera chez les artificiers (1).

Voir ci-dessus (fig. 346 à 353) la composition d'un feu d'artifice que, d'après les catalogues de la maison Berthier et Cie, on pourra composer à sa guise suivant le nombre et le choix des pièces et acquérir selon les ressources de son budget.

Permettez-nous, lecteurs, avant de terminer cet ouvrage, de vous remercier d'avoir bien voulu suivre la lecture quelquefois aride de ce volume et recevez le témoignage de notre très profonde reconnaissance.

RIS-PAQUOT.

(1) Il n'est permis, sauf autorisation contraire, de tirer des pièces d'artifice qu'à la campagne, et quiconque violerait cette défense dans les localités où elle existe, s'exposerait aux peines suivantes :

LÉGISLATION, *code pénal*. ART. 471. — Seront punis d'amende, depuis un franc jusqu'à cinq francs, inclusivement :

Ceux qui auront violé la défense de tirer, en certains lieux, des pièces d'artifice.

ART. 473. — La peine d'emprisonnement, pendant trois jours au plus, pourra être prononcée, selon les circonstances, contre ceux qui auront tiré des pièces d'artifice.

FIN

TABLE ANALYTIQUE

TABLE DES MATIÈRES

DEUXIÈME PARTIE

Ferme. — Basse-cour.

TROISIÈME PARTIE

Plaisirs extérieurs et intérieurs à la campagne.

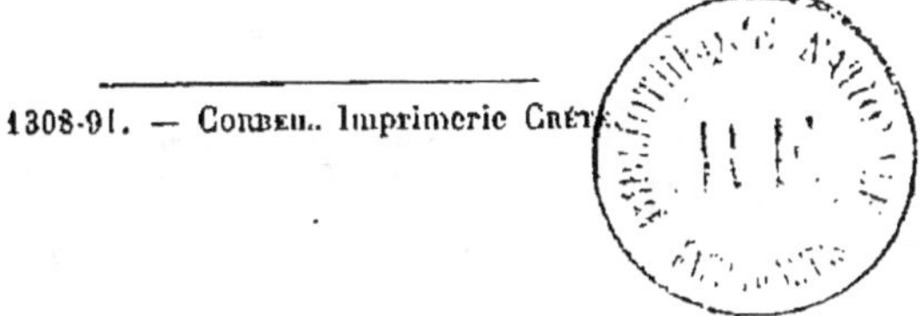

1308-91. — Corbeil. Imprimerie Crété.

ENSEIGNEMENT PRATIQUE DES BEAUX-ARTS

Ouvrages de KARL-ROBERT

Chaque volume avec nombreuses gravures.
Broché, 6 fr. ; Relié, 8 fr.

AQUARELLE - PAYSAGE (Traité pratique complet et illustré sur l'étude de L'). Leçons illustrées et écrites d'après ALLONGÉ, CICÉRI, etc. 4e édition, revue et augmentée. 1 vol. in-8.

AQUARELLE-FIGURE (L'). Portrait et genre. 1 vol. in-8.

ENLUMINURE DES LIVRES D'HEURES (TRAITÉ PRATIQUE DE L'). Missels, canons d'autels, images pieuses et gravures. 1 vol. in-4.

FUSAIN SANS MAITRE (LE). Traité pratique et complet sur l'étude du paysage au fusain, d'après ALLONGÉ, APPIAN, LALANNE, LHERMITTE, etc. Nouvelle édition. 1 vol. in-8.

GRAVURE A L'EAU-FORTE (TRAITÉ PRATIQUE DE LA). 1 vol. in-8.

MODELAGE ET SCULPTURE (TRAITÉ PRATIQUE DE), avec renseignements sur le moulage, l'exécution en terre, marbre, terre cuite. 1 vol. in-8.

PASTEL (LE). Traité pratique et complet, comprenant la figure et le portrait, le paysage et la nature morte. 1 vol. in-8.

PEINTURE A L'HUILE. Paysage (TRAITÉ PRATIQUE DE LA). Nouvelle édition revue et augmentée. 1 vol. in-8.

PEINTURE A L'HUILE. Portrait et genre (TRAITÉ PRATIQUE DE LA). 1 vol. in-8.

PHOTOGRAPHIE (LA). Aide du paysagiste ou photographie des peintres ; résumé pratique des connaissances nécessaires pour exécuter la photographie artistique, paysage, portrait. 1 vol. in-8.

LINDER. — A LA FENÊTRE.
(Extrait de *l'Aquarelle-Figure*.)

AQUARELLE-PAYSAGE (L'). Abrégé... 1 fr. 50

FUSAIN SUR FAIENCE (LE). Petit guide de peintures vitrifiables en grisaille. 1 vol. in-8 avec gravures.. 2 fr.